めもりーちゃんの PHPで プログラミング入門

めもりー著
田中ひさてる監修

技術評論社

●免責

本書に記載された内容は、情報の提供だけを目的としています。したがって、本書を用いた運用は、必ずお客様自身の責任と判断によって行ってください。これらの情報の運用の結果について、技術評論社および著者はいかなる責任も負いません。

本書記載の情報は、2024年10月現在のものを掲載していますので、ご利用時には、変更されている場合もあります。

また、ソフトウェアに関する記述は、特に断わりのないかぎり、2024年10月現在でのバージョンをもとにしています。ソフトウェアはバージョンアップされる場合があり、本書での説明とは機能内容や画面図などが異なってしまうこともあり得ます。本書ご購入の前に、必ずバージョン番号をご確認ください。

以上の注意事項をご承諾いただいたうえで、本書をご利用願います。これらの注意事項をお読みいただかずに、お問い合わせいただいても、技術評論社および著者は対処しかねます。あらかじめ、ご承知おきください。

●商標、登録商標について

はじめに

みなさん、まずはこの本をお手に取っていただいてありがとうございます。

本書はPHPを初めて学ぶ人を対象として、なるべくわかりやすい言葉に直しながら、著者が「これ初めて覚えるの難しかったなぁ」「なんでこうなるのか理屈がまったくわからない」など過去のつまずきポイントを思い出しながら、書かせていただきました。専門用語って読み方わからないし、専門用語を学ぶにもその前提の専門用語や知識が多くて、もうチンプンカンプンになってしまいますよね。そういった方に向けて、なるべくわかりやすいよう言葉に直したり、読み方を加えたり、もう少し詳しく知りたい人向けに注釈やカラムなどで解説するようにしました。

加えて田中ひさてる氏が創り出した「めもりーちゃんとその仲間たち」によるコミカルなキャラクターたちによる絵も相まって、より初学者の方が楽しんでいただけるように仕上げられています。

ちなみに著者である私も「めもりー」という名前で活動していますが、まったく異なる人格です。

ところで、なぜ多様なプログラミング言語が数多くある今、PHPという言語を学習するのでしょうか。

PHPは歴史があるプログラミング言語で、1994年に生まれました。著者と同い年なことにまずびっくりですが……。今や世の中で動いているアプリケーションの多くがPHPで作られています。PHPに関連する数多くの本が出版され、インターネットにも情報が転がるようになったりオープンソースも増えてきました。

たとえばWordPressと呼ばれるCMS（Contents Management System；コンテンツ管理システム）などはPHPで作られており零細企業から大企業まで使われているオープンソースソフトウェアです。

イラストコミュニケーションサービスであるpixivや、Facebookなどを筆頭にPHPを使っている有名企業はたくさんあります。そういったたくさんの企業たちに使われてきているからこそ、コミュニティやPHPというプログラミング言語自体も大きく変わっていきました。PHPを学習することで言語そのもの仕組みや、会社の歴史やビジネスへの貢献、コミュニティ活動など、プログラミング言語を1つ学ぶだけでいろんな楽しみ方ができます。

本書が、そんなPHPと仲良くなれるきっかけになれば幸いです。

2024年冬　めもりー

謝　辞

私が今ここにあるのはPHPを今この瞬間にも支えてくださっているPHPコントリビューターの皆さま、そしてPHPコミュニティの皆さまがいたからこそです。私自身がコミュニティに加わることがなければ、本書は表舞台にでることはありませんでした。

また本書の企画をいただいた技術評論社の池本さんは、私が初めて月刊誌Software Designへ寄稿したときに、紙の本の書き方をまったく知らない私に書き方をご指導ご鞭撻いただきました。

本書を含めて原稿を書くときに何を気をつけなければいけないのか、著者の気持ちや考え方も大切にしながら書けているのは池本さんのおかげです。

最後に、本書を執筆するのにあたって、コミカルなキャラクターであるめもりーちゃんと愉快な仲間たちを描いてくださった田中ひさてる氏に本書の校閲もしていただきました。原稿時点で無茶振りな絵をお願いしておりましたが、コミカルさも私の想像をはるかに超えており、読んでいて楽しい本になりました。

あらためて、皆さまにはこの場を借りて御礼申し上げます。

本書の読み方

本書は初心者を対象に、プログラミング言語のPHPを使って、プログラミングを体験しながら理解していくことを目的としています。楽しく学習が進むように、4コマ漫画で補足説明をしています。そしてなるべく普段の体験から新しい概念を取り入れることができるような手がかりとして脚注で説明を加えています。やや脱線気味な脚注・解説もありますが、ソフトウェア開発の現場で活躍している著者の気持ちやアイデアを伝えたいという先輩からのアドバイスと受け止めてください。

プログラミング言語のPHPは、特殊な開発環境を必要とせず、パソコンとエディタソフトさえあれば、プログラミングを始めることができます。本書では、パソコンとしてMacを使っています。使用するブラウザはGoogle Chromeをお勧めしています。そしてエディタソフトはIT業界でもっとも人気があるVisual Studio Codeです。詳しい使い方は第1章を参照していただくとして、まずはプログラミングの世界に一歩進んでみましょう。

第1章 プログラミングを体験してみよう

プログラミングを始めるにあたり必要なソフトウェアを紹介し、それらをインストールして環境構築する方法を紹介します。まずは、プログラミングする道具を整えましょう。

第2章 HTMLを学んでみよう

HTML (Hyper Text Markup Langugae) は、あらゆるWebプログラミングの基本中の基本です。PHPでプログラミングするにはHTMLなしには成り立ちません。Webの基本的な仕組みを理解し、プログラミングとの関係も学んでいきましょう。

第3章 CSSを学んでみよう

CSS (Cascading Style Sheet) はWebの見た目を作るためのものです。スタイルシート言語とも言われます。HTMLだけでは統一的な見た目を作るのは非常に手間です。CSSの書き方を通して、さらにWebの仕組みがわかるようになります。

第4章 PHPを学んでみよう ―― 出力・変数・文字列・整数・条件文・配列編

いよいよ本格的なプログラミングを学んでいきます。まずは基本的なプログラミングの機能である出力や変数、文字列の扱いなどを解説します。

第5章 PHPを学んでみよう ―― ループ・ユーザー関数・ファイル編

この章では、プログラミング中の処理をより高度にコントロールできるようになる、繰り返し処理を行う方法であるループ文などの解説を行います。実用的なプログラミングで重要になってくる抽象化との関係についても解説します。

第6章 HTML/CSS/PHPでポートフォリオを作ってみよう

これまで学んできた、HMTLやCSSをプログラミングにどう生かしていくのか、ポートフォリオサンプルプログラムを題材に解説します。いよいよ本格的なプログラミングを体験します。

第7章 [応用] アルゴリズムを考えてみよう

何かの機能を開発するだけではなく、アルゴリズムの解き方を考えることもプログラミングの醍醐味です。アルゴリズムの解き方を考えられるようになることで、より複雑な機能をソフトウェアに盛り込むことができるようになります。第4章・第5章で学んだことをふまえて、アルゴリズムを解く楽しさも同時に体験しましょう。

聖ララベル学園は中高一貫の私立学校。ヒロインの「いんと」は今春中等部から高等部に進学した、ちょっとのんびり屋の女の子。コンピュータやプログラミングとは何の縁もなかった彼女が、ひょんなことから、パソコン教室でプログラミング活動をしている謎の部活に入部することになりました。一番の苦手科目が数学だと言う彼女は、果たしてどうなってしまうのか……。本書の対象読者は、そんな彼女に共感できる、プログラミングの楽しさを知りたい人です。めもりー、そけっと、ゆにっとの3人の先輩たちといっしょに、PHPを通じてプログラミングの世界を体験してみましょう。

登場人物紹介

いんと

春から高校1年生。ふわふわしたものが好き。数学が苦手でもプログラミングをやってみたいというチャレンジャー精神にあふれた新入部員。本書のヒロイン。

めもりー

高校2年生。PHPプログラミング界隈で最強の実力を持つという驚異の高校生。ソフトウェア設計が好きでクリーンアーキテクチャを信条にハードな開発者人生を送っている。しかしその実態はただのネコ好き。本書の裏ヒロインで著者（?）。

そけっと

高校2年生。ゴスロリファッションとLANケーブルが好き。クラブのパソコンの修理やネットワーク管理をしている。後にシステムの仮想化など、クラウド化をたくらんでいる。目立たないようでいて実はファンが多いらしい（なお本書編集担当も）。

ゆにっと

高校3年生。パソコンクラブの部長。のちにオブジェクト指向に目覚める。見た目は小柄でよく中学生に間違われるが、頭脳は割と秀才。面倒見がいいので学園一の人気者。趣味はガチミリタリー系プラモの組み立て。

注）登場人物および登場する団体、学校名等はフィクションです。

パソコン倶楽部

ゆにっと部長

目次

第 2 章 HTMLを学んでみよう

第 3 章

CSSを学んでみよう

第4章 PHPプログラミングの基礎 ——出力・変数・文字列・整数・条件文・配列

第5章

PHPを学んでみよう
——ループ・ユーザー関数・ファイル編

第6章 HTML/CSS/PHPでポートフォリオを作ってみよう

第 7 章

[応用] アルゴリズムを考えてみよう

第1章

プログラミングを体験してみよう

第1章

プログラミングを体験してみよう

1-1 プログラミングに必要なものをインストールしよう

みなさんはプログラミングをどのように始めたらよいか想像がつくでしょうか？

実はパソコン1台と無償のソフトウェアさえあれば、老若男女問わず誰でもプログラミングを始められます。目的と方法によっては、パソコンにあらかじめ入っているソフトウェアだけでプログラムを書けることもあるかもしれません[注1]。最初から数十万円もするようなハイスペック[注2]なパソコンを買う必要はありません。

では、プログラミングに必要なソフトウェアとは何でしょうか。簡易的にプログラミングを始めるにはWebプログラミングが導入として最適だと著者は考えます。Webプログラミングに必要なソフトウェアはブラウザと呼ばれるウェブサイトを閲覧するソフトウェア、エディタと呼ばれるプログラムを書くためのソフトウェア、そしてプログラミング言語（本書の主題であるPHPなど）です。これら3つをインストールする[注3]必要があります。

本書では主にMac（Apple社のパソコン）を対象に操作解説をしますが、以降で説明するソフトウェア自体についてはWindowsパソコンでも利用できます。

注1　vim（ヴィム）と呼ばれるデフォルトで備わっている（インストール済みの）エディタをカスタマイズして使うプログラマーやITエンジニアなどもいます。

注2　この場合、パソコンの性能（メモリ、CPUなど）のことです。スペック自体にはパソコンという言葉を包含していないので、単純に性能という言葉を指す場合もあります。

注3　ソフトウェアを使えるように設置（インストール）することです。

パソコン選び

Column Windows と Mac どっちがいいの？

家電量販店でよく見かける「Windows」と「Mac」ですが、どちらのパソコンを買えばよいのか多くの方が迷ってしまうのではないでしょうか。最近ではどちらのパソコンもプログラミングに関連する機能やツールが遜色ないほど充実しています。どちらを購入しても初学者にとっては大きく影響することはありません。

たとえばWindowsには「WSL (Windows Subsystem for Linux)」と呼ばれる機能があり、これを使えば容易に、実務で多く使われているようなLinux環境を再現することができるようになります。

Macの場合は元からLinuxとほとんど同等の機能を扱うことができます。プログラミングに関して、ウェブ上にあるドキュメントはMac向けに書かれているものも多いのでプログラミング学習環境として心配な方はMacを本書ではおすすめします。

プログラミングの学習も進んで、ある程度難しいことをしようとすると「Macでは動くけどWindowsでは動かない」こともあります。それは両環境でのコマンドの違いであったり、外部で公開されているソフトウェアが動かなかったりすることもあるので注意が必要です。このようなケースの場合、DockerやVirtualBoxなどといった技術を取り入れることで対応できますが、紙幅の都合で本書では割愛します。

Column 初めてMacを買った思い出

著者はもともとWindowsパソコンを使っていました。高校生のときにITエンジニアのアルバイトを始め、その2回目[†1]の給料でMacBook Airを購入したのを覚えています。

しかし、MacのUI (User Interface：ユーザーインターフェース) に最初はなじめず、以前使っていたWindowsパソコンを使うことに逃げてしまっていたのですが、しだいに慣れてきてMacを使うようになっていきました。

当時のWindowsはCygwin (UNIX環境を再現するアプリ) が開発では必須だったのですが[†2]、MacのmacOSはターミナルでコマンドを手軽に試せますし、何よりも開発に必要な環境を用意するのが簡単でした。たとえばbrew（ブリュー）[†3]を使うことで、必要なコマンドを追加で入れられたり、PHPのバージョンアップなども手軽にできます。必要なときにPHPなどもソースコードからビルドできたり、そうした機能が魅力的だと感じることが多くなってきたのです。

おそらくこれは、著者がウェブ系のプログラミング言語を主として使ってきたからです。.NET FrameworkのようなWindows用のフレームワークを使っていたら、また違ったのかもしれません[†4]。

Macに慣れてきたタイミングでJISキーボード (日本語配列キーボード) から、USキーボード (英語配列キーボード) のパソコンを著者は購入するようになっていきました。USキーボードのほうがキーの数が少ないことや配置の違いから、徐々にUSキーボードのほうが打ちやすいと感じるようになったためです。キーボードの使いやすさに目覚めるとプログラミングがより楽しくなります。

†1 1回目のお給料でエントリー (初心者) 向けのロードバイク (自転車) を買いました。
†2 今はWSLなどもあり、Windowsでプログラミングを行う環境が劇的に改善されました。
†3 正式名称はHomebrew。他のソフトウェアのインストールを一括管理できる、パッケージマネージャです (ビールのことではありません)。
†4 .NETと.NET Frameworkは異なります。前者はクロスプラットフォームで動作するものです。

1-1-1 ウェブブラウザのインストール

ブラウザとはウェブサイト[注4]などのインターネット上のコンテンツを参照するためのソフトウェアのことを指します。もちろん、パソコンにも最初からインストールされているソフトウェアです。Macであれば Safari、Windowsであれば Microsoft Edgeです。

ブラウザにはさまざまな種類があります。ウェブサイトの閲覧機能に優れたもの、プログラミングをする開発者向けの機能が充実したものがあります。本書では、両者のバランスが両立しているブラウザである **Google Chrome**[注5]を使います。早速ダウンロードしましょう（図1-1）。

※65535は16ビット整数（インテジャー）で表せる最大の数ですね……。

注4　[http://example.com] のようなURLと呼ばれるテキストからアクセスできるサービス。ホームページとも呼ぶ場合もありますが、ウェブサイトのほうがより一般的です。ちなみにこのURLはテスト用で誰でも使うことができます。

注5　あくまでも著者の見解です。

・Google Chromeのダウンロードページ

https://www.google.com/intl/ja/chrome/

▼図1-1　Google Chromeのダウンロードページ

［Chromeをダウンロード］ボタンをクリックし、ダウンロードを開始します。少し待つと**googlechrome.dmg**がダウンロードされるので、ダウンロードフォルダを開きダブルクリックします（図1-2）。

▼図1-2　Google Chromeダウンロードの開始

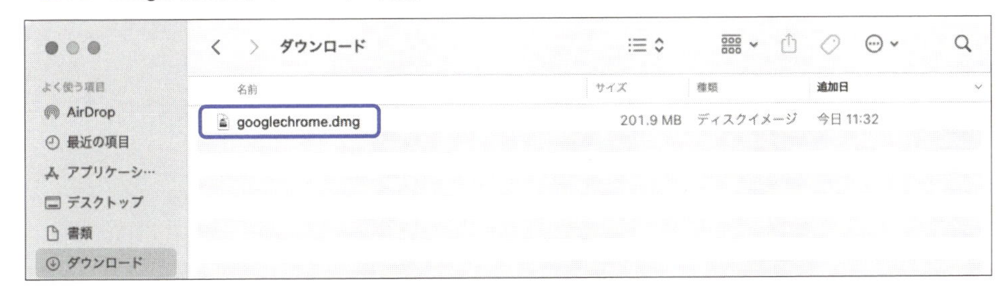

ダブルクリックすると以下のような図1-3になるので`Google Chrome.app`を下のディレクトリにドラッグ＆ドロップし、アプリケーションフォルダにインストールします。

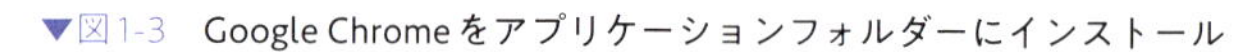

▼図1-3　Google Chromeをアプリケーションフォルダーにインストール

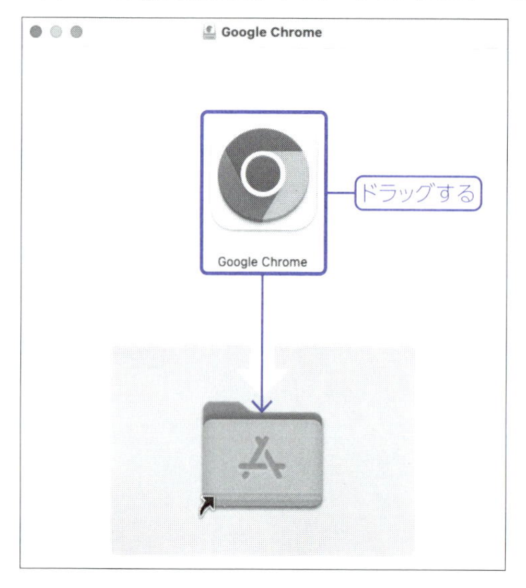

インストールが完了したら、アプリケーションフォルダを開き、Google Chromeを起動します（図1-4）。

▼図1-4　Google Chromeの起動

図1-4のような画面が表示されたらインストール完了です。右下の[ログインしない]を押し、次に進めましょう[注6]。

1-1-2 エディタをインストールする

プログラミングをするには、プログラムを書くための何かしらのエディタが必要になります。プログラムさえ書ければ良いので、メモ帳でもプログラミングは可能です[注7]。

ブラウザと同様ですが、プログラミングをしやすくするエディタがあります。たとえばソースコードが着色(シンタックスハイライト)されていて、見やすくなっていたり、リアルタイムで視覚的にエラーを示してくれる機能があったりするものです。他にも、入力補完でコードの書き方を一から暗記する必要がなくなるものや、デバッガーの起動[注8]が簡単にできるといった、高機能なエディタもあります。

このように開発環境が整備されているエディタを**IDE(Integrated Development Environment;統合開発環境)**と言います。IDEは初心者から上級者まで幅広く使われる優れたソフトウェアです。

IDEの1つにMicrosoftが提供している**VSCode(Visual Studio Code)**というものがあります。VSCodeは無償で先ほど例に上げたようなさまざまな高機能を提供しているIDE[注9]です。本書ではVSCodeを使用して解説していきます。では早速インストールしていきましょう。

注6 Googleアカウントを登録済みの方はログインしてもかまいません。

注7 著者がプログラミングを始めた頃はVSCodeそのものがなく、メモ帳でプログラミングしていました。

注8 デバッガーはバグを取り除くための機構、人などを指します。参考に、バグを取り除くことそのものをデバッグといいます。

注9 著者はJetBrains社のIntellij IDEAというIDE(有償)とvimというエディタを使って普段はプログラミングをしています。VSCodeもとても便利ですが、プログラミングに慣れてきたら、自分好みのエディタを探す旅に出てもいいですね。

・VSCodeのダウンロード

https://code.visualstudio.com/download

上記のウェブサイトからmacOS用のダウンロードボタンをクリックしてダウンロードします（図1-5）。

▼図1-5　Visual Studio Codeのダウンロードページ

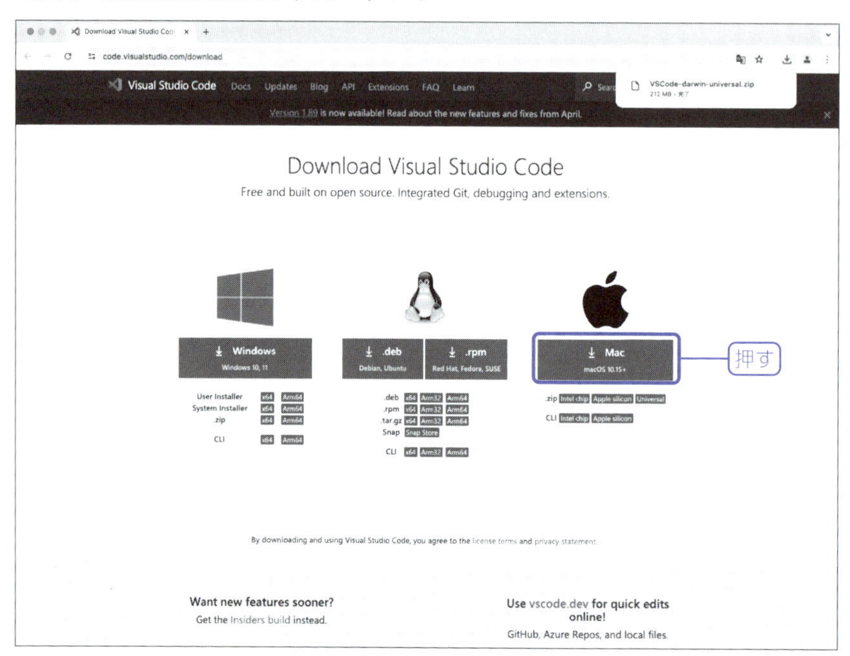

しばらくしてダウンロードが完了すると、ダウンロードフォルダに**VSCode-darwin-universal.zip**というファイルができるので、これをダブルクリックして解凍[注10]します（図1-6）。

▼図1-6　ダウンロードフォルダのVSCode-darwin-universal.zipをダブルクリック

注10　圧縮されているファイルを元に戻すことを、アンアーカイブ（Unarchive）や解凍と言います。

ダブルクリックをすると**Visual Studio Code.app**という実行ファイルが出てくるので、これを図1-7のようにアプリケーションフォルダへ移動させます。

▼図1-7　Visual Studio Code.appのアプリケーションフォルダへの移動

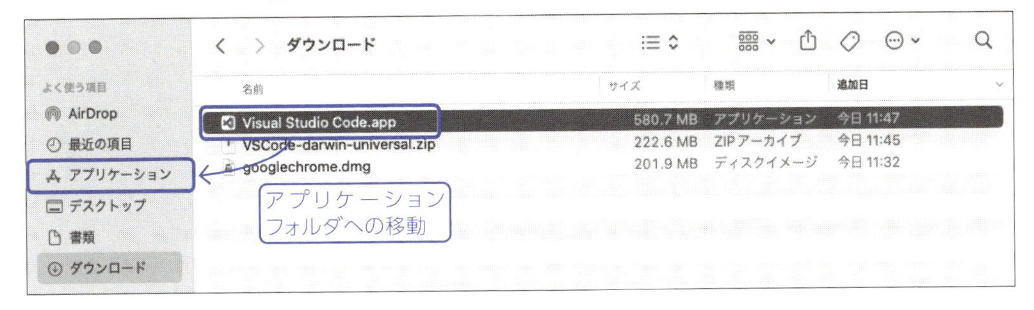

Visual Studio Code.appをダブルクリックして起動し、図1-8のような画面が表示されたらインストールは完了です。

▼図1-8　Visual Studio Codeの起動

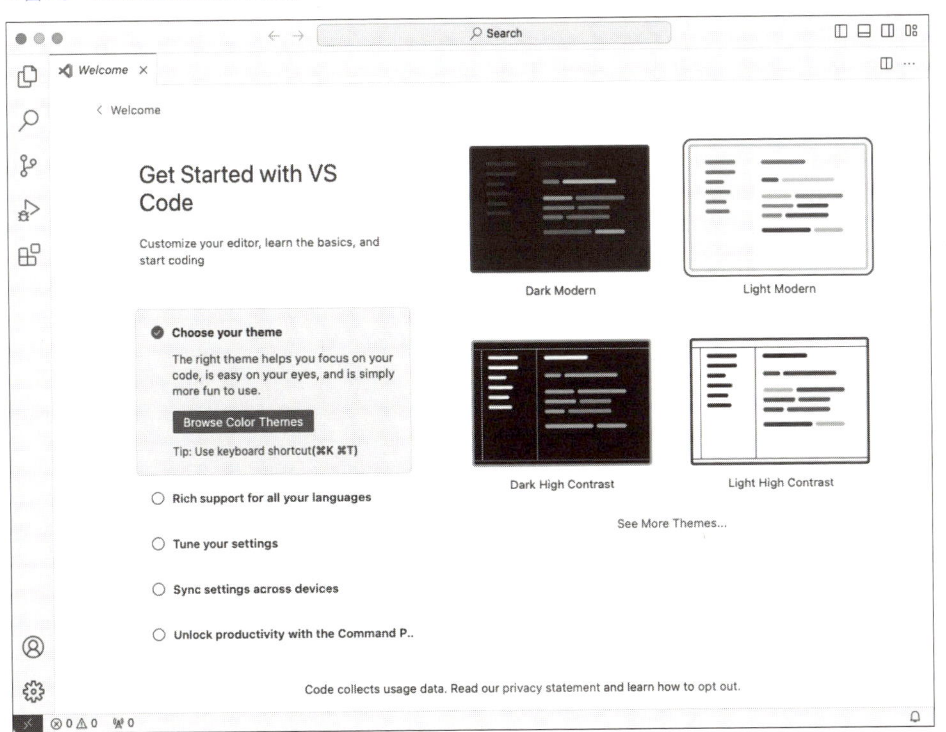

Column メモ帳でプログラミングしていた時代

VSCodeやIntelliJなどが出る前の昔話を少ししましょう。IDEの代名詞といえばEclipseです。今でこそ搭載メモリが8“G”B以上が標準になってきていますが、当時はマシンの性能も今より格段に低く、メモリは256“M”Bなど今からは想像がつかないほど低かったのです。その当時はEclipseの起動には数分かかっていました。そうした状況でしたのでIDEのように潤沢な機能があるソフトウェアではなくシンプルにコードが書けるメモ帳が重宝されていました。ほかにはサクラエディタであったり、TeraPadであったり、お金がある人は有償である秀丸を使っていました。このようにさまざまなテキストエディタがあり、そこそこシンタックスハイライト†1もしてくれるため便利だったのです。

ちなみに著者はプログラミングの勉強を始めたばかりのときはWindows付属のメモ帳でコードを書いていました。プログラミングに慣れてきてからTeraPadに移行していきました。大学のプログラミングの授業では、講師はサクラエディタを推奨していましたが、著者はWindowsからMacへ移行したあとだったのでvimでしれっと書いていたのを思い出します。シンタックスハイライトしてくれるとはいえ、PhpStorm (IntelliJ IDEAのPHP特化版) のように特定の言語に特化したIDEではないので、それほどていねいにハイライト処理をしてくれませんでした。その中で1つのファイルに数万行書き、それを読めて書ける自分が“カッコイイ”なんて思ってました。友人や両親含め周りにプログラミングができる人はおらず、完全に独学で1つのファイルに数万行もコードを書けてしまったのだから少し拗れてしまったのでしょう。

†1 コードを色分け表示して見やすくしてくれる機能のこと。

1-1-3 PHPのインストール

本書のメインテーマでもあるPHPをインストールしてみましょう。PHPのインストールは公式サイトの手順どおりに行います。本節ではmacOSをベースに解説します。

macOSへインストールする場合はbrewと呼ばれるパッケージマネージャーを用います。

・Homebrewのダウンロード

```
https://github.com/Homebrew/brew/releases/
```

まずは、上記のサイトから**Homebrew-X.Y.Z.pkg**（本書執筆時点ではHomebrew-4.3.2.pkg）と書かれている最新版のパッケージをダウンロードします（図1-9）。

▼図1-9　Homebrewのインストール①

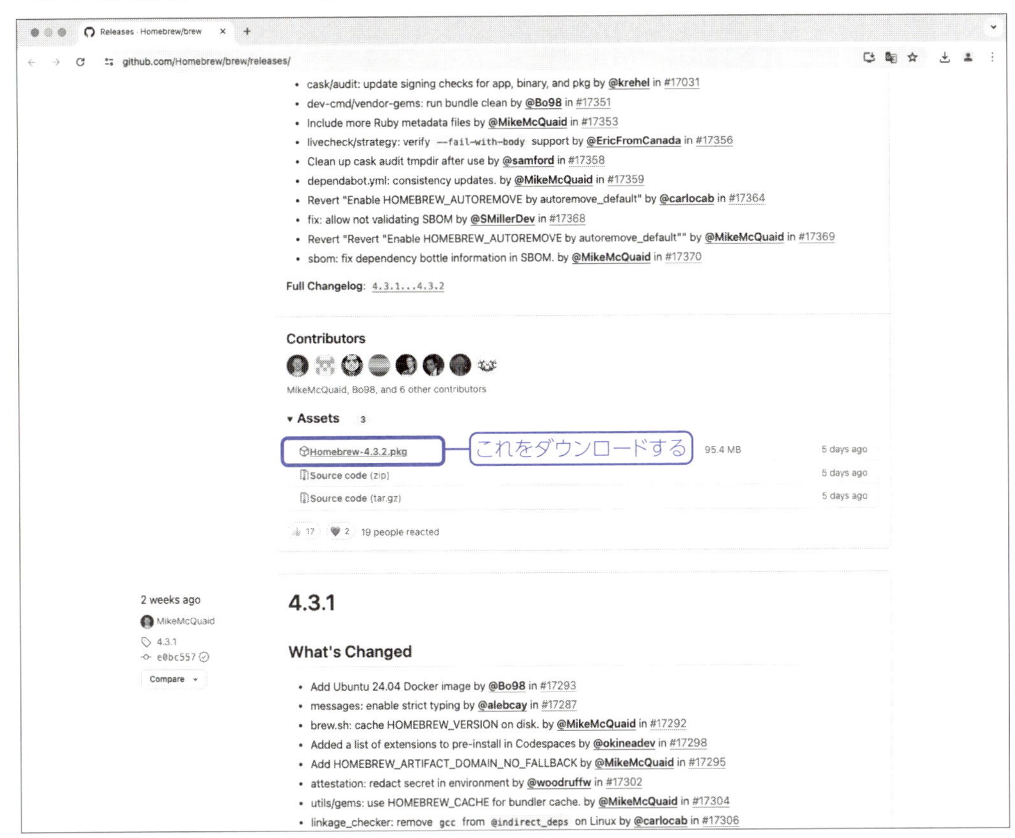

ダウンロードが完了すると図1-10のようにHomebrew-X.Y.Z.pkgがダウンロードフォルダに表示されます。

▼図1-10　Homebrewのインストール②

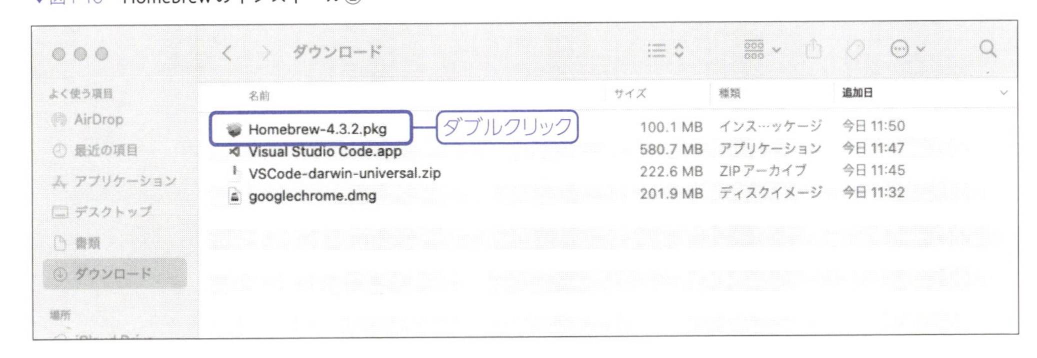

このアイコンをダブルクリックし図1-11のようにインストーラの指示に従いインストールを完了してください。

▼図1-11 Homebrewのインストール

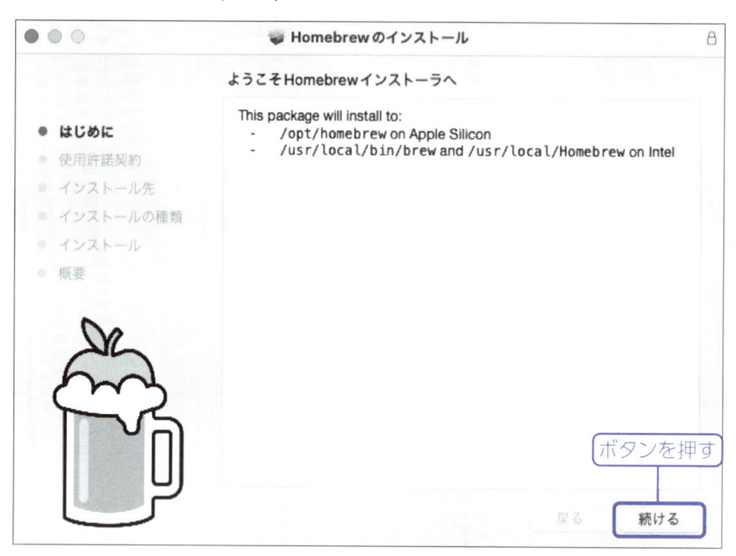

その後、⌘キーとスペースキーを同時に押し、Spotlightを起動します。画面中央上にSpotlightの検索ボックスが出現後、検索ボックスに**ターミナル**と入力します（図1-12）。

▼図1-12 Spotlightの起動と検索

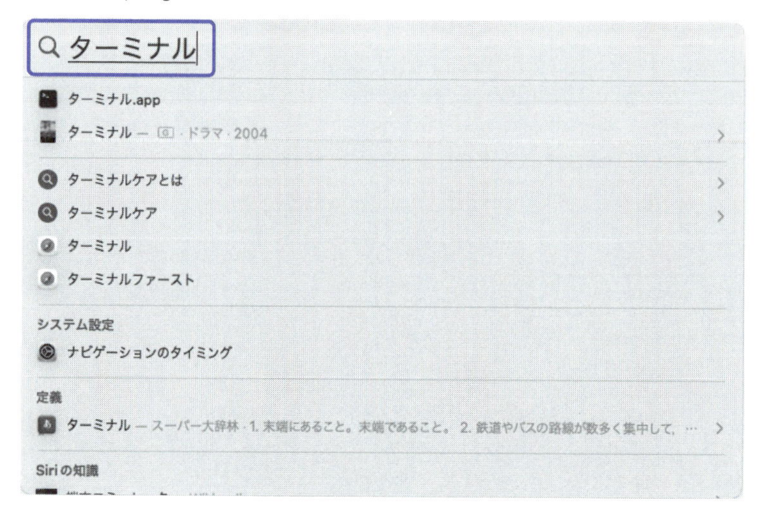

検索ボックスの結果欄に表示された［**ターミナル.app**］をクリックしてターミナルを開くと図1-13のように表示されます。

▼図1-13　macOSのターミナルの起動

次に以下のコマンドをターミナルに入力し、brewコマンドへのパスを通します。

```
echo 'eval "$(/opt/homebrew/bin/brew shellenv)"' >> ~/.zprofile; source ~/.zprofile
```

▼図1-14　brewをいつでも使えるようにするためにパスを通す

```
phpbooks — -zsh — 80×24
Last login: Sat Jun  1 11:56:13 on ttys000
phpbooks@memory-pc ~ % (echo; echo 'eval "$(/opt/homebrew/bin/brew shellenv)"')
>> ~/.zprofile; eval "$(/opt/homebrew/bin/brew shellenv)"
```

実行して何も表示されなければパス通しが成功です[注11]。

次にPHPをbrew経由でインストールするため次のように入力し、Returnキーを押します。

```
brew install php
```

ターミナル上でいろんな情報が表示されますが、PHPを動かすのに必要なソフトウェアを自動でインストールしてくれていますので、しばらく待ちましょう。しばらく待つと（図1-15）のようにターミナル上で入力が受付できるようになり、インストールが完了します。

注11　すんなりできない場合、適宜、現在のバージョンのインストーラが表示するメッセージや、公式サイトに書かれた情報を参照してください。

▼図1-15　brew経由でPHPをインストール

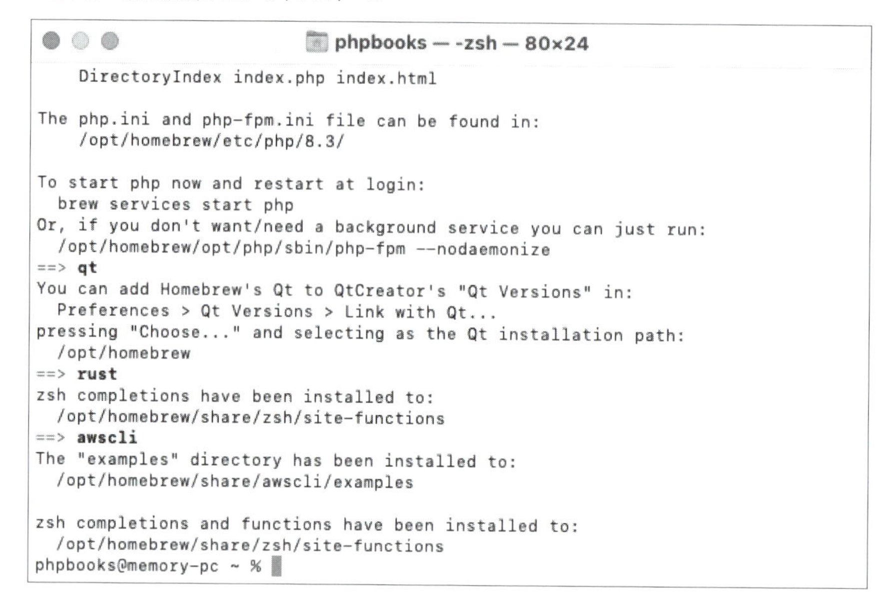

実行後、以下のコマンドを入力し、Returnキーを押して実行し、インストールが完了したかを確認します。

```
php -v
```

図1-16のようにPHPのバージョンが出力されたら、インストール完了です。

▼図1-16　PHPのコマンドで状態の確認

1-2 ターミナルの操作をしてみよう

システムエンジニアやプログラマーといえば、机の上にディスプレイモニターがたくさんあって、黒い画面に緑の文字に向かってキーボードをタイピングしている姿を思い浮かべる方もいらっしゃるのではないでしょうか。

その黒い画面を私達は「シェル」と読んでいたり「コマンドライン」、「コンソール」、「ターミナル」と呼んでいるものです。本書では「ターミナル」という呼び方で統一します。

厳密にはそれぞれ意味は異なりますが、おおむね同じような意味で使われます。最近ではIDEなどに組み込まれることも多くなってきています。もちろん、本書で解説しているVSCodeにも組み込まれているので試しにターミナルを起動してみましょう。

VSCodeはデフォルトでは英語になっていますので、まずは日本語化しましょう。VSCodeをもう一度起動し直すと、右下に「表示言語を日本語に変更するには言語パックをインストールします」というポップアップが表示されるので（図1-17）、これをクリックしてインストールします。

▼図1-17 表示言語を日本語に変更するには言語パックをインストールします

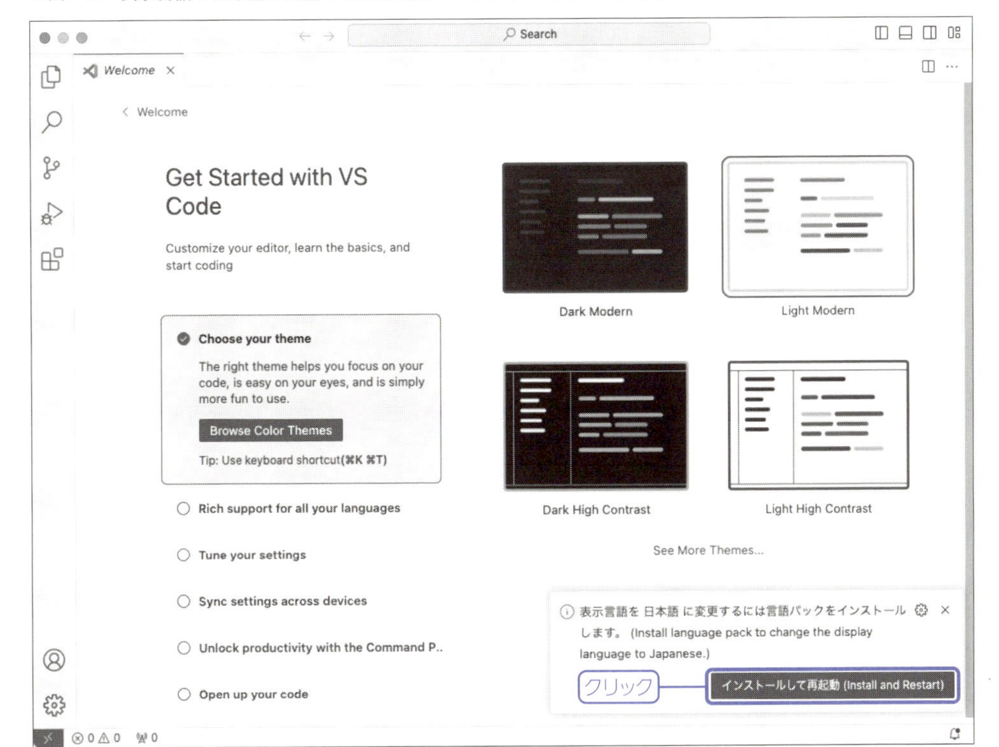

インストールが完了し、VSCodeが再起動すると図1-18のように日本語で表示されるようになります。

▼図1-18　再起動すると日本語化表示が可能になる

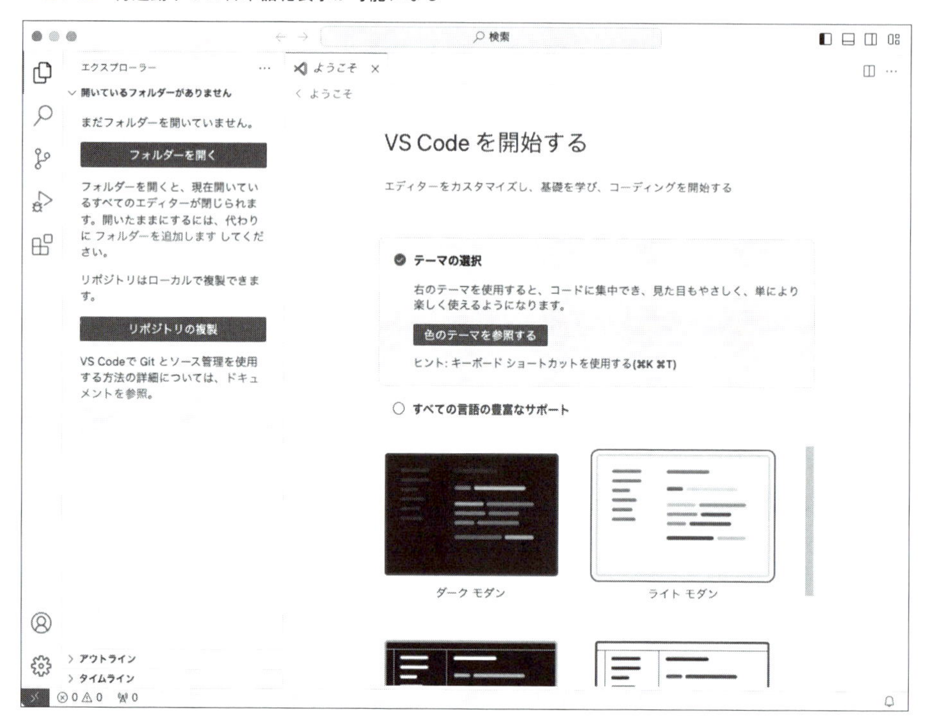

次にVSCodeを起動しメニューの[ターミナル]から[新しいターミナル]をクリックし起動します(図1-19)。

▼図1-19　[新しいターミナル]の起動

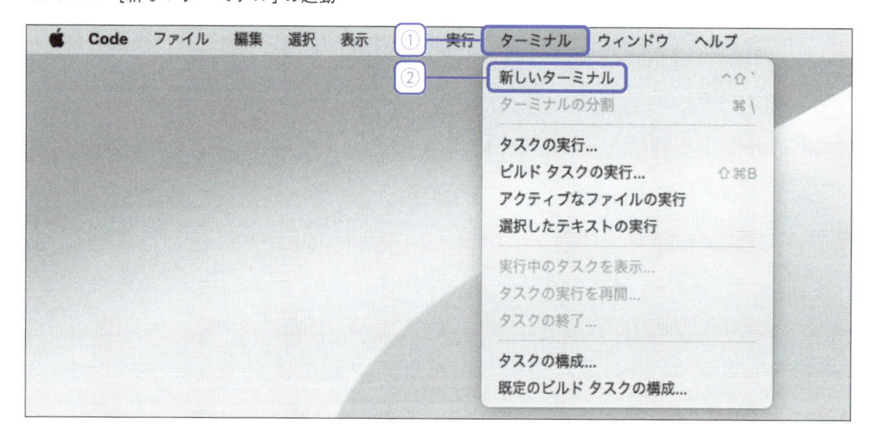

ターミナルが起動しましたね。では図1-20にpwdと入力してみましょう。

▼図1-20　pwdの入力

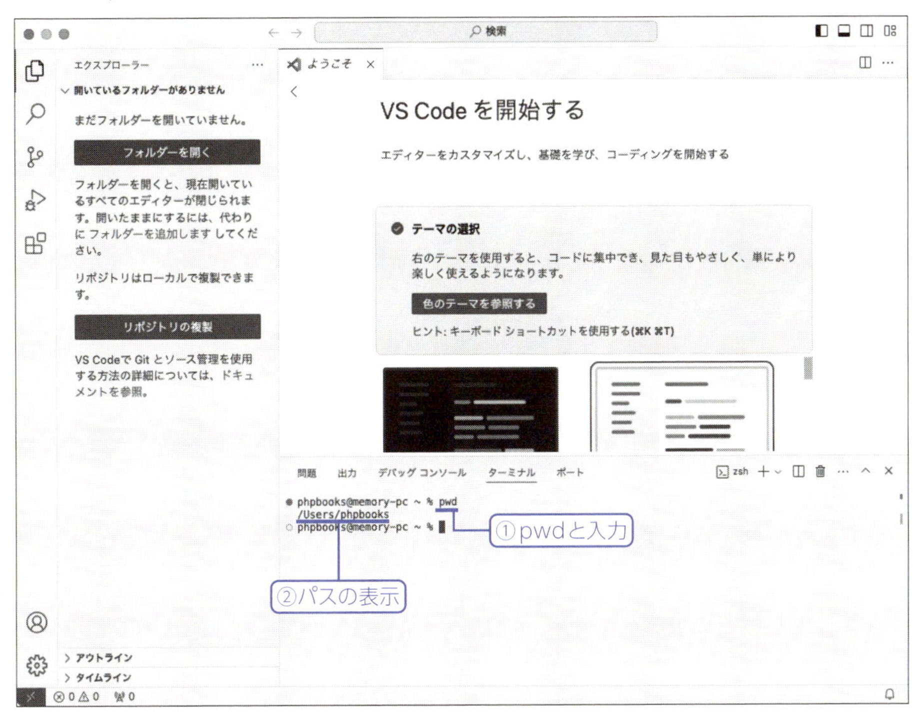

図1-21のようにパスが表示されることがわかります。次に`ls -la`と入力してみましょう（図1-21）。

▼図1-21 パスの表示とコマンド（ls-la）の入力

ディレクトリ(フォルダ)やファイルの一覧が表示されることがわかりました。このようなコマンドを入力していくことで、プログラミングに必要なツールをインストールしたり、コンピュータの設定を変更したりすることができます。もちろん実務のケースにはよりますが、昨今ではターミナルのアプリケーションを起動しなくてもIDEでほとんど完結させられるようになってきました。しかし、マウスやトラックパッドを操作することが億劫だと考えるエンジニアやプログラマーも中にはいて、そういった方はターミナルだけで実務を行ったりもします。

1-3 PHPを書いてみよう

PHPとは**PHP：Hypertext Preprocessor**のことで、広く使われているスクリプト言語(簡易的に書けるプログラミング言語)です。

スクリプト言語に該当するプログラミング言語はいくつかありますが、その中の代表格の1つでもあるPHPはウェブ開発に特化しているものです[注12]。さらには多くの企業が採用し実際にサービスの根幹を担うアプリケーションを作る際に用いられるプログラミング言語でもあります。

PHPは多くの変遷の歴史をたどってきました。当初は独特な書き心地やある程度の緩さから好みが分かれていた時代もありました。今では多くのコミュニティや開発者に支えられ、高いパフォーマンスを保ちながらも緩さも厳格さも求められるような、素晴らしい書き心地を提供しているプログラミング言語になりました。

では、そんなPHPを早速書いていきましょう。macOSのデスクトップに、php-booksというフォルダを作成します。フォルダは ⌘ キーと Shift キーと n キーを同時に

黒い画面

※CLIはコマンドライン・インターフェースの略です。ウィンドウやボタンのクリックでの操作はGUI(グラフィカル・ユーザー・インターフェース)と言います。

注12　特化しているだけであり、ウェブ開発以外の用途でももちろんPHPは活躍します。

押す、または副ボタンをクリック（デフォルトでは2本指でクリック）して「新規フォルダ」をクリックすることで作成できます。作成されたフォルダの名前をダブルクリックし、php-booksに名前を変更します（図1-22）。

▼図1-22　php-booksフォルダの作成

VSCodeを開き、先ほど作成したフォルダを、VS Codeの［**フォルダーを開く**］をクリックし、図1-23、図1-24のように開きます。

▼図1-23　VS Codeの開始

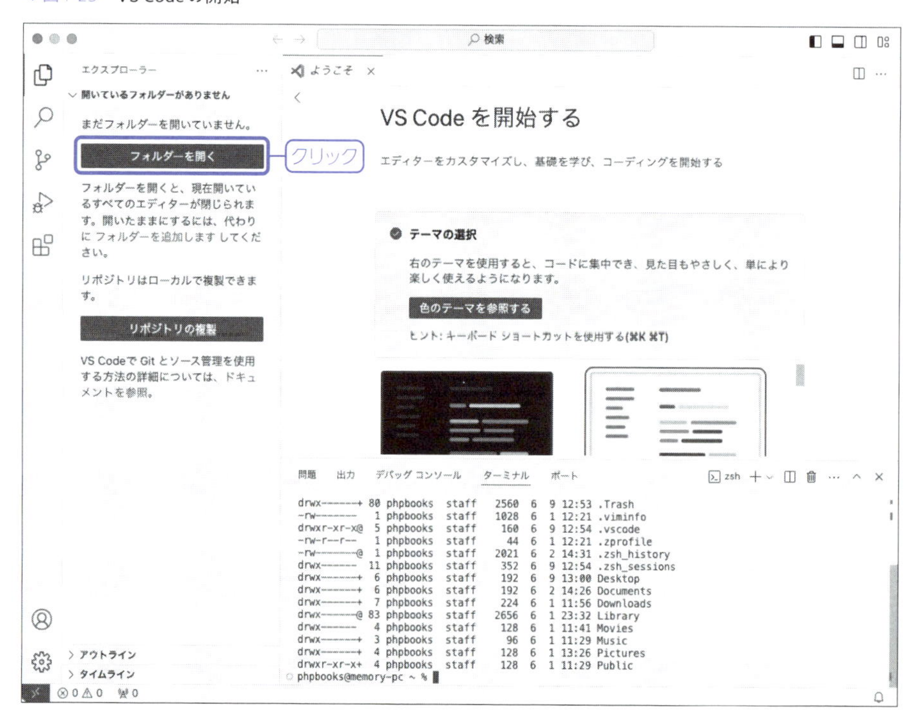

▼図1-24　フォルダの選択画面からデスクトップの中のphp-booksを選択し、開くボタンを押す

フォルダを開こうとすると、図1-25のように作成者を信頼するかどうかを聞かれますので、[**親フォルダーDesktop内すべてのファイルの作成者を信頼します**]にチェックを入れ、[**はい、作成者を信頼します**]をクリックします。

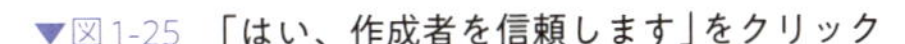

▼図1-25　「はい、作成者を信頼します」をクリック

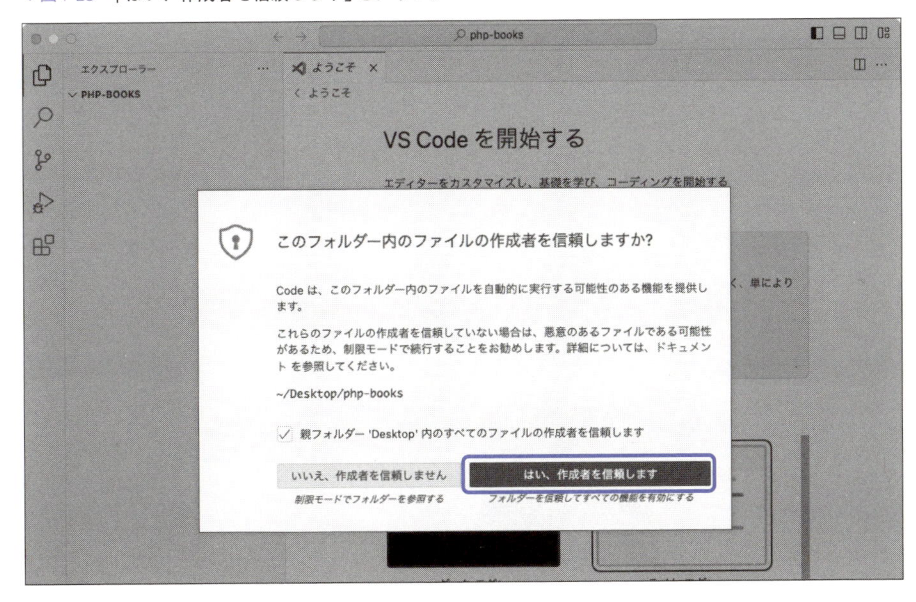

副ボタンをクリックしてメニューを開き「新しいファイル」をクリックし名前をHelloWorld.phpとし保存します（図1-26、図1-27）。

▼図1-26　左サイドパネル上で副ボタンのクリック後、メニューが表示されたら新しいファイルをクリックする

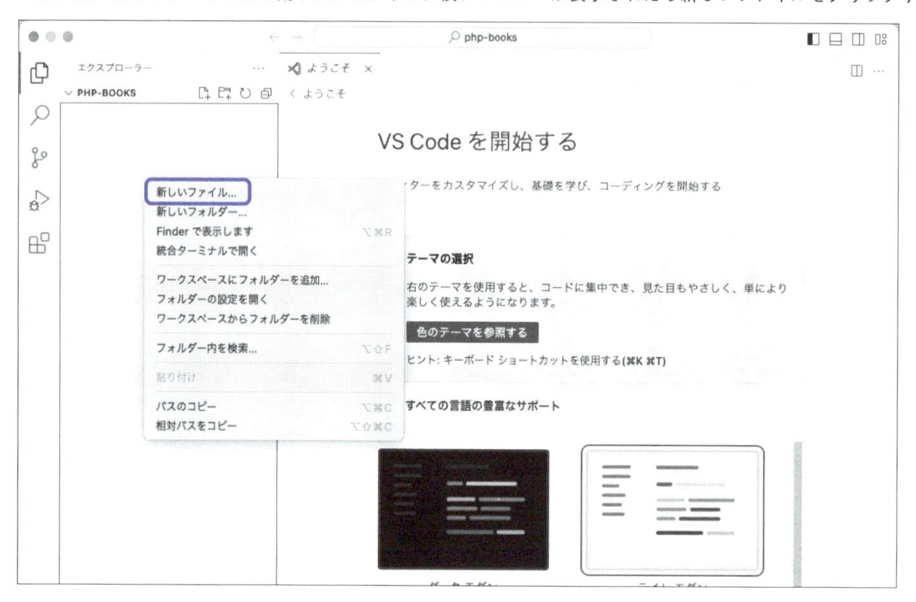

▼図1-27　入力欄が表示されるので、HelloWorld.phpを入力

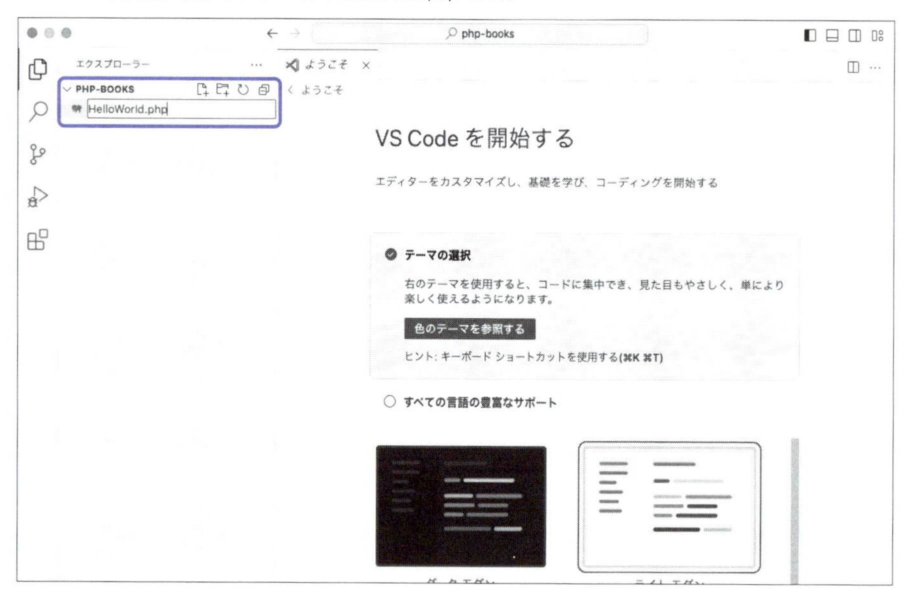

これでHelloWorld.phpというファイルがプロジェクトの一覧に表示されました（図1-28）。

▼図1-28　Hello World.phpが作成された

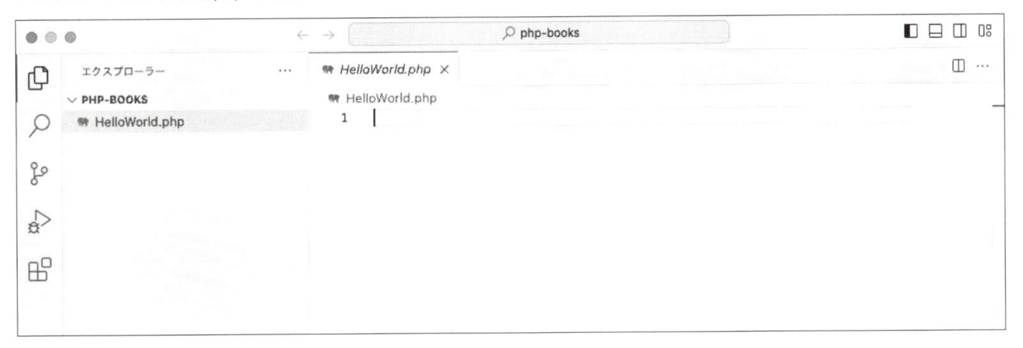

PHPはファイルの先頭に<?phpと記述して「ここからはPHPのコードが書かれているよ」ということを示してあげる必要があります。また、PHPのコードの終わりを示す場合は?>と終端に書きます（図1-29）。

```
<?php echo "Hello World!"; ?>
```

▼図1-29　PHPのコードを入力してみる

⌘キーとSキーを同時に押しファイルを保存します。

保存したのち、1-2節で解説した方法でターミナルを開きターミナルに以下のようなコマンドを入力します（図1-30）。

```
php HelloWorld.php
```

▼図1-30　ターミナルの画面が右下に開かれ、php HelloWorld.phpが表示されている

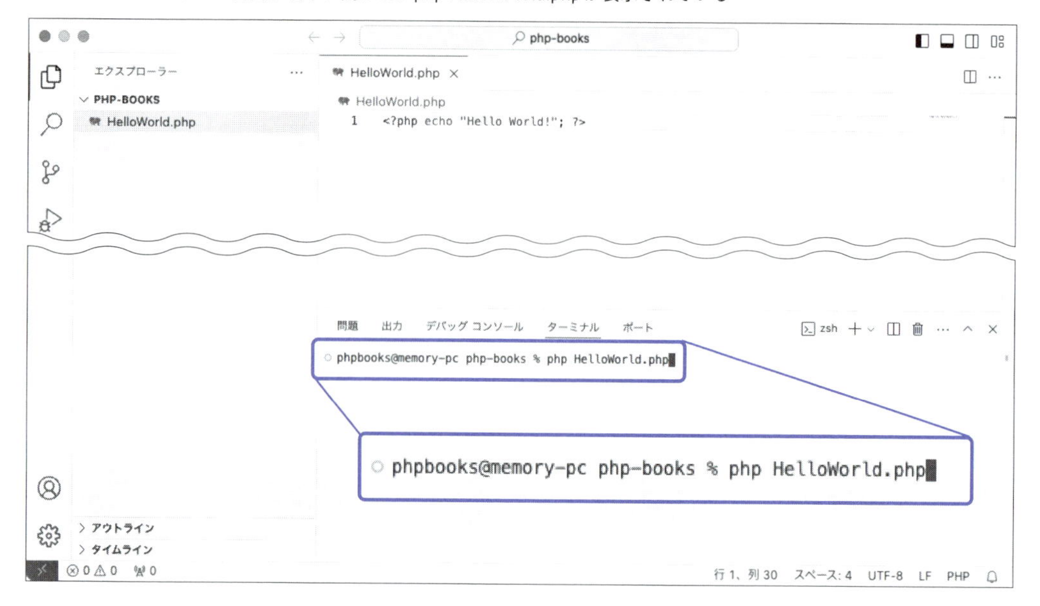

次に Return キーを押すとターミナルに図1-31のように出力されます。

▼図1-31　ターミナルにプログラムが実行され表示される

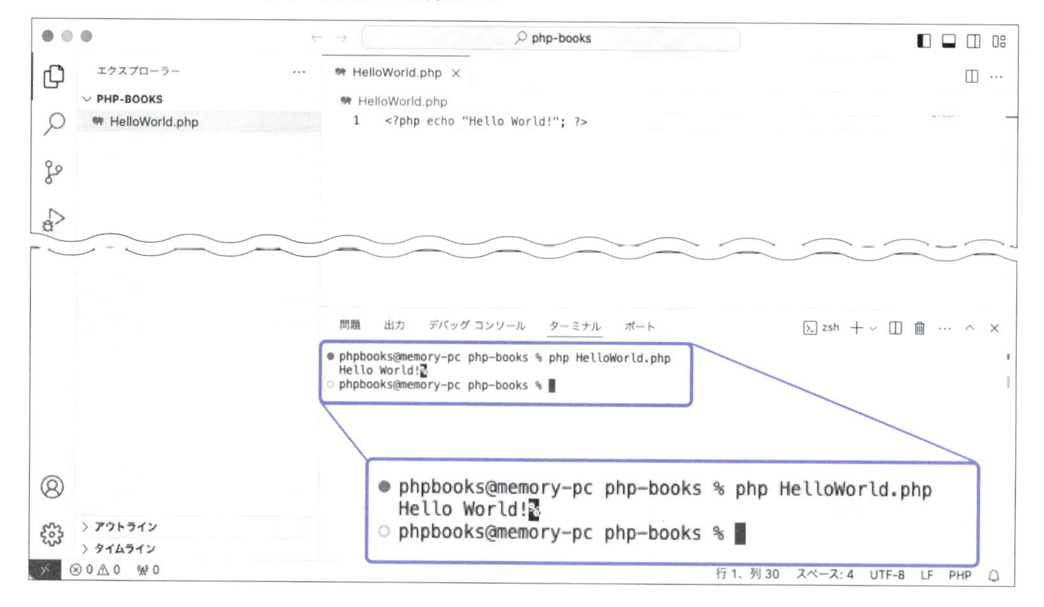

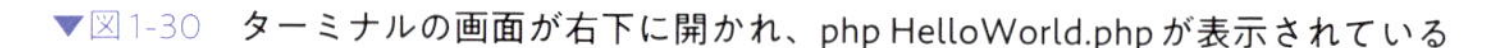

なお ?> は以下のように省略することも可能です。

```
<?php echo "Hello World!";
```

では、他のコードも試してみましょう。先ほどと同様にHelloWorld.phpを開き、すでに書いてあるコードを削除し、以下の足し算を行うコードに変更してみます。

```
<?php echo 1 + 2;
```

同様にターミナルにphp HelloWorld.phpと入力し Return キー（Windowsの場合は Enter キー）を押し実行すると図1-32のようにターミナルに3と表示されます。

▼図1-32　足し算を行うコードを実行した結果

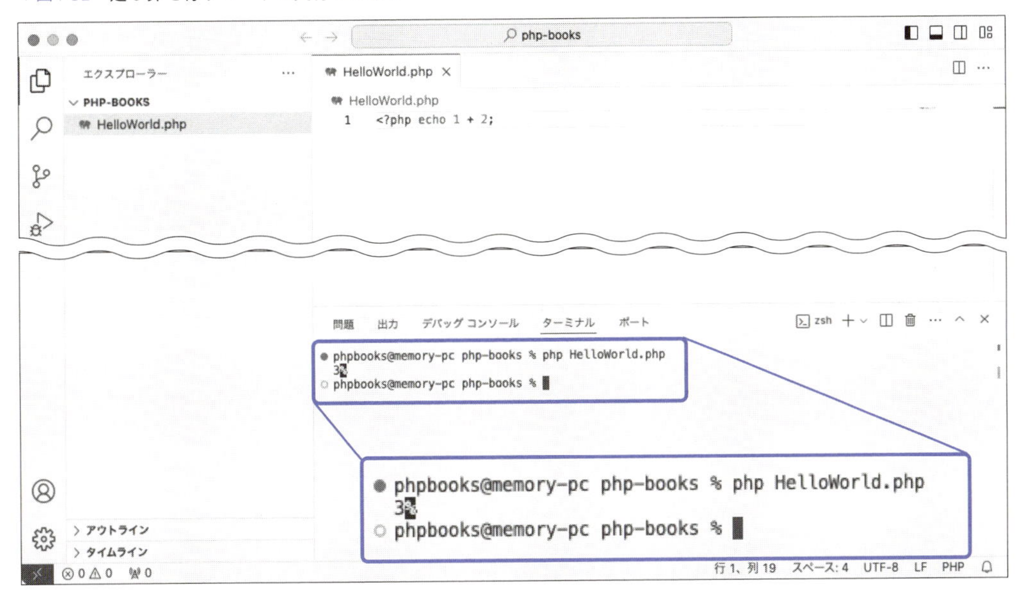

PHPはウェブ開発特化のプログラミング言語ということもあり、第2章、第3章で扱うHTMLやCSSと組み合わせることができます。

また、PHPを学ぶことで、本書の第6章で解説しているアクセスカウンターを実装できたり、本書では解説していませんが会員登録の機能を作ることも可能です。これらは、PHPの文法の知識や書き方の基礎があってこそ成り立つものです。詳しい文法や書き方の作法について第4章で解説をします。

Column キーボードのショートカットキー

キーボードのショートカットには、キーと意味が一致しているものが多くあります[†1]。たとえば本節で解説している⌘キーとSキーの同時押しは、保存の役割を担っています。これは少し想像してもらうと気づくかもしれませんがSはSaveの頭文字が由来かも？——と推測できます。

他にもCキーであれば選択している範囲をコピーするショートカットキーでCopyが由来ですし、Fキーであれば検索をするショートカットキーでFindが由来です。このようにショートカットキーには英語の意味から推測できるものがあります。もし、ショートカットを覚えるのが苦手なら、このコラムを思い出して推測してみてくださいね。

†1　一部意味をなしていないものもあります。

Column Hello World ってなんだろう？

「Hello Worldってなんだろう」と思った方もいらっしゃるかもしれません。実は深い意味はありません。初めて触るプログラミング言語や本書のような書籍で最初に行う儀式のようなものです。とはいえ、起源は気になりますよね。この起源はさまざまな説がありますがBCPL (Basic Combined Programming Language、Basic-CPL) というプログラミング言語で使われたのが最初とされます。

ただ、Hello Worldという言葉が実際に幅広く使われ始めたのは1978年に発売された『プログラミング言語C』[†1]と言われています。それ以降、多くのプログラミング関連の書籍で用いられるようになりました。そこで本書でもこれらの風習にあやかり、サンプルとして用いるテキストにHello Worldを使用します。

†1　Brian W.カーニハン、D.M.リッチー（著）石田晴久（訳）、1989年6月（第2版の日本語訳版）
https://www.kyoritsu-pub.co.jp/book/b10011596.html

第2章

HTMLを学んでみよう

第2章

HTMLを学んでみよう

2-1 なぜHTMLを学ぶのか

HTML（エイチティーエムエル）は**Hyper Text Markup Language**（ハイパーテキストマークアップランゲージ）というマークアップ言語と呼ばれるものの一種で、ウェブページの骨子を定義するために使われます。

マークアップ言語はプログラミング言語とは異なり、その構造を定義するだけにとどまり、条件による分岐処理や実行処理などがありません。

マークアップ言語にはHTML以外にもHTMLに構造が似ているXML（eXtensible Markup Language）と呼ばれるものや、Markdownと呼ばれるドキュメントを記述するのに特化したものがあります。

PHPの学習をするために本書を購入したのに、なぜHTMLを学ぶ必要があるのか？とに疑問に思ったかもしれません。ウェブページの骨子を定義するHTMLを学ぶのはウェブサイト開発に特化しているPHPを学ぶにあたって重要なものの1つです。

PHPはHTMLにコードを埋め込める機能を備えています。PHPを使うことで、ウェブサイトにアクセスしたときに値を変化させるようなアクセスカウンターを表示させたり、会員登録の名前を表示させることが可能になります。

このように、アクセスするたびに表示するものが変化したり、アクセスしているユーザーの名前であるとか、メールアドレスのような固有の表示を行うようなことを**動的に表示する**と言います。

このように動的に表示するためには、PHPのコードが埋め込まれるHTMLの仕組みや構造を理解する必要があると著者は考えています。そのため本書では、HTMLやCSS（第3章参照）など、PHPで動的な表示するにあたって必要な前提知識を先に扱います。

2-2 HTMLの書き方

HTMLの構造はタグとコンテンツから構成される要素の集まりです。タグは<p>のような<と>[注1]、英数字で囲った**開始タグ**と、</p>のように英数字の手前にスラッシュが入った**終了タグ**のことを指します。タグに囲まれたエリアを**コンテンツ**といいます。

次のような例を見てみましょう。

```
<p>Hello World!</p>
```

これはpタグを用いており、コンテンツはHello World!です。これらをひとまとめにして**要素(Element)**と言います。

そして、タグの書き方にはいくつか例外があります。たとえば、改行を示すbrタグがあります。このタグはコンテンツが存在しません。他にも画像を表示するimgタグなどもコンテンツがありません。このようにコンテンツが存在しないタグがいくつかあります。

他にも<!--から始まり-->で終わるコメントと呼ばれる書き方もあり、画面上には表示させないもので何かしらメッセージを残したい場合などに利用されます。

さらにタグには**属性**という概念があります[注2]。imgタグであれば、画像の場所を示すsrc(source)という属性があります[注3]。たとえば<img src="画像までのパス">のように使用します。

また、HTMLにはウェブサイトに関する情報を示すためのhead要素と、ウェブサイトそのもののコンテンツを示すためのbody要素があります。HTMLは、これらを次のようにhtmlタグで囲んだもので構成されます。

注1　半角文字記号の小なり(<)と大なり(>)で表しますが、場合によってはカッコと読んだりもします。
注2　アトリビュート(Attribute)とも言います。タグに対してさまざまな追加情報や意味を加えたりするための付加情報です。
注3　属性には必ず指定しなければいけないものと、任意のものがあります。解説しているsrcは必ず指定しなければならない属性です。

```
<!DOCType html>
<html>
    <head>
        <!-- ウェブサイトに関する情報 -->
    </head>
    <body>
        <!-- ウェブサイトのコンテンツ -->
    </body>
</html>
```

<!DOCType html>は書かれている文書がHTMLの構造であることを示すための定義です。昨今では、このような書き方で統一されつつありますが、一昔前は多様多種な書き方がありました[注4]。

HTMLがどういったエンコーディングで書かれているかを示すための<meta charset="utf-8">をhead内に指定します。

```
<!DOCType html>
<html>
    <head>
        <meta charset="utf-8">
    </head>
    <body>
        <!-- ウェブサイトのコンテンツ -->
    </body>
</html>
```

utf-8は最近では一般的に使われているエンコーディングですが、過去にはShift-JISやeuc-jpなどの文字コードなども使われてきました。

VSCodeなども特に設定を変更していなければutf-8になっているはずです。

ウェブサーバや設定によって、エンコーディングを指定しない場合、文字化けが起こる可能性があります。本書ではスムーズに解説するため、エンコーディングを指定するmetaタグを使用しています。

注4　特にHTML4の時代は顕著で、XHTML、HTML4などさまざまな宣言が存在していました。多くの書籍や文献では**おまじない**と書いてあることがありますが、ドキュメントの種類の宣言は意味のあるものであり、おまじないではないことに注意してください。

Column 文字化けが起こる理由

文字化けとは、本来表示されてほしい文字やテキストが意図とは反する形で表示されてしまう現象のことです。

文字化けの大半がエンコーディングによるものです[†1]。たとえばutf-8とShift-JISを比較するとマッピング(紐づけ)される文字が異なるため起こります。

utf-8では`0xE3 0x81 0x82`という文字を「あ」にマッピングしていますがShift-JISは`0x82 0xA0`を「あ」にマッピングしています。

他のエンコーディングもマッピングする値そのものは違えど仕組みは同様です。そのためShift-JISで書かれたテキストをutf-8で開けば文字化けが起こりますし、逆もしかりです。

エンコーディングを正しく指定することで期待する出力がなされるようになります。

文字オバケ

†1 コンピュータそのものが非対応の場合もありますが、昨今では非対応のコンピュータのほうが数少ないでしょう。

2-3 自分の名前を表示してみよう

早速、HTMLを使って自分の名前を表示してみましょう。第1章で用いたVSCodeで解説していきます。

第1章で解説したHelloWorld.phpを作成する方法と同じ方法で、`HelloWorld.html`を作成します(図2-1)。

▼図2-1 HelloWorld.htmlの作成

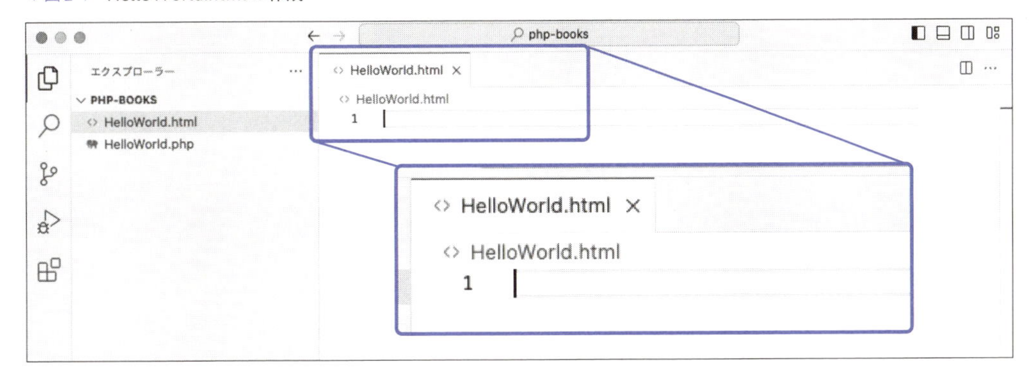

作成したHelloWorld.htmlをクリックし、以下の内容を入力します。

```
<!DOCType html>
<html>
    <head>
        <meta charset="utf-8">
    </head>
    <body>
        <h1>こんにちは、世界！私の名前は xxx です。</h1>
    </body>
</html>
```

h1はテーマを表すタイトルを示すタグです。xxxと書かれている箇所は読者である、あなたの名前に差し替えてみてください。

差し替えた後、このHTMLをブラウザで実際に表示させてみましょう。VSCodeのサイドメニューにある［実行とデバッグ］タブをクリックし（図2-2）、同様に［実行とデバッグ］という青色のボタンをクリックします。そうするとブラウザのChromeが起動します（図2-3）。

▼図2-2 ［実行とデバッグ］タブをクリック

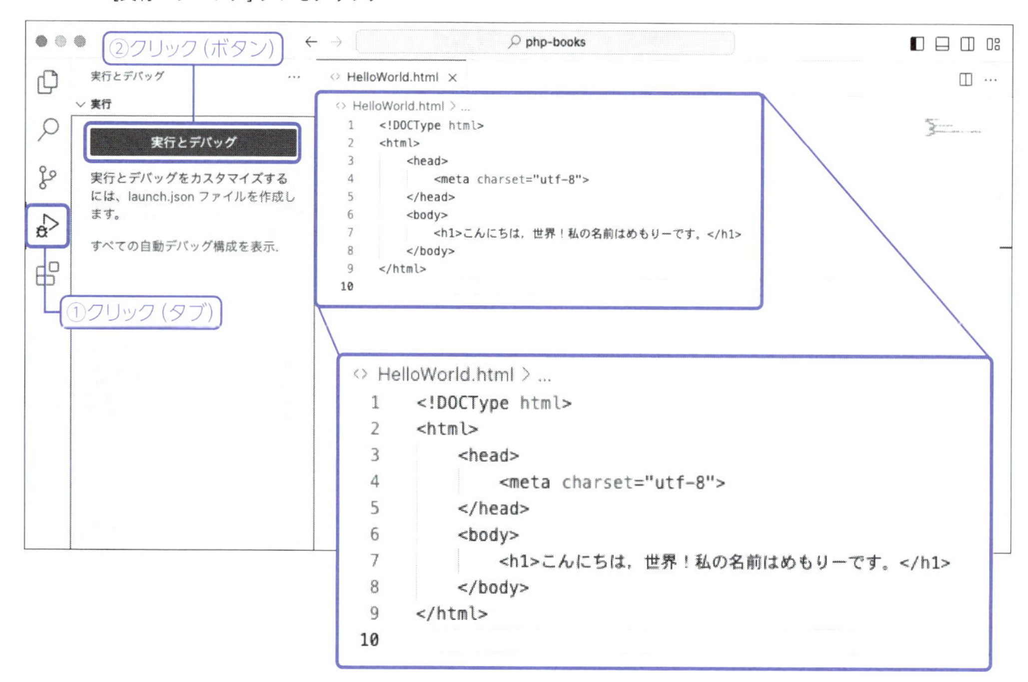

▼図2-3　Chromeの起動

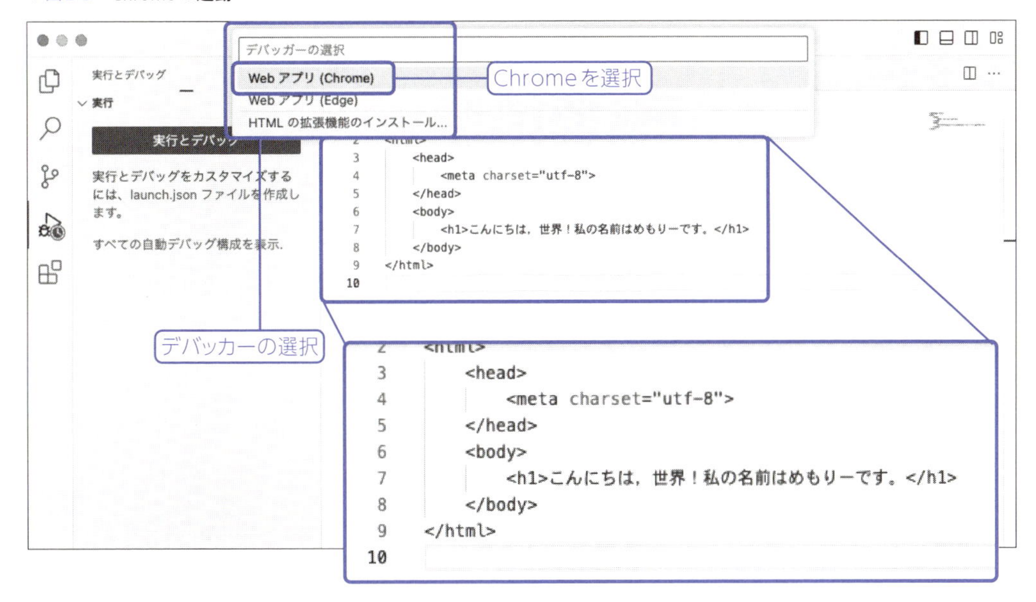

ブラウザの選択をうながされた場合はWebアプリ(Chrome)を選択します。
起動すると図2-4のように、自分の名前が表示されることが確認できます。

▼図2-4　名前の表示の確認

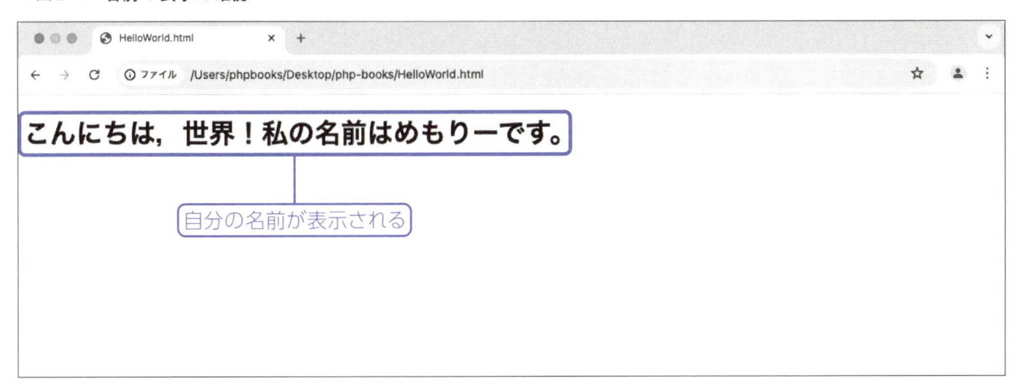

自分の名前

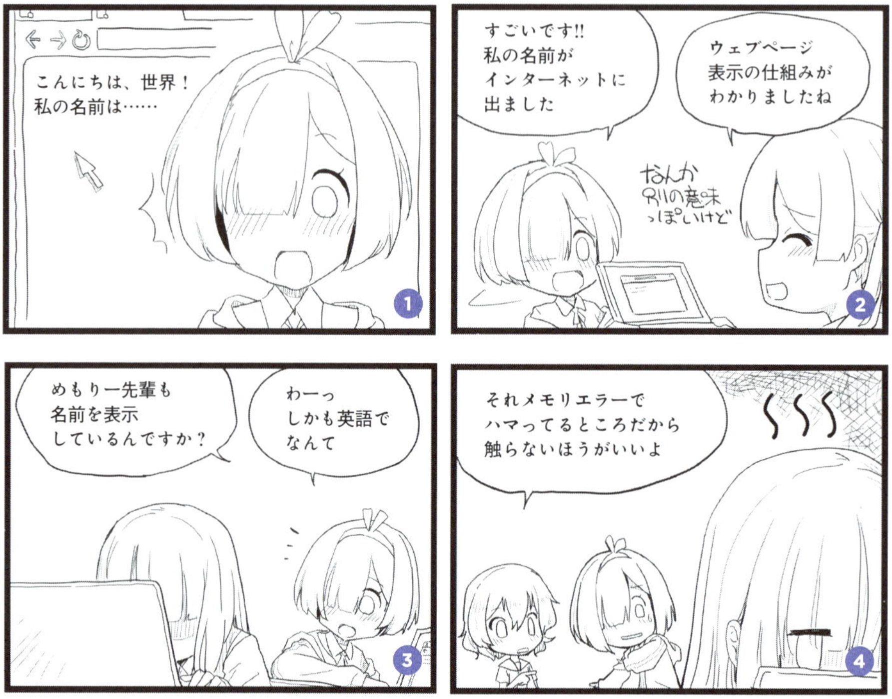

2-4 自分の得意科目を表（テーブル）で表示してみよう

HTMLにはテーブルタグと呼ばれる、情報を表の形でまとめるためのタグがあります。

Excelのような見た目で、情報を整理して表示できます。これはどういうことに役立つでしょうか。たとえば得意科目を表示するようなケースです。次のような表があったとします。

テーブルタグは`table`で表を表現し、列を`tr`（Table Row）、行を`td`（Table Data）で表します。

科目	最高得点
情報	100
英語	96
数学	94
現代文	92

これをHTMLで表すには以下のようにします。

```
<table>
    <thead>
        <tr>
            <th>科目</th>
            <th>最高得点</th>
        </tr>
    </thead>
    <tbody>
        <tr>
            <td>情報</td>
            <td>100</td>
        </tr>
        <tr>
            <td>英語</td>
            <td>96</td>
        </tr>
        <tr>
            <td>数学</td>
            <td>94</td>
        </tr>
        <tr>
            <td>現代文</td>
            <td>92</td>
        </tr>
    </tbody>
</table>
```

加えて、thは見出し（Table Header）、theadは見出し用の構造（Table Head）、tbodyは表のデータの構造（Table Body）です。

この表をさきほどのHelloWorld.htmlに以下のように加えます。

```
<!DOCType html>
<html>
    <head>
        <meta charset="utf-8">
        <title>私の成績表</title>
    </head>
    <body>
        <h1>こんにちは，世界！私の名前は xxx です。</h1>
        <!-- ここから表の追加 -->
        <table>
```

```
            <thead>
                <tr>
                    <th>科目</th>
                    <th>最高得点</th>
                </tr>
            </thead>
            <tbody>
                <tr>
                    <td>情報</td>
                    <td>100</td>
                </tr>
                <tr>
                    <td>英語</td>
                    <td>96</td>
                </tr>
                <tr>
                    <td>数学</td>
                    <td>94</td>
                </tr>
                <tr>
                    <td>現代文</td>
                    <td>92</td>
                </tr>
            </tbody>
        </table>
        <!-- 表の追加ここまで -->
    </body>
</html>
```

先ほどと同様に[実行とデバッグ]でブラウザを開きます(図2-5)。

▼図2-5　［実行とデバッグ］でブラウザを開く

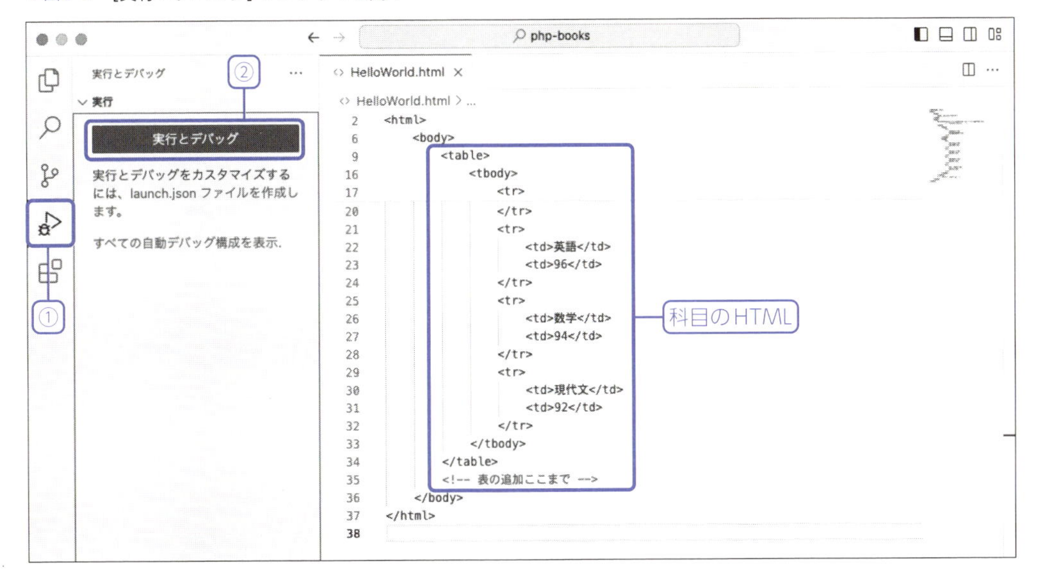

▼図2-6　実行結果

書き加えた表が表示されていることが確認できましたね（図2-6）。次に新しい科目の生物の87点を追加してみましょう。

他の科目と似たような形で以下のように</tbody>の真上に追加してみましょう。

```
<!DOCType html>
<html>
    <head>
        <meta charset="utf-8">
        <title>私の成績表</title>
    </head>
    <body>
```

```
……（省略）……
                <tr>
                    <td>現代文</td>
                    <td>92</td>
                </tr>
                <!-- 科目の追加 -->
                <tr>
                    <td>生物</td>
                    <td>87</td>
                </tr>
                <!-- 科目の追加ここまで -->
            </tbody>
        </table>
        <!-- 表の追加ここまで -->
    </body>
</html>
```

再度［実行とデバッグ］でブラウザを開きます（図2-7）。

▼図2-7 ［実行とデバッグ］で結果の確認

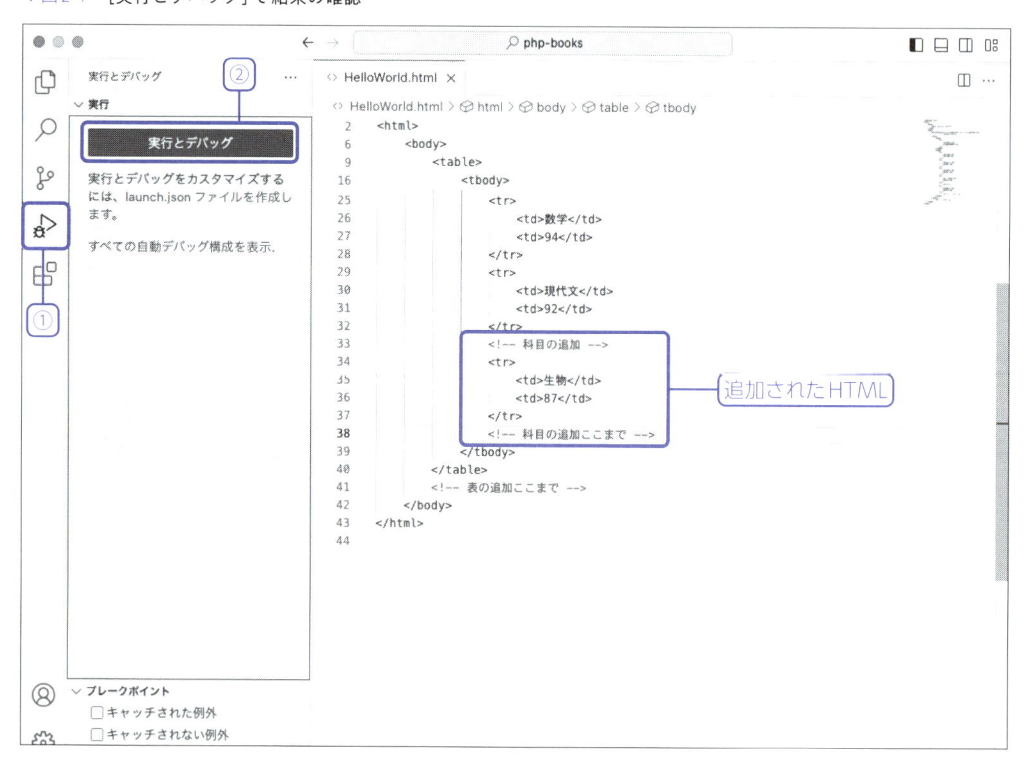

▼図2-8　実行結果

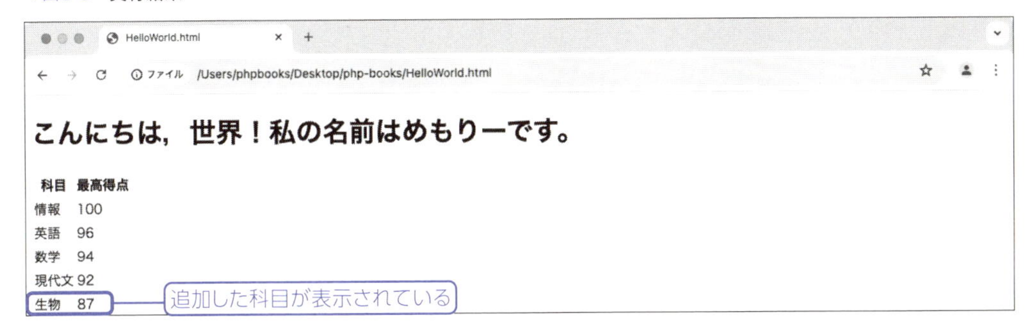

図2-8のように表示されていることが確認できましたね。ここでテーブルタグのおさらいをしてみましょう。

タグ名	意味
table	テーブル（表）を開始するためのタグ
thead	表のヘッダー（見出し）となる構造の開始をするためのタグ
tbody	表のコンテンツ（内容）となる構造の開始をするためのタグ
tr	行の開始をするためのタグ
th	行の見出しを開始するためのタグ
td	セルの情報を開始するためのタグ

2-5 自分の趣味をリストで表示してみよう

HTMLには箇条書き（リスト）を行うための構造であるリストタグが用意されています。

箇条書きには一般的な黒丸を扱うul（Unordered List、アンオーダードリスト、順序なしの箇条書き）と、ナンバリングされたリストを扱うol（Ordered List、オーダードリスト、順序ありの箇条書き）があります。

順序を気にしない趣味をリストで表すケースにはulが最適です。olはたとえば順序を必要とするような道案内や料理の手引などを示すようなケースで有用でしょう。

本書ではulを用いて趣味の表示の方法を解説します。次のような趣味を表示してみましょう。

私の趣味
・プログラミング
・ゲーム
・猫吸い

以下のようにHTMLを記述することで上記のような箇条書きを表せます。

```
<h2>私の趣味</h2>
<ul>
    <li>プログラミング</li>
    <li>ゲーム</li>
    <li>猫吸い</li>
</ul>
```

上記のリストを</body>の真上に追加してみましょう。

```
<!DOCType html>
<html>
    <head>
        <meta charset="utf-8">
        <title>私の成績表</title>
    </head>
    <body>
             ……（省略）……
                <tr>
```

```
                <td>現代文</td>
                <td>92</td>
            </tr>
            <!-- 科目の追加 -->
            <tr>
                <td>生物</td>
                <td>87</td>
            </tr>
            <!-- 科目の追加ここまで -->
        </tbody>
    </table>
    <!-- 表の追加ここまで -->
    <!-- 箇条書きの追加 -->
    <h2>私の趣味</h2>
    <ul>
        <li>プログラミング</li>
        <li>ゲーム</li>
        <li>猫吸い</li>
    </ul>
    <!-- 箇条書きの追加ここまで -->
  </body>
</html>
```

箇条書き追加されたことを確認するため[実行とデバッグ]でブラウザを開きます(図2-9)。⌘とSで保存を忘れずに。

▼図2-9 [実行とデバッグ]

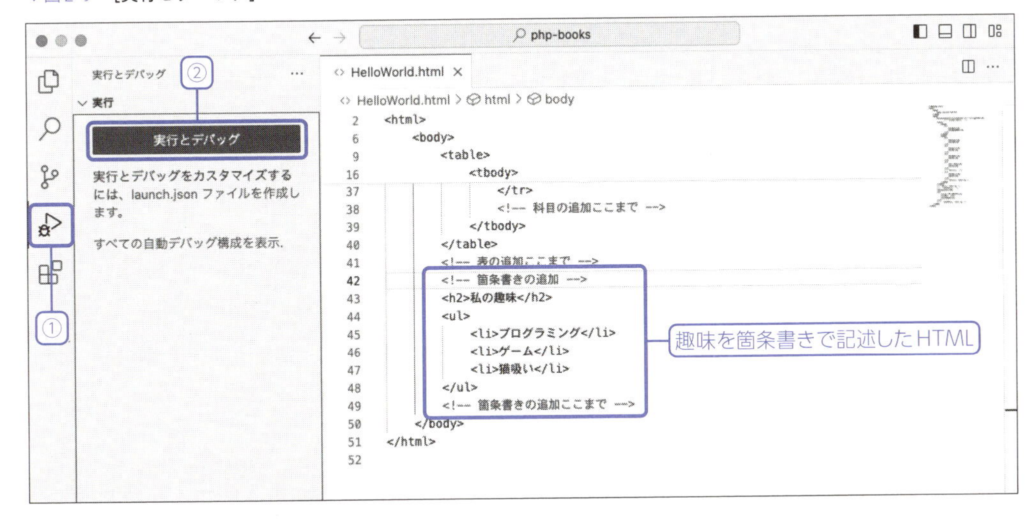

▼図2-10　結果の確認

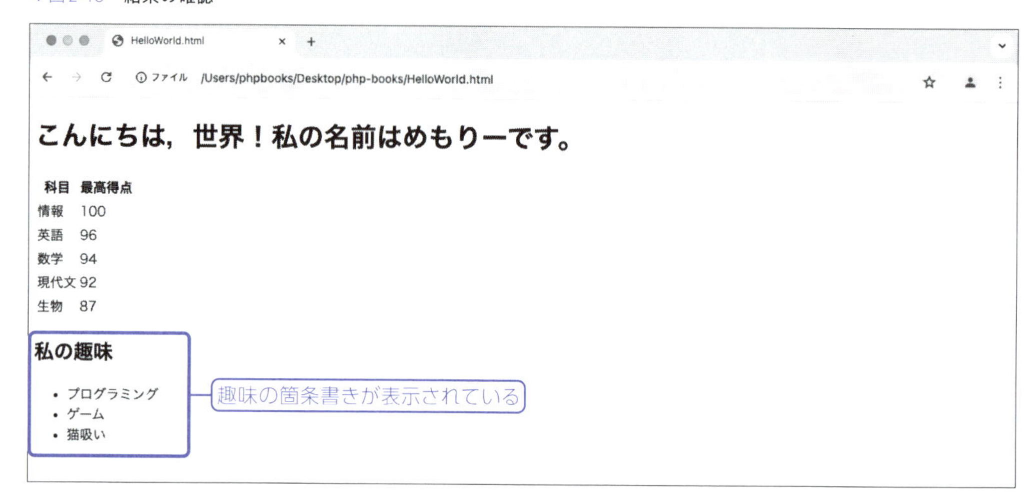

図2-10のように箇条書きが表示されることを確認できましたね。趣味をもう1つ追加してみましょう。読者のあなたの趣味でもかまいませんし、思い浮かばなければ「動画鑑賞」とでもしておきましょう。

<li>猫吸い</li>の真下に以下のようなHTMLを追加します。

```
<!-- 新しい趣味の箇条書きの追加 -->
<li>動画鑑賞</li>
<!-- 新しい趣味の箇条書きの追加ここまで -->
```

追加すると全体を通して以下のようなHTMLになります。

```
<!DOCType html>
<html>
    <head>
        <meta charset="utf-8">
        <title>私の成績表</title>
    </head>
    <body>
                ……（省略）……
                <tr>
                    <td>現代文</td>
                    <td>92</td>
                </tr>
                <!-- 科目の追加 -->
                <tr>
                    <td>生物</td>
                    <td>87</td>
                </tr>
```

```
                <!-- 科目の追加ここまで -->
            </tbody>
        </table>
        <!-- 表の追加ここまで -->
        <!-- 箇条書きの追加 -->
        <h2>私の趣味</h2>
        <ul>
            <li>プログラミング</li>
            <li>ゲーム</li>
            <li>猫吸い</li>
            <!-- 新しい趣味の箇条書きの追加 -->
            <li>動画鑑賞</li>
            <!-- 新しい趣味の箇条書きの追加ここまで -->
        </ul>
        <!-- 箇条書きの追加ここまで -->
    </body>
</html>
```

再度、箇条書き追加されたことを確認するため［実行とデバッグ］でブラウザを開きます。

▼図2-11 ［実行とデバッグ］

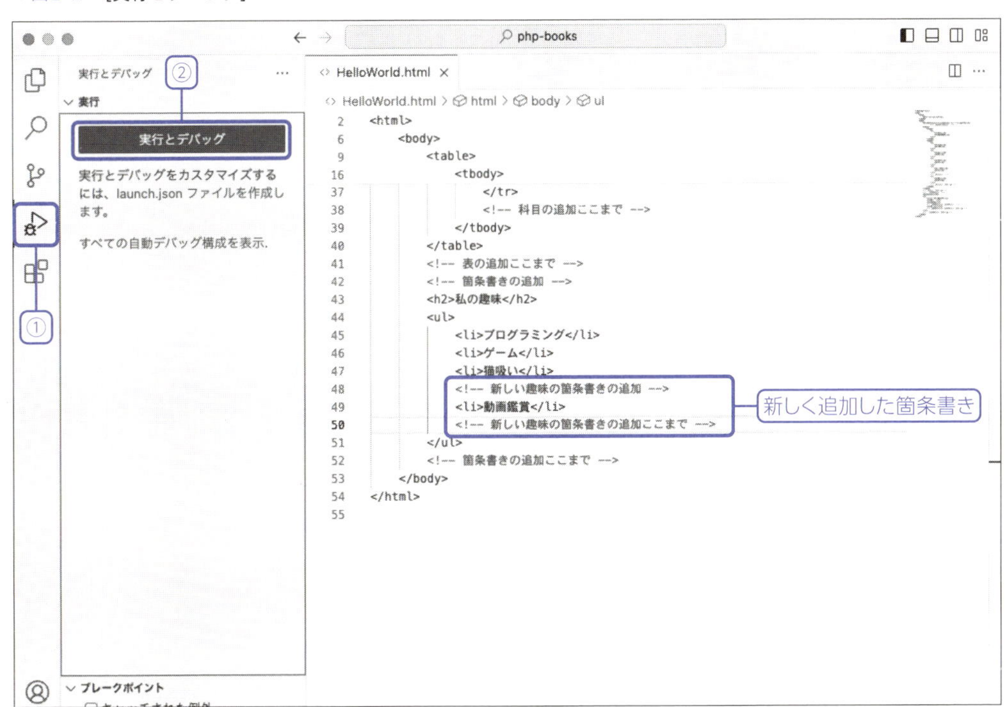

▼図2-12　結果の確認

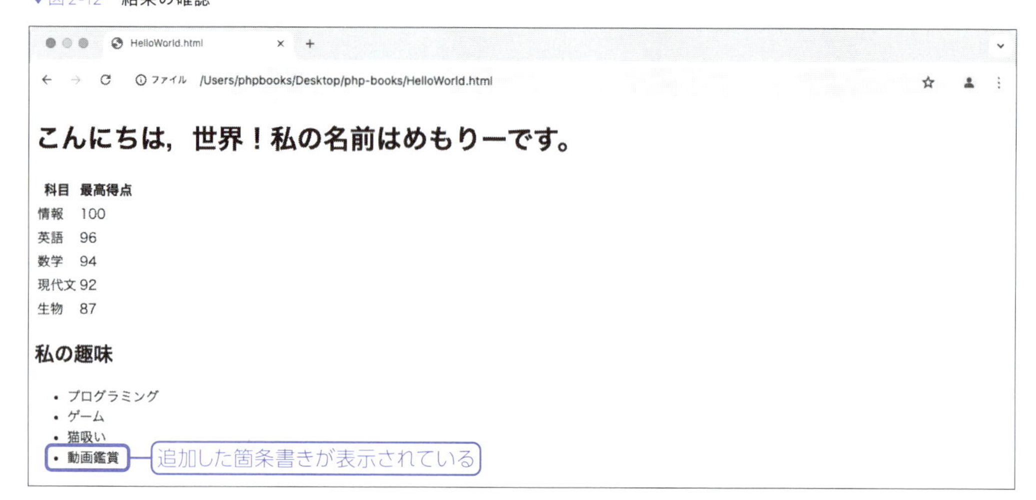

追加されていることを確認できましたね。ここで箇条書きのおさらいをしておきます。

タグ名	意味	表示例
ul	順序なしの箇条書きを開始するためのタグ	- 箇条書き1 - 箇条書き2 - 箇条書き3
li	箇条書きのコンテンツ（内容）を開始するためのタグ	
ol	順序ありの箇条書きを開始するためのタグ	1. 箇条書き1 2. 箇条書き2 3. 箇条書き3
li	箇条書きのコンテンツ（内容）を開始するためのタグ	

2-6 ハイパーリンクを使ってみよう

ハイパーリンクとは、外部や内部のページにリンクを張ることができるHTMLの構造の1つです。ハイパーリンクを貼ることで他のページに遷移[注5]したり、同じサイト内で遷移させることができます。

ハイパーリンクは<a>を用いることで、次のような書式で記述できます。

注5　プログラミングの世界では指定したページに移動することをページ遷移（Page Transition）といい、単純に遷移とだけ言うことがあります。

```
<a href="パスまたはURL">ハイパーリンクの名称</a>
```

たとえばホームページのタイトルやロゴをクリックすると、トップページに遷移させるなどもハイパーリンクによって可能としています。

この例にあやかって実際にハイパーリンクが適用されたホームページのタイトルを、以下のように追加してみましょう。<body>の真下に以下のコードを挿入してみましょう。

```
<!DOCType html>
<html>
    <head>
        <meta charset="utf-8">
    </head>
    <body>
            <div>
                <a href="/"><h1>xxx のホームページ</h1></a> ←── ①
            </div>
            ……（省略）……
    </body>
</html>
```

①ではリンク先を/とし、ハイパーリンクの名称をxxx のホームページとおいています。xxxは任意の名称を指定してみてください。

パスは/から始まる 絶対パスであったり、foo/bar.htmlのようにスラッシュから始まらない**相対パス**のような書き方があります。たとえば/path/toのような**絶対パス**の場合は表示されているHTMLファイル自身の位置は関係なくhttps://example.com/path/toへの遷移させることを指します。そしてfoo/bar.htmlのような相対パスは現状の表示させているファイルの位置によって遷移させるファイルが変わります。たとえばhttps://example.com/HelloWorld.htmlであればhttps://example.com/foo/bar.htmlを指し、https://example.com/path/toであれば、相対位置を表すのでhttps://example.com/path/foo/bar.htmlを指します。

このように画面上部に表示されているロゴやタイトルなどがある部位を総称して**ヘッダー**と呼びます。追加後、[実行とデバッグ]をクリックし（図2-13）、Webアプリ(Chrome)でChromeを起動します（図2-14）。

▼図2-13 ［実行とデバッグ］によるコードの確認

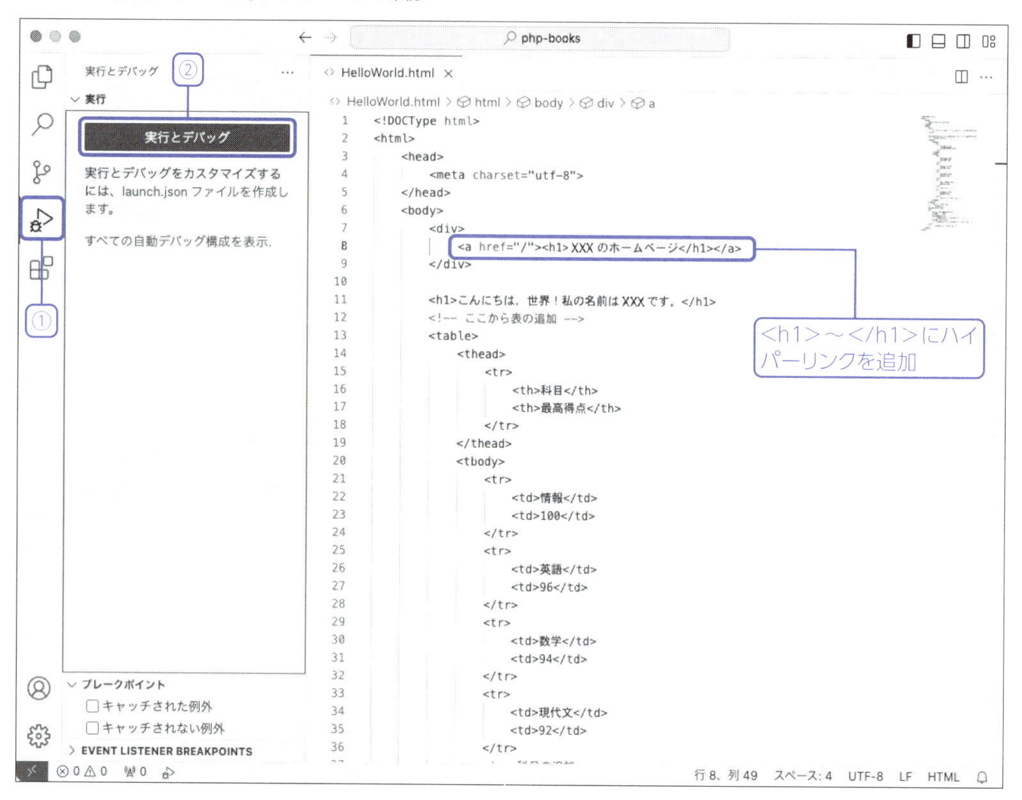

▼図2-14 [実行とデバッグ]による結果

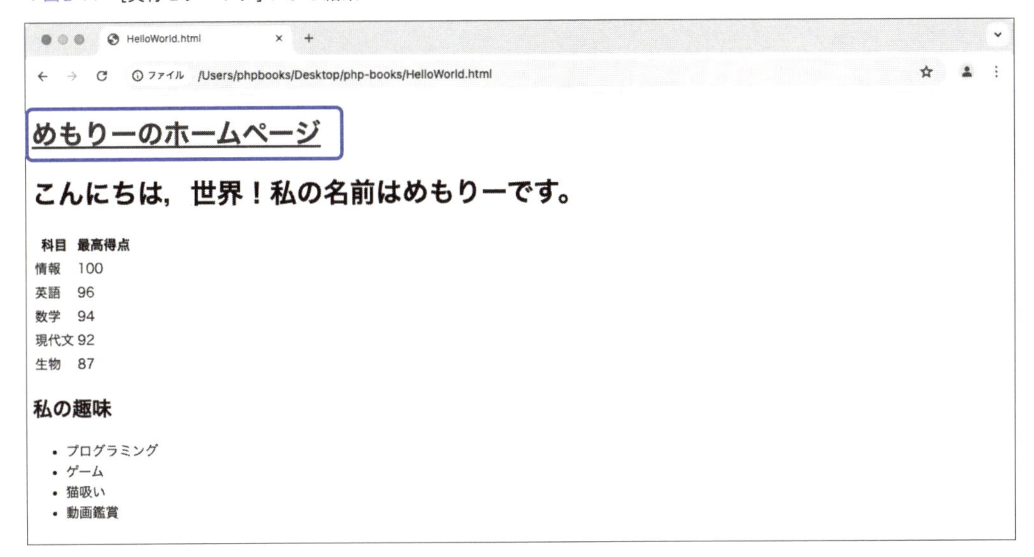

他にも前節で解説している箇条書きを応用してXのアカウントのハイパーリンク、GitHubアカウントへのハイパーリンクを</body>の真上に貼ってみましょう。m3m0r7の部分は著者のアカウントですが、アカウントを持っている場合は、ご自身のアカウントを指定しましょう。

```
<!DOCType html>
<html>
    <head>
        <meta charset="utf-8">
    </head>
    <body>
        <div>
            <a href="/"><h1>xxx のホームページ</h1></a>  ←①
        </div>

        ……(省略)……

        <!-- ↓追加ここから -->
        <h3>SNS</h3>
        <ul>
            <li><a href="https://x.com/m3m0r7">X (旧 Twitter)</a></li>
            <li><a href="https://github.com/m3m0r7">GitHub</a></li>
        </ul>
        <!-- ↑追加ここまで -->
    </body>
</html>
```

▼図2-15 ［実行とデバッグ］による確認

```
2   <html>
6       <body>
13          <table>
44          </table>
45          <!-- 表の追加ここまで -->
46          <!-- 箇条書きの追加 -->
47          <h2>私の趣味</h2>
48          <ul>
49              <li>プログラミング</li>
50              <li>ゲーム</li>
51              <li>猫吸い</li>
52              <!-- 新しい趣味の箇条書きの追加 -->
53              <li>動画鑑賞</li>
54              <!-- 新しい趣味の箇条書きの追加ここまで -->
55          </ul>
56          <!-- 箇条書きの追加ここまで -->
57
58
59          <!-- ↓追加ここから -->
60          <h3>SNS</h3>
61          <ul>
62              <li><a href="https://x.com/m3m0r7">X (旧 Twitter)</a></li>
63              <li><a href="https://github.com/m3m0r7">GitHub</a></li>
64          </ul>
65          <!-- ↑追加ここまで -->
66      </body>
67  </html>
68
```

追加後、あらためてデバッグと実行を押しブラウザで見てみましょう（図2-15）。

▼図2-16 結果表示

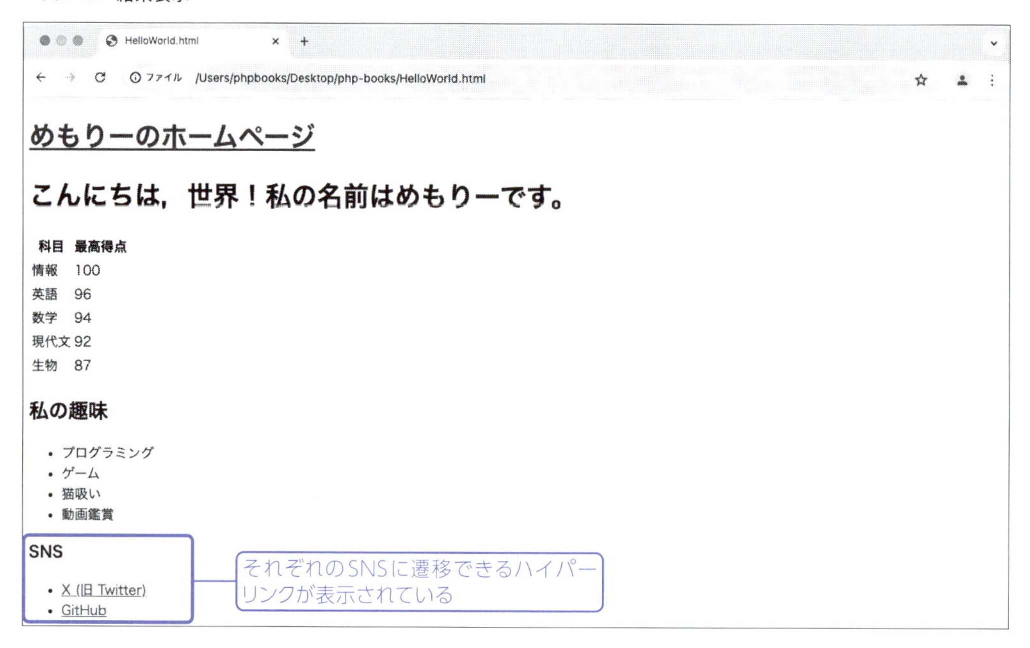

図2-16のようにSNSへのリンクが表示されていることが確認できましたね。

下部のX(旧 Twitter)やGitHubをクリックすると、それぞれ別のウェブサイト（SNS）に遷移することがわかりましたね。

2-7 おわりに

HTMLはあくまで骨子であるため、私達が普段目にするようなウェブサイトとは異なった味気のない見た目になっています。

彩り豊かにするためには、CSS（Cascading Style Sheet）と呼ばれるHTMLを装飾するためのスタイルシート言語と呼ばれるものを記述する必要があります。

次章で、本章で扱ったHTMLをもとにして、CSSを用いて彩り豊かにしていきましょう。

第3章

CSSを
学んでみよう

第3章

CSSを学んでみよう

3-1 なぜCSSを学ぶのか

CSS（Cascading Style Sheet（カスケーディングスタイルシート））はHTMLの見た目を装飾するためのスタイルシート言語と呼ばれるものです。前章ではHTMLについて学びましたが、HTMLはあくまでウェブページの骨子を定義するマークアップ言語であって装飾の機能はほとんどありません[注1]。

私達が普段見ているGoogle検索や、YouTube、Netflixのようなウェブ上にあるユーザー向けのサービスのほとんどが見た目を重視しています。見た目よりもコンテンツのほうが重要だと考える人もいらっしゃるかもしれませんが、たいていのウェブサイトがCSSを用いて、きれいな画面を作り、その見た目をよくしています。

ウェブサイト利用者であるユーザーのために、ウェブサイトの見た目そのものを変えることをユーザーインターフェース（User Interface）といい、ユーザーインターフェースを使用する体験のことをユーザーエクスペリエンス（User Experience）といいます。昨今では、UIデザイナーやUXデザイナーといった役割が確立されているほど、デザインに対する専門性が増してきています。

たとえば、古くさく見えるウェブサイトでクレジットカードの番号入力をうながされたとしたら、「本当に大丈夫だろうか……？」とユーザーが考えてしまうかもしれま

注1　何をもって装飾と呼ぶかによりますが、ひと昔前のHTMLはfontタグなどで文字色を変えることができました。

たとえ上手

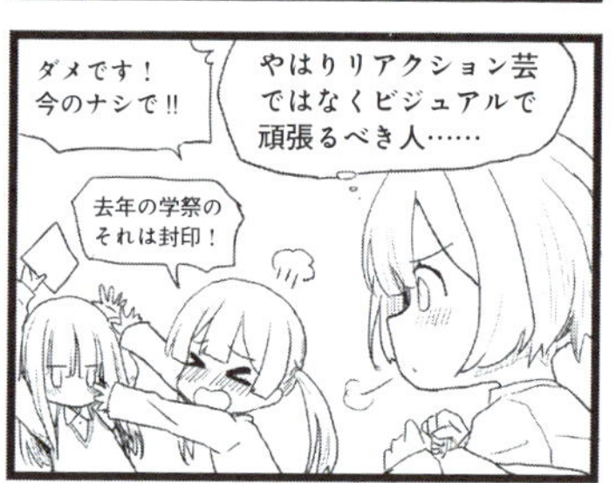

せん。見た目とクレジットカードの処理はまったく異なる性質のものですが、私達ユーザーは見た目にも影響されることは言うまでもありません。

何よりも、見た目が良いと気分も上がりますよね。では、早速前章で用いたHTMLをベースにCSSで装飾していく方法を本章で解説します。

3-1-1 CSSの書き方

CSSは主に、HTML内のどの要素かを示す**セレクタ**(selector)と呼ばれるものと、どのようなスタイリングを適用するか定義する**プロパティ**(property)の2つから成り立っています[注2]。

```
selector {
    property1: 値;
    property2: 値;
}
```

また、上記のCSSをHTMLの構造に適用させるためにはstyleタグを用いて</head>の真上に記述する必要があります。style要素は</head>の真上に書くことが一般的です[注3]。

```
<!DOCType html>
<html>
    <head>
        <!-- ウェブサイトに関する情報 -->
        <style>
            selector {
                property1: 値;
                property2: 値;
            }
        </style>
    </head>
    <body>
    ……(省略)……
    </body>
</html>
```

セレクタの指定の仕方は**タグを指定する方法**、**IDを指定する方法**、スタイリングに属する**クラス**

注2　media queryと呼ばれる、ブラウザやデバイスの状態によって適用するスタイリングを変更するものもありますが本書では割愛します。

注3　場合によっては</body>の真上に書くことがあります。これは、スタイリングの適用を遅延させる必要があるなどのケースなどで有用です。

を指定する方法、**親子関係を指定する方法**などの方法があります[注4]。次に解説していきます。

3-1-2 タグを指定する方法

すべてのタグに適用したい場合はセレクタにタグ名を記述することで実現できます。たとえばh1に適用したい場合は次のように記述します。

```
h1 {
    property1: 値;
    property2: 値;
}
```

3-1-3 IDを指定する方法

ID（Identifier；アイデンティファイアー）は1つのHTML要素に固有に割り振られる識別子です。IDは次のようにHTMLに属性に追記されます。

```
<h1 id="header">Hello World!</h1>
```

IDは固有に割り振られる識別子のため、同一HTMLファイル内で同じIDを割り振ることはできません[注5]。また、CSSセレクタを指定する場合は#IDのように#をID名の先端に記述します。今回のケースではIDに指定されている値はheaderであるため次のように#headerと書くことでスタイリングを適用できます。

```
#header {
    property1: 値;
    property2: 値;
}
```

3-1-4 クラスを指定する方法

クラスは、HTML要素を分類（classification）するための属性です。IDとは異なり、分類であるため同じ値を複数の異なる要素に指定できます。

注4　他にもさまざまな指定方法があります。詳しく知りたい場合はMDN（https://developer.mozilla.org/ja/docs/Web/CSS/CSS_selectors）のページをご覧ください。

注5　ただしブラウザの解釈によっては、同じIDを割り振っても問題がない場合があります。壊れているHTML構造でも解釈できるブラウザのほうが多く、同じIDが割り振られていたとしてもCSSが期待どおり適用されてしまう場合があります。

クラスは次のように、class属性で指定します。単一指定も、スペース区切りで複数指定できます。

```
<h1 class="header title">Hello World!</h1>  ← ①
<h2 class="title">こんにちは、世界！</h2>  ← ②
```

クラスをセレクタで指定する場合、.classのように.をクラス名の先端に記述します。今回のケースでは、①はheaderとtitleという複数のクラスに属しており、②はtitleという単一のクラスに属していることがわかります。このようなケースでは、次のように.headerと.titleのように書くことでスタイリングを適用できます。

```
.header {
    property1: 値;
}

.title {
    property2: 値;
}
```

3-1-5 親子関係を指定する方法

CSSではセレクタで親子関係を表現できます。親子関係というのは、HTMLの構造上において、入れ子になっている構造のことを指します。HTMLで次のように書かれているものを想像しましょう。

```
<div>
    <h1>Hello World!</h1>
</div>
```

このとき、h1要素から見て、親にあたるのはdiv要素になり、h1要素は子要素になります。このパターンをCSSのセレクタで表現するには、次のように記述します。

```
div h1 {
    property: 値;
}
```

divとh1との間にスペースを設けることで、親子関係を表現できます。ただし、これは、直下の親子関係を指定するものではありません。たとえば、次のような場合にも適用させることができてしまいます。

```
<div>
    <a href="...">
        <h1>Hello World</h1>
    </a>
</div>
```

スペース区切りのセレクタは、この場合、h1がdivの「より子」であり、divがh1の「より親」となる構造にマッチします。ほとんどの場合は、このゆるい解釈が都合いいのですが、場合によっては、子の要素に期待しないスタイルが適用される問題が起きることもあります。

直下の親子関係を指定する場合は、スペースの代わりに>で指定できます。

```
div > a > h1 {
    property: 値;
}
```

親子関係を指定してスタイリングをするのは、特定の範囲だけにスタイリングを行いたいケースにとても有用で、実務でもよく使われます。そのため、ぜひ覚えておきたい書き方です。

Column セレクタの組み合わせと優先度

先ほど解説したセレクタの種類は複数種類組み合わせることもできます。たとえば次のようなセレクタです。

```
h1.class1.class2#header {
    property1: 値;
    property2: 値;
}
```

この組み合わされたセレクタはh1タグがclass1とclass2に属しておりID属性にheaderという値を持つものにスタイリングを適用させる指示です。また、セレクタには適用される優先度があります。IDが最も優先度が高く、次にクラス、タグ名です。

複数組み合わせることで一意の要素を対象にするケースもあります。複雑なHTMLにスタイリングを適用するよりも、極力シンプルで書くことが望ましいです。とはいえ、シンプルに書くことが難しい場合もあります。そのような場合は、このように複数種類のセレクタの組み合わせを用いたりします。詳しく知りたい場合は、MDN (Mozilla Developer Network；ウェブ開発者向けのドキュメントサイト) に記載されているので、ぜひご覧ください。

■ MDNの解説ウェブページ

https://developer.mozilla.org/ja/docs/Web/CSS

3-2 CSSプロパティを学ぼう

実際に用いられるスタイリングのためのCSSプロパティはたとえば次のようなものがあります。

```
#css-property-example {
    font-weight: bold;
}
```

これは、#css-property-exampleセレクタで太字の表現をするためにfont-weightを指定しています。このようにフォントのスタイリングを変更したい場合は、一部例外はあるものの接頭辞[注6]にfont-がついていることがほと

注6　接頭辞（せっとうじ、プリフィックス、prefix）とは、何かしらの文字列よりも前に、任意の文字列を付与したものです。文字列をグルーピングしたり機械的に識別しやすくするために付け加えられるもので、他のものと識別しやすくするために付けられたテキストです。

んどです。ほかにも、テーブルのスタイリングを変更したい場合はtable-が接頭辞ですし、背景などを変えたい場合はbackground-が接頭辞になります。

CSSプロパティはもちろん、さまざな種類があり本書で紹介しているだけにはとどまりません。詳しく知りたい方は、スタイリングのプロパティはMDNの公式サイトの「索引」をご覧ください。

・MDNの解説ページ

https://developer.mozilla.org/ja/docs/Web/CSS/Reference

自分の名前を太字、イタリック体で表示してみよう

第2章で学んだように、HTMLに挨拶文と自分の名前を書くのに加えて、本章で学んだCSSを付け加えていきましょう。

```
<h1>こんにちは、世界！私の名前はxxxです。</h1>
```

この挨拶文と名前をを太字かつイタリック体で表してみましょう。太字のプロパティ名はfont-weightで、斜め文字のプロパティ名はfont-styleです。font-weightは1～1000までの数字を指定できます。数字が大きくなればなるほど、より太くなっていきます[注7]。他にも**bold**（太字）や**bolder**（boldより太めの太字）などのようなキーワードを指定できます。font-weightにnormalを指定すると、もともとの太さとして指定することになります。font-styleでは*italic*（イタリック体）や*oblique*（斜体）[注8]のようなキーワードを指定できます。

h1ではデフォルトで太字になっているため、font-weightにnormal、font-styleにはitalicを指定してみます。まずはh1要素にnormalとitalicクラス名を与えてみましょう。

```
<h1 class="normal italic">こんにちは、世界！私の名前は xxx です。</h1>
```

では早速、次のようなスタイルシートを記述してみます。

注7　太字に対応していないフォント、部分的にのみしか対応していないフォントもあります。Web フォントと呼ばれるウェブから直接フォントを利用する技術を用いている場合、データの転送量などさまざまな理由で太字が使えないことがあります。Webフォントのメリットはさまざまなフォントが扱えることです。コンピュータにデフォルトで入っているフォントは、コンピュータ内のフォントを直接参照するので転送量を気にする必要はありません。その代わり、フォントの種類に限りがあります。これらはもちろんイタリック体、斜体も同様です。

注8　イタリック体と斜体は、どちらも斜めに傾けるという点で似ていますがイタリック体は筆記体を基準としたもので、もともと私達が使用している日本語には文化として存在しないものです。斜体は、文字列そのものを傾けることを指します。使用するフォントによって異なりますが、ほとんどの日本語フォントの場合、英語フォントと異なりイタリック体も斜体も同様に見えます。

```
.normal {
    font-weight: normal;
}

.italic {
    font-style: italic;
}
```

これらの記述をどのようにHTMLファイルに書き加えるか、わかりますか。解説が長くて憶えていないなら、少し戻って確認してきてもかまいませんよ。

</head>の真上に<style>と</style>で囲って書き加えるのでしたね。では、記述ができたら、前章で使用したHelloWorld.htmlを次のよう書き加えます。

```
<!DOCType html>
<html>
    <head>
        <meta charset="utf-8">
        <style>
            .normal {
                font-weight: normal;
            }

            .italic {
                font-style: italic;
            }
        </style>
    </head>
    <body>
    <div>
        <a href="/"><h1>xxx のホームページ</h1></a>
    </div>

        <h1 class="normal italic">こんにちは、世界！私の名前は xxx です。</h1>
        <!-- ここから表の追加 -->
        ……（省略）……
        <!-- 表の追加ここまで -->
    </body>
</html>
```

HelloWorld.htmlを書き換えたらVSCodeのサイドメニューにある[実行とデバッグ]タブをクリックし(図3-1)、同様に[実行とデバッグ]という青色のボタンをクリックしてChromeを起動させて動作確認をします(図3-2)。

▼図3-1 HelloWorld.htmlを書き換える

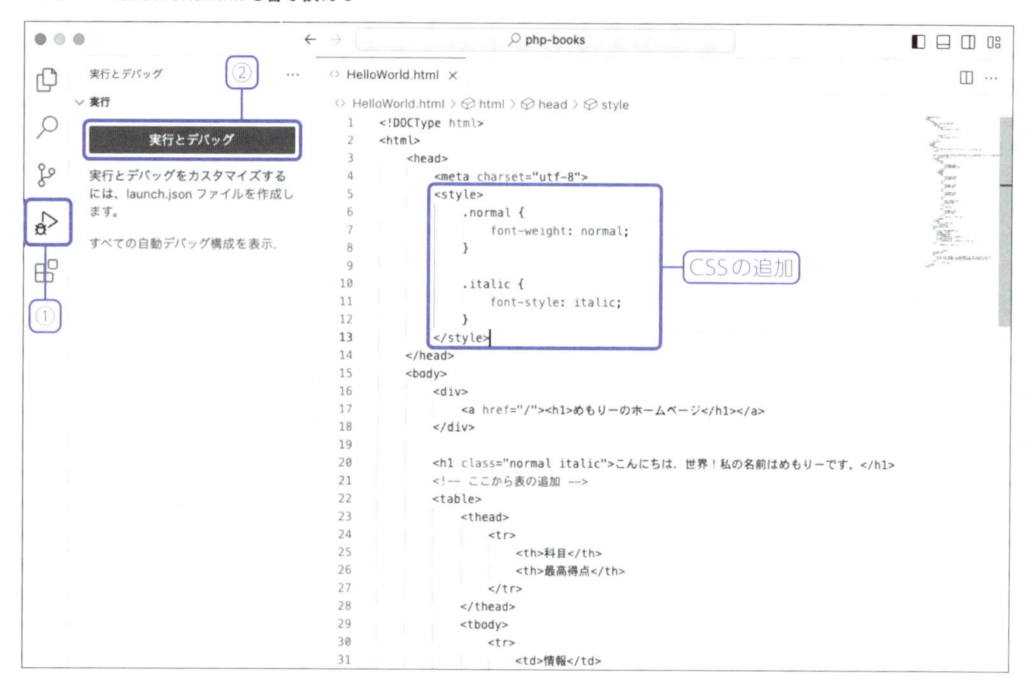


```
<!DOCType html>
<html>
    <head>
        <meta charset="utf-8">
        <style>
            .normal {
                font-weight: normal;
            }

            .italic {
                font-style: italic;
            }
        </style>
    </head>
    <body>
        <div>
            <a href="/"><h1>めもりーのホームページ</h1></a>
        </div>

        <h1 class="normal italic">こんにちは, 世界！私の名前はめもりーです。</h1>
        <!-- ここから表の追加 -->
        <table>
            <thead>
                <tr>
                    <th>科目</th>
                    <th>最高得点</th>
                </tr>
            </thead>
            <tbody>
                <tr>
                    <td>情報</td>
```

▼図3-2 HelloWorld.htmlを実行した表示結果

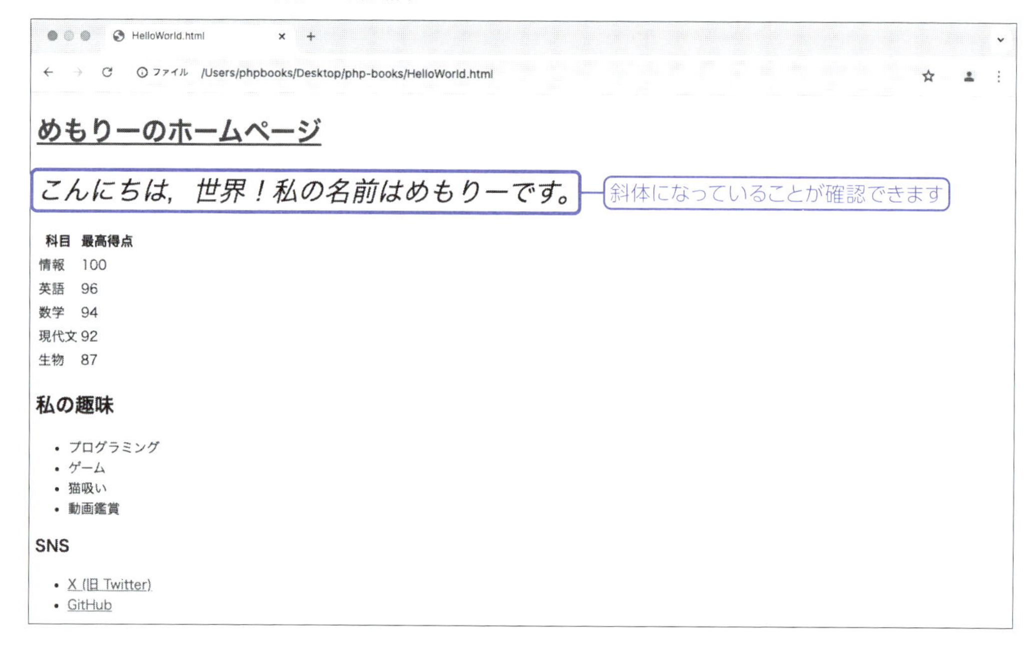

これらのプロパティ名でどのような値を指定できるか詳しくはMDNを見ることでより理解を深めることができます。

・MDNのfont-weightの解説

```
https://developer.mozilla.org/ja/docs/Web/CSS/font-weight
```

・MDNのfont-styleの解説

```
https://developer.mozilla.org/ja/docs/Web/CSS/font-style
```

Column スタイルシートで書くかHTMLで書くか

太字やイタリック体で表示する方法は、CSS以外にもHTMLを用いて同様に書くことが可能であると解説している書籍やウェブサイトがあります。たとえば太字であれば`strong`タグを用いたり、イタリック体であれば`i`タグです。これらのHTMLは先ほど解説した`font-weight`や`font-style`と挙動は同様に見えます。しかし、厳密には異なる意味を持っています。CSSはあくまでスタイリングを指示するもので、HTMLは構造を示します。

たとえば`strong`タグは「ここを強調したいんだ」ということを明示できるわけですが、CSSで太字にした場合は純粋に見た目上太字にしたいのか、それとも意味を強調をしたいのか第三者(検索エンジンなど)からみて不明瞭です。最近は、検索エンジンの精度の向上もあり、ある程度HTMLとCSSから意図を汲み取れるようにはなってきましたが、それでもHTMLはウェブサイトの構造を示す言語である以上、タグを適切に用いることは重要です[†1]。

特に検索エンジン最適化(Search Engine Optimization;SEO)[†2]でもそうですし、アクセシビリティ(Accessibility;a11y)[†3]の観点からも適切に用いることは重要であると言えます。

原理主義 vs 実利主義

†1 このようなHTMLの書き方を**セマンティックHTML(Semantic HTML)**と呼びます。世間では、セマンティックHTMLは原理主義であり、現実の運用に最適ではないため推奨しない派閥も存在しますが、著者はセマンティックHTMLを支持したいと考えています。もちろん、ユースケースによります。たとえば、社内向けシステムであれば、検索エンジン最適化を気にする必要もないので、セマンティックHTMLである必要性ありません。

†2 ページビューや訪れてくるユーザーを増やすことがビジネスにつながる場合、SEOは特に重要になってきます。Googleのような検索サイトなどで検索して、真っ先に検索結果に出ればユーザーの訪問数は増えてくるので、その分ウェブサイトを見てもらいやすくなります。そのためには、検索エンジンに向けてウェブサイトの構造を最適化するのは必要不可欠です。

†3 本書執筆時点での昨今ではアクセシビリティに対して非常に関心が強くなっています。もともとは欧州圏などが主要に取り組んでおり、EUのアクセシビリティ指令が国から発令されるほどです。また、2025には指令ではなく法律として「欧州アクセシビリティ法(EAA)」が施行される予定です。我が国日本でも、2024年6月より障害者差別解消法の改正に従い、ウェブサイトのアクセシビリティも見直す必要があると言われています。

3-3 表をレイアウトしてみよう

前章では、自分の得意科目と最高得点を表示する次のHTMLを用いました。

```
<table>
    <thead>
        <tr>
            <th>科目</th>
            <th>最高得点</th>
        </tr>
    </thead>
    <tbody>
        <tr>
            <td>情報</td>
            <td>100</td>
        </tr>
        <tr>
            <td>英語</td>
            <td>96</td>
        </tr>
        <tr>
            <td>数学</td>
            <td>94</td>
        </tr>
        <tr>
            <td>現代文</td>
            <td>92</td>
        </tr>
        <tr>
            <td>生物</td>
            <td>87</td>
        </tr>
    </tbody>
</table>
```

本節では、このテーブルをスタイリングしてみましょう。次のように科目名のテキストを右寄せ、背景色を薄いグレーにして、太字にしてみます。

科目	最高得点
情報	100
英語	96
数学	94
現代文	92
生物	87

太字にする方法は前節で解説したようにfont-weightを用いることでできます。

テキストそのものを指定するプロパティの接頭辞はtext-で、テキストの左寄せや右寄せはtext-alignを用いることでできます。text-alignはleftで左寄せrightで右寄せ、centerで中央寄せになります。

背景色を指定するプロパティの接頭辞はbackground-で、background-colorを指定すれば背景色を指定できます。背景色をグレーにするには次のようなCSSを記述します。

background-colorにはgrayという色を示すキーワードもありますが、テキストが見づらくなるため少し薄めのlightgrayというキーワードを用いてみます。

```
.bold {
    font-weight: bold;
}

.score-title {
    text-align: right;
    background-color: lightgray;
}
```

CSSをどのように適用させるかは前節で解説しましたね。CSSを適用させるためのクラスを指定してみます。

```
<!DOCType html>
<html>
    <head>
        <meta charset="utf-8">
        <style>
            .normal {
                font-weight: normal;
            }

            .italic {
                font-style: italic;
            }
```

```
    </style>
    <style>
        .bold {
            font-weight: bold;
        }

        .score-title {
            text-align: right;
            background-color: lightgray;
        }
    </style>
</head>
<body>
<div>
    <a href="/"><h1>xxx のホームページ</h1></a>
</div>

    <h1 class="normal italic">こんにちは、世界！私の名前は xxx です。</h1>
    <!-- ここから表の追加 -->
    <table>
        <thead>
            <tr>
                <th class="score-title bold">科目</th>
                <th class="score-title bold">最高得点</th>
            </tr>
        </thead>
        <tbody>
            <tr>
                <td class="score-title bold">情報</td>
                <td>100</td>
            </tr>
            <tr>
                <td class="score-title bold">英語</td>
                <td>96</td>
            </tr>
            <tr>
                <td class="score-title bold">数学</td>
                <td>94</td>
            </tr>
            <tr>
                <td class="score-title bold">現代文</td>
                <td>92</td>
            </tr>
            <tr>
                <td class="score-title bold">生物</td>
                <td>87</td>
            </tr>
```

```
            </tbody>
        </table>
        <!-- 表の追加ここまで -->
        ……（省略）……
    </body>
</html>
```

前節と同様に［実行とデバッグ］という青色のボタンをクリックして（図3-3）Chromeを起動させて動作確認をします（図3-4）。

▼図3-3　［実行とデバッグ］という青色のボタンをクリック

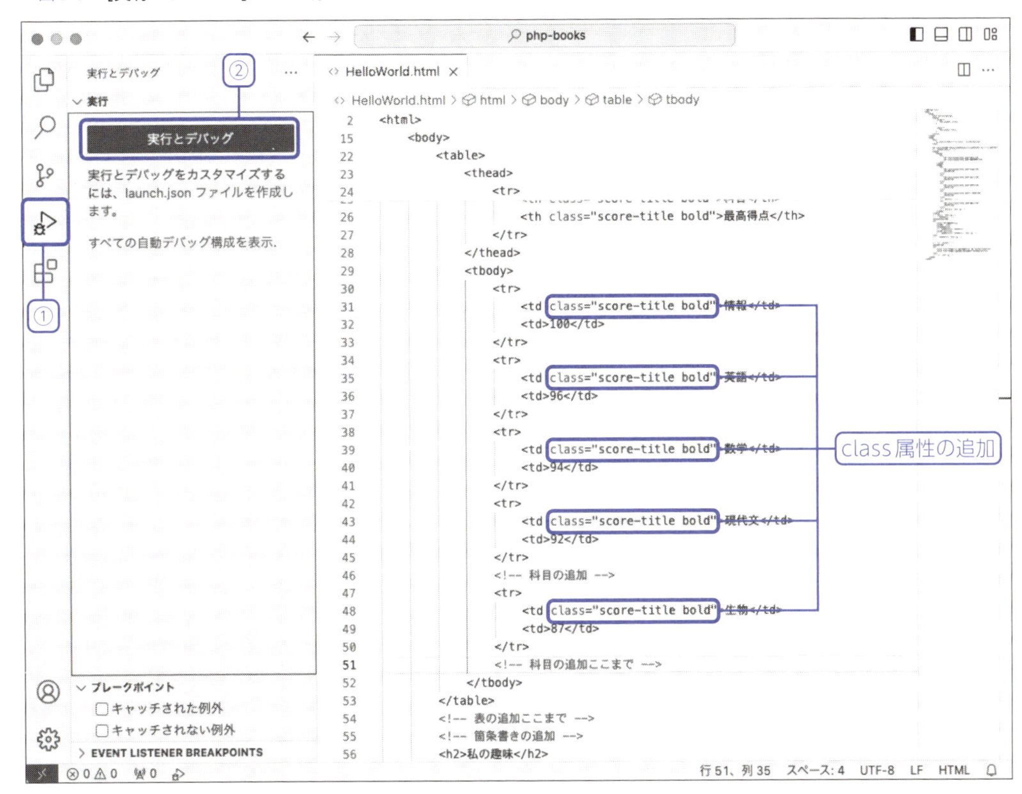

▼図3-4　Chromeの実行

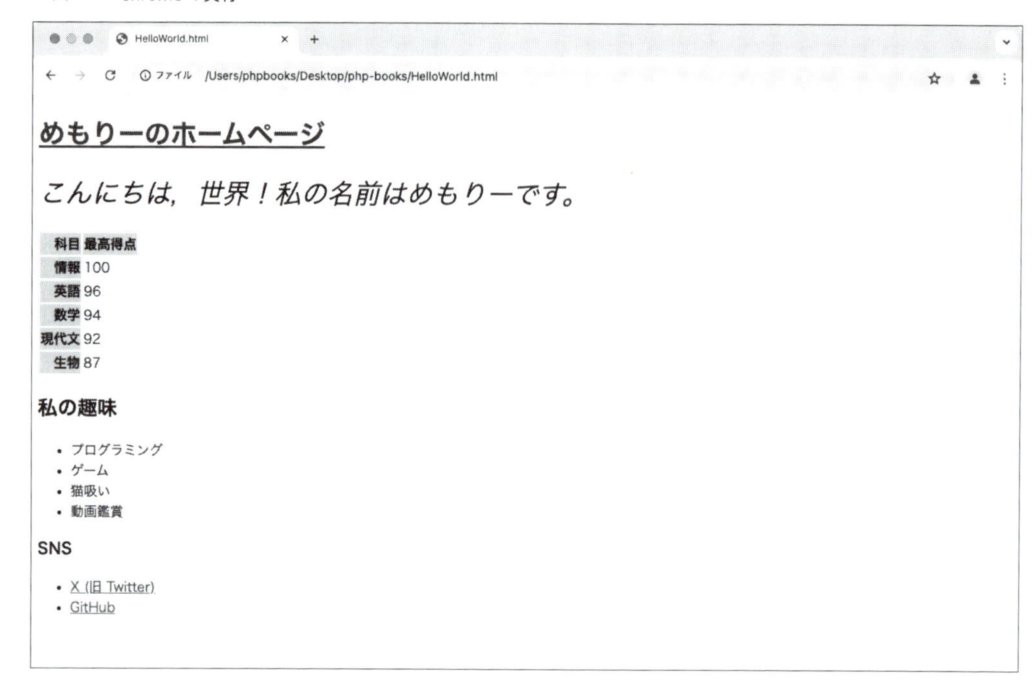

背景色がグレーになりましたね。text-alignやbackground-colorのプロパティでどのような値を指定できるか詳しくはMDNを見ることで、より理解を深めることができます。

・MDNのtext-alignの解説

```
https://developer.mozilla.org/ja/docs/Web/CSS/text-align
```

・MDNのbackground-colorの解説

```
https://developer.mozilla.org/ja/docs/Web/CSS/background-color
```

3-4 箇条書き（リスト）をレイアウトしてみよう

次に箇条書き（リスト）をレイアウトしてみましょう。前章では次のように箇条書き（リスト）で趣味を書き出しました。

```
<!-- 箇条書きの追加 -->
<h2>私の趣味</h2>
<ul>
    <li>プログラミング</li>
    <li>ゲーム</li>
    <li>猫吸い</li>
    <li>動画鑑賞</li>
</ul>
<!-- 箇条書きの追加ここまで -->
```

箇条書き（リスト）に枠線と内余白をつけてみましょう。枠線は英語でいうとborderなので、接頭辞はborder-です。border-widthで枠線の幅の大きさ、border-styleで枠線の種類を指定できます。とくに、border-styleはいくつか種類があり、直線はsolid、点線はdottedなどで表現できます。今回の例ではsolidを用います。ほかにも、background-colorと同様、border-colorで枠線の色を指定することもできます。また内余白は特に接頭辞はなくpaddingとなり、外余白はmarginです。

そもそもpaddingやmarginが接頭辞の1つでもあり、上部だけに外余白を指定したい場合はmargin-topなどのように指定します。-top以外にも-left（左の余白）、-right（右の余白）、-bottom（下の余白）を指定できますが、指定していない場合は、上下左右に適用されることになります。

これらを組み合わせて次のように書いてみます。

```
.my-hobby-border {
    border-width: 1px;
    border-style: solid;
    border-color: lightgray;
    margin-top: 1rem;
}

.my-hobby-padding {
    padding: 1rem;
}
```

pxやremはサイズを表す単位です。他にも%やemなどといった単位もよく使用します。

単位	解説
px	モニタで表示されているピクセルの大きさを基準とした単位。**ウェブサイトを制作するにあたって頻繁に利用される単位**
rem	文書全体で指定されている**フォントサイズ**を基準とする単位
em	要素で指定されている**フォントサイズ**を基準とする単位
%	要素の幅に対して、そのうち何%のサイズかを指定する単位

さて、このままulに枠線や内余白のクラスをつけてしまうとh2要素が枠線の中に収まりません。このようなケースではdivタグで囲い、divタグ自体にスタイリングを適用することで、期待した結果にできます。divタグはh2タグのように意味を持たずスタイリングだけを目的とした場合に有用です[注9]。

```
<!DOCType html>
<html>
    <head>
        <meta charset="utf-8">
        ……（省略）……
        <style>
            .my-hobby-border {
                border-width: 1px;
                border-style: solid;
                border-color: lightgray;
                margin-top: 1rem;
            }

            .my-hobby-padding {
                padding: 1rem;
            }
        </style>
    </head>
    <body>
        <h1 class="normal italic">こんにちは、世界！私の名前は xxx です。</h1>
        ……（省略）……
        <!-- 箇条書きの追加 -->
        <div class="my-hobby-border my-hobby-padding">
            <h2>私の趣味</h2>
```

注9　セマンティックHTMLを遵守する場合はarticleタグやsectionタグなどの適切なHTMLタグを用いるべきです。しかし、何のタグを選んで良いかわからないことがしばしばあります。文献を参考にすると、さまざまな言説がありますが、著者としてはdivタグで一度書いていき、適切なタグが見つかりしだい変えるでも問題ないと考えます。

```
            <ul>
                <li>プログラミング</li>
                <li>ゲーム</li>
                <li>猫吸い</li>
                <li>動画鑑賞</li>
            </ul>
        </div>
        <!-- 箇条書きの追加ここまで -->
    </body>
</html>
```

上記のようなHTMLが仕上がりましたね。では、早速［実行とデバッグ］という青色のボタンをクリック（図3-5）してChromeを起動させて動作確認をします（図3-6）。

▼図3-5 ［実行とデバッグ］を押してブラウザで確認

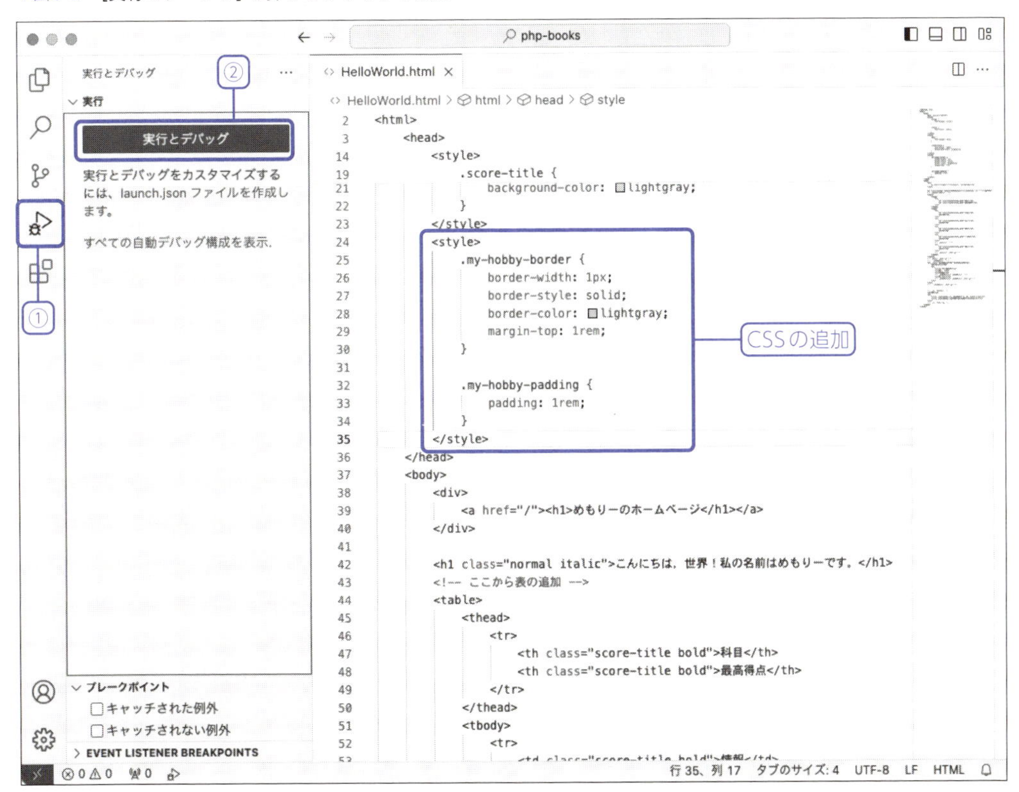

▼図3-6 結果表示

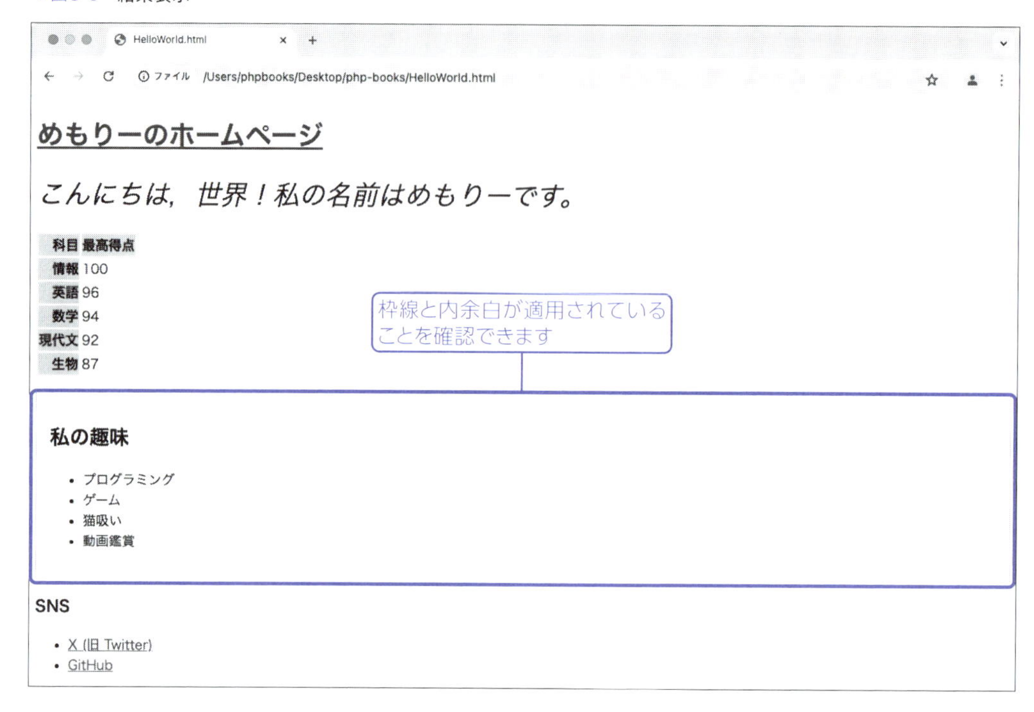

趣味に枠線と内余白、上部だけの外余白があることを確認できました。内余白、枠線、外余白の関係性は次図のとおりです（図3-7）。

▼図3-7 枠線・外余白・内余白の関係

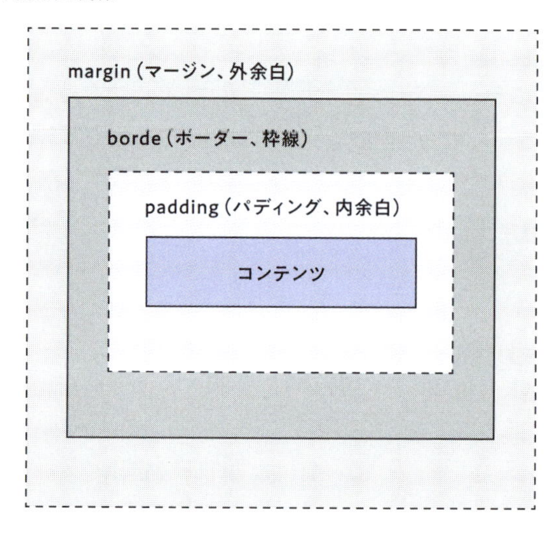

padding、marginおよびborderは頻出するCSSのプロパティですので覚えておくことをおすすめします。MDNを参照することで、より理解を深められます。

・MDNのborderの解説

https://developer.mozilla.org/ja/docs/Web/CSS/border

・MDNのmarginの解説

https://developer.mozilla.org/ja/docs/Web/CSS/margin

・MDNのpaddingの解説

https://developer.mozilla.org/ja/docs/Web/CSS/padding

3-5 ハイパーリンクのヘッダーをレイアウトしてみよう

最後にハイパーリンクされたタイトルをレイアウトしてみましょう。ヘッダーを背景グレーの白文字にしてみます。前章では次のようにヘッダーを書きましたね。

```
<!DOCType html>
<html>
    <head>
        <meta charset="utf-8">
        ……（省略）……
    </head>
        <body>
                <div>
                    <a href="/"><h1>xxx のホームページ</h1></a> ←①
                </div>
                ……（省略）……
        </body>
</html>
```

<body>真下の<div>に次のようにクラス名をmy-headerと命名してみます。

```
<div class="my-header">
    <a href="/"><h1>xxx のホームページ</h1></a>
</div>
```

次にmy-headerの背景をグレー、文字色を白にしてみます。

```
.my-header {
    background-color: gray;
}
```

background-colorで背景色を指定し、colorでテキストの色を指定しています。

このままだと、ハイパーリンクの色がブラウザ標準色（ほとんどの場合は青色）になってしまいます。また、h1もブラウザ標準の余白の設定になってしまうため、見栄えがあまりよくありません。

.my-headerクラスが適用されている要素の子要素であるaタグとh1タグにスタイリングを施しましょう。次のようにCSSを指定します。

```
.my-header a {
    color: white;
}
.my-header h1 {
    padding: 1rem;
}
```

これらのCSSを</head>真上に次のように追加しましょう。

```
<!DOCType html>
<html>
    <head>
        <meta charset="utf-8">
        ……（省略）……
        <style>
            .my-header {
                background-color: gray;
            }
            .my-header a {
                color: white;
            }
            .my-header h1 {
                padding: 1rem;
            }
        </style>
```

```
    </head>
    <body>
        <div class="my-header">
            <a href="/"><h1>xxx のホームページ</h1></a>   ← ①
        </div>
        ……(省略)……

    </body>
</html>
```

上記のようなHTMLが仕上がりましたね。では、早速[実行とデバッグ]をクリックして(図3-8)、Chromeを起動させて動作確認をします(図3-9)。

▼図3-8 [実行とデバッグ]を押下してChromeを起動

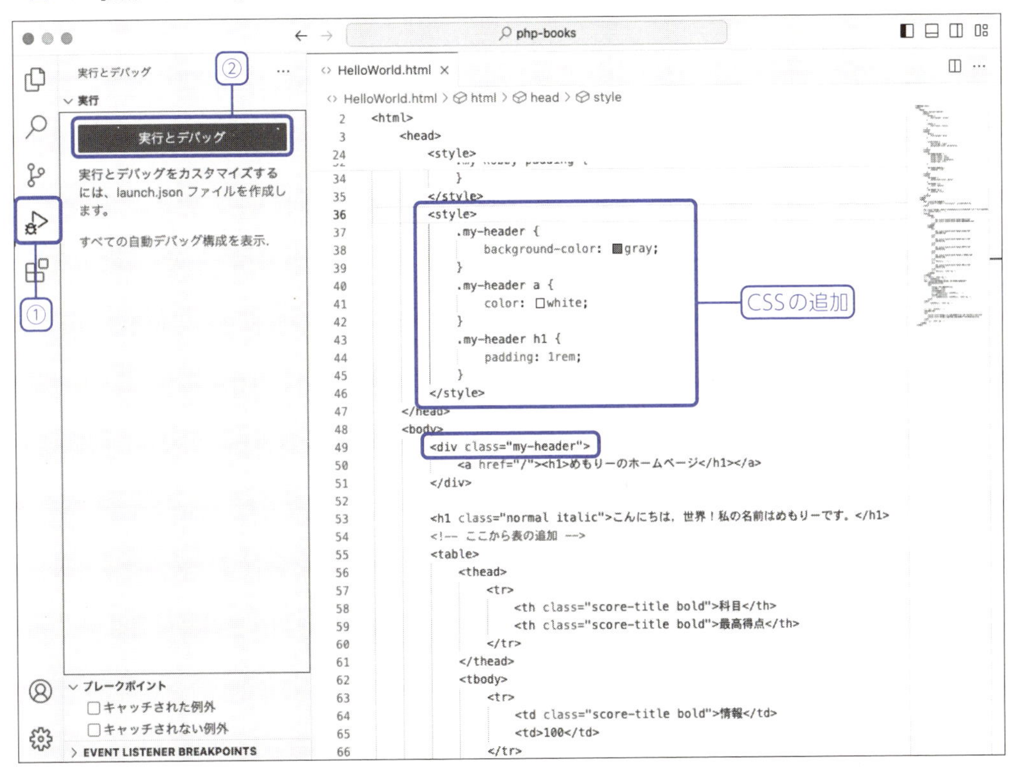

▼図3-9　動作確認

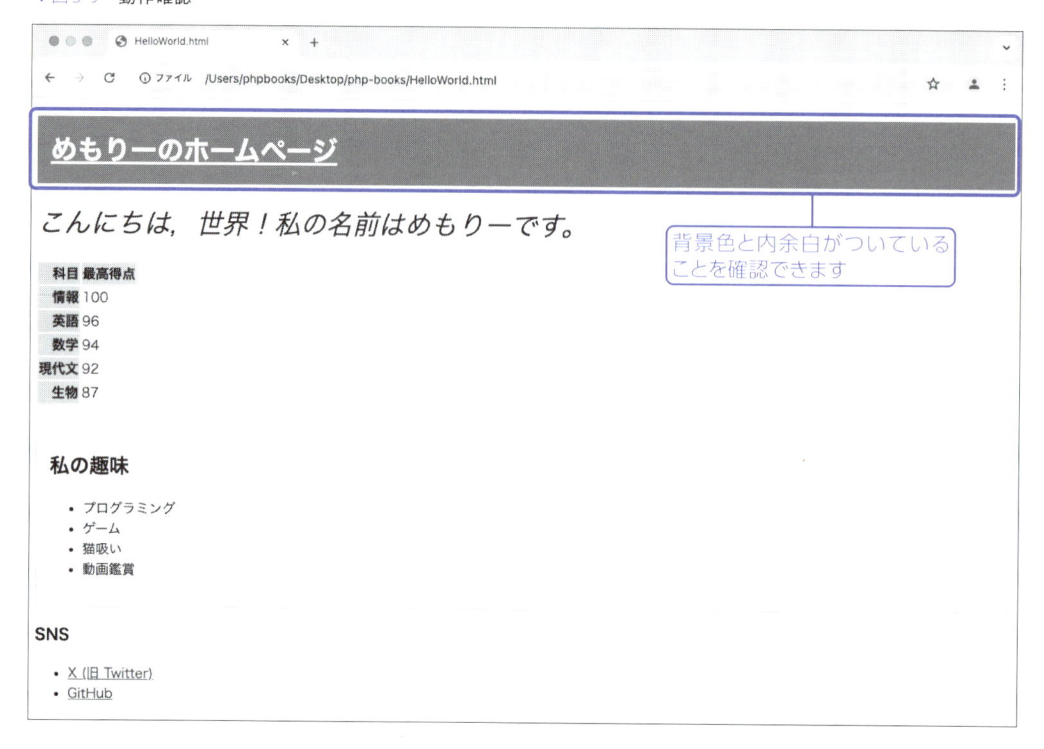

ヘッダーの背景がグレーで、文字色が白色で表示されることが確認できましたね。colorというプロパティは他のプロパティと違いtext-という接頭辞がついていないことに注意してください。これはCSSが設計された当初の名残です。CSSのプロパティ名のほとんどは接頭辞含め統一されていますが、このように一部統一されていないプロパティ名があります。このようなケースの場合は覚えるほかありません。

colorについて詳しく知りたい場合はMDNを参照してください。

・MDNのcolorの解説

https://developer.mozilla.org/ja/docs/Web/CSS/color

これで一人前……？

きげん
よさそう
フッフッフ……
これを見てください
めもりー先輩

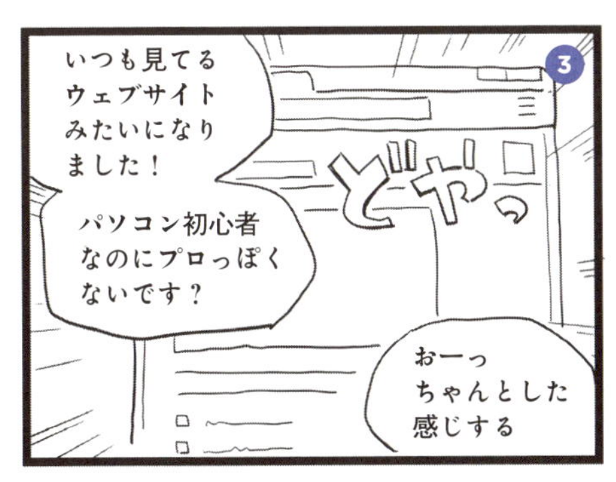
いつも見てる
ウェブサイト
みたいになり
ました！
パソコン初心者
なのにプロっぽく
ないです？
どやっ
おーっ
ちゃんとした
感じする

じゃ、次は
プログラミング
やっていこうか
あっ……
忘れてました
プログラミング

第4章

PHPプログラミングの基礎
——出力・変数・文字列・整数・条件文・配列

第4章

PHPプログラミングの基礎 ── 出力・変数・文字列・整数・条件文・配列

4-1 なぜPHPを学ぶのか

数あるプログラミング言語の中で「PHP」をなぜ学ぶのでしょうか。

PHPはLL（Lightweight Language；（学習が）軽量なプログラミング言語）と言われています。LLはPHPの他にもRubyや、JavaScript、Pythonなども該当します[注1]。いくつものLLがある中でPHPをあえて選択する理由はあるのでしょうか。

その答えは、あなたがどういう仕事を選ぶか？──それしだいです。もし、あなたがモダンな技術が好きでコンピュータについても最先端にいたい、先頭を走り続けたいと考えているならば、PHPは選択肢に入ってこないでしょう。しかし、PHPは歴史あるがゆえ、さまざまなアプリケーションやサービスで用いられており、いまや私達の生活に溶け込んでいるほどです。たとえば、一世を風靡（ふうび）した動画共有サイトのニコニコ動画、Meta社が運営するSNSのFacebookが挙げられます。Cygamesが作っているグランブルーファンタジーもPHPが使用されています。読者のあなたが普段何気なく使っているサービスも、ふとURLを見ると「index.php」のように.phpの拡張子で動作しているかもしれません[注2]。

注1　LLの定義によるので、人によって解釈が異なりますが本書では、これらをLLとします。

注2　URLはアプリケーションの実装者によって自由に変えられるため、拡張子が.phpとはいってもPHPで動いているとは必ずしも言えません。しかし、意図的に拡張子を.phpとするケースは少ないでしょうから、URLに.phpの拡張子がついているサービスの多くはPHPで動作していると言えるでしょう。

ホワイPHP？

PHPを学び、手に職をつけるということは、今世の中で誰かを支えているサービスやアプリケーションをあなたの手で変えていくことができるということです。

そして、著者はプログラミングを小学校高学年のときに始めました。そのとき「他のプログラミング言語よりハードルが低くて自分でもできそう」と思ったのがPHP[注3]でした。

では、早速、そんなPHPを学んでいきましょう[注4]。

4-2 出力を学ぼう（echo、print）

PHPを含むプログラミング言語やHTMLのようなマークアップ言語などで何かしらのテキストを画面やブラウザに表示したりすることを「出力する」といいます[注5]。

PHPでは任意のテキストを出力するにはいくつか方法がありますが、一般的に用いられるechoとprintを使用する方法があります。次のコードをTestOutput.phpと命名し、保存します。

```
<?php

// echo を用いたテキストの出力の方法注6
echo "echo で Hello World!\n";

// print を用いたテキストの出力方法
print "print で Hello World!\n";
```

出力されているかどうかを確認するために、次のコマンドをVSCode上で実行してみます。

```
php TestOutput.php
```

注3　当時の著者の感想です。実際にPHPを堅牢（けんろう）かつハイパフォーマンスに扱うには、PHPも当然のことながらPHP以外の知識と経験が必要になります。

注4　注意したいのはPHPだけを学習してもそれが、必ずしも仕事に直結するとは限らない点です。前章であったようにHTMLやCSS、本書では紙幅の都合上取り扱っていないですがJavaScriptを含む他のプログラミング言語を使えるようになっていく必要があります。

注5　人によっては「吐く」「吐かせる」などを用いることもありますが、意味合いは同じです。特にデバッグを行う際に、期待しているデータが入っているか出力して確認する場合などに用いられるケースが多い印象です。

注6　//はHTMLでも登場した、コメントのPHPでの記法です。ここでは//以後の文字、つまり、この行すべてがコメントになります。

▼図4-1 TestOutput.phpの実行

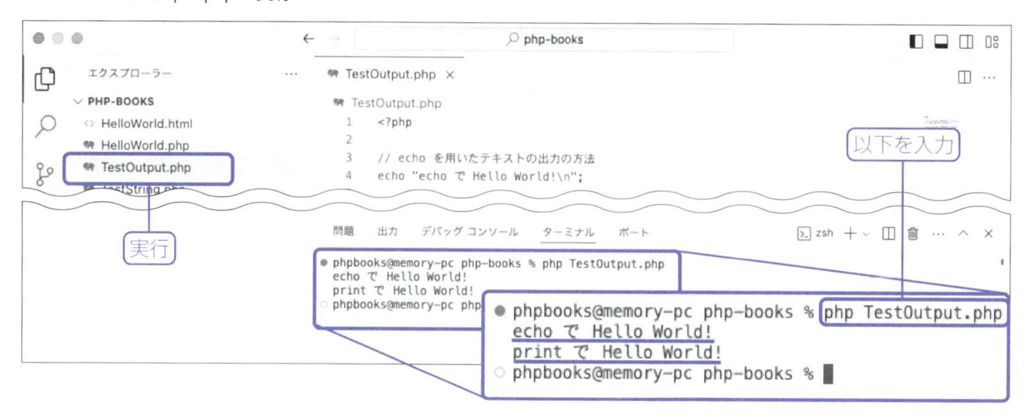

出力されていることがわかりましたね。echoやprint以外にも出力を行えるものもありますが、言語構造[注7]としての出力はこの2つだけです。

PHPに備わっている関数[注8]で出力できる方法もいくつかあります。趣味や実務におけるデバッグなどでも頻繁に使うので次の表4-1で紹介します。

▼表4-1 PHPの出力方法

名前	読み方	言語構造か？	解説	例
echo	エコー	YES	普通のテキストを出力します。戻り値[注9]はありません。	<?php echo "Hello World!";
print	プリント	YES	普通のテキストを出力します。戻り値は常に1です。	<?php print "Hello World!";
printf	プリントエフ プリント フォーマット	NO	指定したフォーマットに従って、普通のテキストを出力します。戻り値はありません。文字列結合が不要となるのでシンプルな文字列を別のファイルで扱い、あとから値を入れられるようなケースで有用です。たとえば、多言語化などでよく用いられます。	<?php printf("%s World!", "Hello");
print_r	プリント アール	NO	配列、オブジェクトなどの値をわかりやすくテキストで表示できるものです。戻り値はありません。さまざまな情報を出力できるためデバッグなどによく用いられます。	<?php print_r("Hello World!");
var_dump	バーダンプ	NO	print_rより、より詳細に値をわかりやすくテキストで表示できるものです。戻り値はありません。print_rより多くの情報を出力できるためデバッグなどによく用いられます。	<?php var_dump("Hello World!");

注7 PHPにおける言語構造とは、その言語に組み込まれている機能・機構のことです。のちほど紹介する条件分岐のifと同じ性質のものです。

注8 ビルトイン関数とも言います。PHPの設定を特に変更しなくてもはじめから使える関数のことを指します。数学で言う $f(x)=x^2$ のf(...)と似ているものだと考えるとわかりやすいでしょう。

注9 関数などの実行結果を、他の処理で扱えるようにするために関数の実行元に「戻す」ことを「戻り値（もどりち）」といい、別名で「返り値（かえりち）」ともいいます。次章の「自分で関数を定義してみよう」で詳しく解説しているので参照ください。

4-3 変数を学ぼう

変数は何かしらの値を格納しておくための仕組みです。変数という言葉にもしかしたらピンときた方もいるかもしれません。そう、数学です。数学ではわからない値をXと置き換え、最終的にXの解を求めようとしますね。この置き換えの部分を変数だと思ってもらえると理解しやすいでしょう。

たとえば数学では次のような数式がよく出てきます。

$$f(x) = x^2$$

このf(x)のxに1を代入してみたり、2を代入してみたり、というのを学生時代に経験したのではないでしょうか。PHPにおける変数も同じです。PHPでは整数や文字列含むさまざまな値を代入できます。

まずはPHPでどのように変数を定義するか見てみましょう。PHPで変数に整数を代入するには次のようにします。

```
$var = 1234;
```

整数でないものも代入できます。たとえば文字列の代入は次のとおりです。

```
$var = "変数の値";
```

なお1234や"**変数の値**"の個所のように意味を持つトークン[注10]において不変かつ何かしら変更が加わらない値のことを**リテラル(literal)**といいます[注11]。

そして、PHPでは$と英数字の組み合わせで変数を定義できます。例の場合はvar[注12]という名前で変数を定義しています。

次に=と書き、任意の値だったりリテラルであったり、式などを記述します。例の場合は"**変数の値**"という文字列リテラルを記述しています(文字列については後述)。

この値の定義を**varに"変数の値"を代入する**と言います。なお$varの読み方は**ダラーバー**(もしくはドルバー)であったり、ドルマークを読まずに**バー**と読む方もいますし、**バー変数**と読む方もいます。

著者もドルマークは読まないで**バー変数**と呼ぶことが多いです。$マークまで読むか読まないか、変数の読み方はプログラミング経験のバックグラウンドによって異なりますが、特に「こう読まなけれ

注10 最小の意味を持つコード上の文字列の単位のこと。

注11 そのまま値と言ったり整数値と言ったり、文字列と言ったり解説する話者によってマチマチです。しかし、リテラルという言葉は実務ではよく使われますので覚えておきましょう。

注12 varは変数という意味を持つvariable(バリアブル)の略です。

ばならない」といった決まりはありません。

変数の読み方がわかったところで、早速、変数の用途について学んでいきましょう。次の例を見てください。

```
$a = 'Hello';
$b = 'World!';
```

この$aと$bを入れ替えたいときどうすればよいでしょうか。次のコードはうっかりミスの例です。

```
$a = "Hello";
$b = 'World!';

// $b に World! が代入される
$b = $a;

// $b に World! が代入されているので、$aにも World! が代入されてしまいます
$a = $b;
```

上図のようなコードを記述してしまうと、$aと$bが同じ値になってしまいます。これは期待するべき結果ではありません。ではどのように対応すればよいでしょうか。$aないしは$bを一時的に別の変数に格納することで、もともとの値を失わずに済みます。このように変数の値同士を入れ替えることを**スワップ**と呼び、プログラミングを行うにあたって初歩的に理解するべきステップの1つです。次のようなコードを書くことでスワップを実現させることができます。

```
$a = 'Hello';
$b = 'World!';

// 一時的に値を $temporary に代入する。
$temporary = $a;

// $b の値を $a に。
$a = $b

// $a の値を保持している $temporary を $b に。
$b = $temporary;
```

このように変数は一時的な値を保持したり、定義した値を格納しておくために便利なしくみであるということがわかりましたね。

こわくない変数

Column リテラルについて

不変かつ何かしら変更が加わらない値とはどういうものでしょうか。たとえば次のようなコードがあったとします。

```
// 整数
$var1 = 123 + 456;

// 文字列
$var2 = "Hello" . "World!";
```

`$var1`は579という値になりますが、これは演算結果であってリテラルではありません。この場合、リテラルは123と456で、これらを**整数リテラル**といいます。

同様に`$var2`は`HelloWorld!`という値になりますが、これも演算結果でありリテラルではありません。`"Hello"`と`"World!"`がリテラルであり、これらは**文字列リテラル**といいます。

PHPには他にも浮動小数点リテラルなどさまざまな最小単位において意味を持つものがあります。リテラルの種類は言語によって多少異なります。たとえばTypeScriptなどで用いられているECMAScriptなどにはテンプレートリテラルといい、文字列ではあるものの文字列内に書かれている変数を展開するためのシンタックスが用意されていたりします。

4-4 文字列・整数を学ぼう

4-4-1 文字列の基礎

文字列とは何でしょうか。文字列は文字（char、character）[注13]の集合のことを指します。文字とはアルファベットであったり、アラビア数字、記号です。文字列のことをストリング(String)とも言います。PHPでは文字列型と呼んだりストリング型と呼んだりします。

日本語文字の扱いの話を少しします。一般的に日本語文字は、1文字であっても、文字ではなく、文字の集合である文字列として扱われます（エンコーディングによっては必ずそうとも言い切れませんが）。

```
// 「A」という文字。 1 文字分
$var = 'A';

// 「あ」という文字 "列"。utf-8 エンコーディングの場合は英数文字の3文字分
$var = 'あ';

// 英語と日本語を混ぜた文字 "列"
$var = 'Hello World! こんにちは、世界！';
```

プログラミング言語によっては、文字と文字列を厳密に区別していることもあります。たとえばC言語ではcharと呼ばれる文字型がありますが、アルファベットやアラビア数字、記号などは扱うことができても、日本語は複数の文字の集合であることからchar型として扱うことはできません。なお、PHPでは文字と文字列に区別はなく、すべて文字“列”として扱います。

PHPにおける文字列リテラルの表現方法はダブルクオート " で囲う方法と、シングルクオート ' で囲う方法、ヒアドキュメントを使う3つの種類があります。それぞれ見ていきましょう。

まずダブルクオートとシングルクオートの使い方を示します。

```
// ダブルクオートで囲う場合
$text = "Hello World!";

// シングルクオートで囲う場合
$text = 'Hello World!';
```

注13　charはcharacterの略ということから、**キャラ**と読んだりそのまま**チャー**と読みます。読み方は人それぞれで、読み方にこだわりの強い方もいます。著者はなんとかキャラと読みたいものの、チャーと読む癖が染み付いてしまいなかなか矯正できないままでいます。

```
// $text 変数の出力
echo $text;
```

ダブルクオートとシングルクオートは、それぞれ挙動が少し異なります。おもな挙動の違いは、変数の展開ができるかと、制御文字と呼ばれる特別な文字を出力できるかです。たとえば次のようなコードを見てみましょう。次のコードをTestString.phpとして保存しておきます。

```
<?php
$var = "Hello";

// ダブルクオートの場合: 変数の展開と制御文字である改行コードの出力
$textA = "{$var} World!\n";
echo $textA;

// シングルクオートの場合: 変数の展開と制御文字である改行コードの出力
$textB = '{$var} World!\n';
echo $textB;
```

実行結果をVSCodeで見てみましょう。図4-2のようにPHPを実行してみます。

```
php TestString.php
```

▼図4-2　TestString.phpの実行

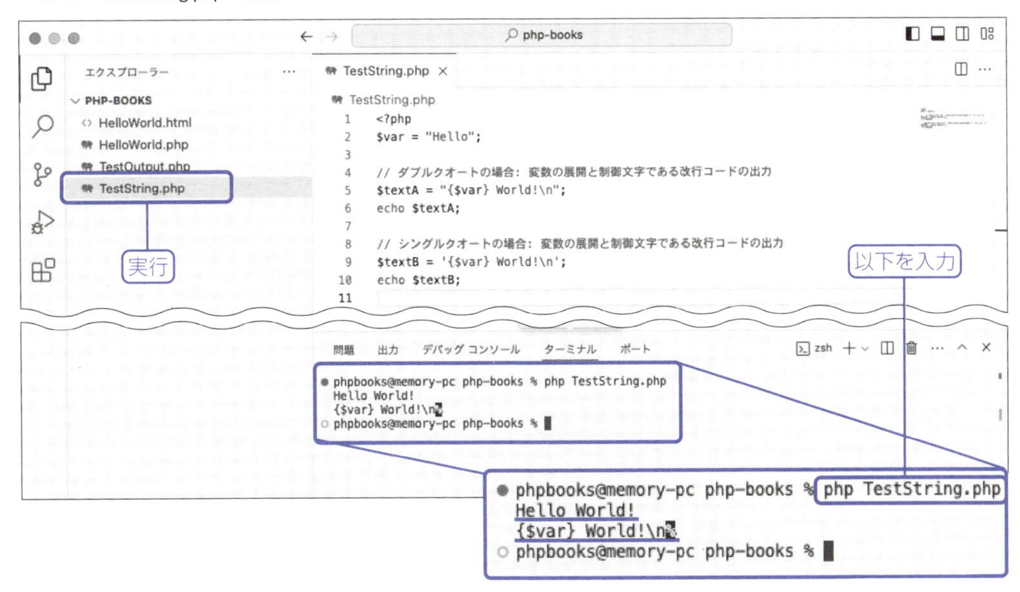

実行結果からわかるように$textAはHello World!の出力と改行が表示されているのがわかります。しかし$textBは{$var} World!\nのままの出力となっており、変数の展開や制御文字である改行コードが処理されていません。

制御文字をそのまま出力したい、変数をそのまま出力したいなどのケースなどではシングルクオート、それ以外ではダブルクオートで文字列リテラルを表現すると良いでしょう[注14]。

次にヒアドキュメントを見てみましょう。ヒアドキュメントは複数行に渡って、文字列を定義するのに便利です。複数行以外については、変数の展開、制御文字の出力含めダブルクオートで文字列リテラルを定義したときと挙動が同じだと認識すると良いです[注15]。早速試してみましょう。次のコードをTestHereDoc.phpとして保存します。

```
<?php
$var = "Hello";

$text = <<<TEXT
{$var} World!
TEXT;

echo $text;
```

TEXTはIDと呼ばれ、もう一度そのIDがコード上出現するまでの間のテキストを文字列として扱ってくれます。TEXTについては、任意の文字列を指定できます。つまり、以下のようにTEXTというIDをDOCと置き換えることもできます。

```
$var = "Hello";

$text = <<<DOC
{$var} World!
DOC;

echo $text;
```

実際に実行してみましょう。VSCode上で次のようにPHPを実行してみます。

注14　ダブルクオートでもエスケープシーケンス（バックスラッシュ）を$の前や\nのような制御文字の前に加え、\$varや\\nと書くことで変数や制御文字をそのまま出力することもできます。どちらが良いかは書き手の好みや業務のルールによります。

注15　Nowdoc（ナウドック）という表現方法もあり$text = <<< TEXTのTEXTの部分を$text = <<< 'TEXT'のようにシングルクオートで囲うと、変数の展開や制御文字を処理せずに、シングルクオートで文字列リテラルを定義したときと同じように、そのまま出力することができます。

```
php TestHereDoc.php
```

▼図4-3　TestHereDoc.phpの実行

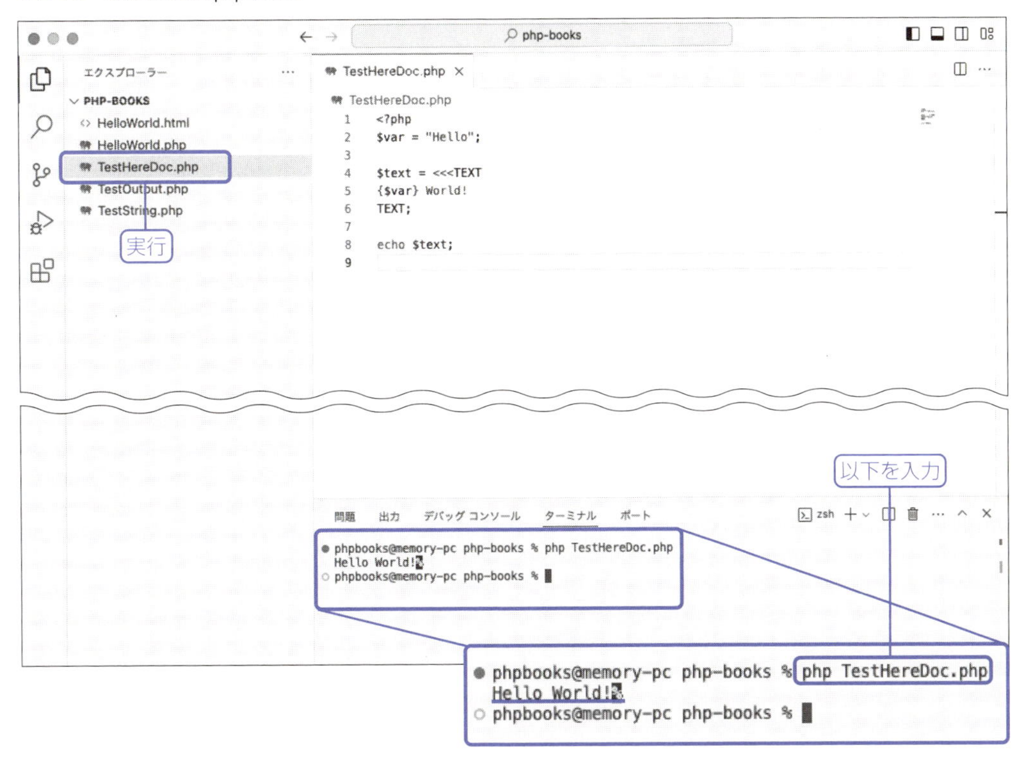

Hello World!と出力されるのがわかりましたね。PHPは文字列の表示に関する機能がとても多いプログラミング言語です。どれもよく使うので、ぜひ覚えましょう。

大は小を兼ねる？

printf
puts
fwrite (STDOUT)
?>これ<?php
HTML内で
<?= $ var?>
なんかも
多くないです？
多いほうが便利かなと

Column なんで日本語が文字ではなくて文字列なの？

ASCIIコードは、文字と数値が対になっている表[†1]があります。たとえば「A」と「Z」を10進数のASCIIコードで表すと次の表4-2のとおりです。

▼表4-2 ASCIIコードとアルファベットの対応

ASCIIコード（10進数）	文字
65	A
90	Z

これは1バイト（0〜255の整数）で表現できる範囲であることが重要です。日本語が文字列という扱いになってしまうのは、このASCIIコード表の中でだけでは表現ができないためです。また、charは文字型ではありますが、数値型とも互換性があります。つまりASCIIコードと相互変換ができるのですが、日本語はそうではありません。

そもそも日本語は、漢字を含めると数千以上もの種類があり、0〜255のうちに含めるのは不可能です。そのため、複数の文字を連続させたパターンを日本語として扱おう、となったのが日本語、つまりマルチバイト対応の根幹です[†2]。

マルチバイト対応にもいくつかの種類があります。そこからShift-JISやutf-8といったエンコーディングの差が生まれました。それぞれ対応する連続させたパターンが異なります。

表4-3を見てください。

▼表4-3 utf-8とShift-JSとの対応

utf-8	Shift-JIS	対応する日本語
0xE3 0x81 0x82	0x82 0xA0	あ
0xE3 0x81 0x86	0x82 0xA4	う

文字化けが起こる原因も実はこの異なるエンコーディングによるものなのです。

†1 https://www.ascii-code.com/
†2 もちろん、日本語以外の非アルファベット文字言語にも言えます。

4-4-2 整数の基礎

PHPでは他のプログラミング言語同様に、算数や数学の世界で言うような整数を扱うことができます。また整数のことを整数型、数値型、Integer（インテジャー、イント）型と呼んだりします。

ただしPHPでは整数の値を無制限に扱うことはできません。PHPでは -2^{63} ～ $(2^{63})-1$（-9223372036854775808 ~ 9223372036854775807）の範囲で整数を扱うことができます[注16]。

たとえば、整数を用いて四則演算を行ったり、実務的な観点からはユーザーに固有の番号を割り

注16 PHPをビルド（ソースコードから実行ファイルやライブラリなどに変換すること。構築ともいう）している環境によっては -2^{31} ～ $(2^{31})-1$（-2147483648～2147483647）の場合もあります。また、この範囲を超える大きな整数値を扱いたい場合はbcmathなどのライブラリを使う必要があります。

振ったりできます。具体的に言えば、レビューサイトを運営していることを仮定すると、(小数点以下が含まれると、整数ではなくなりますが)口コミの平均を計算したり、レビューの投稿の合計を計算したりすることもできます。さまざまな用途で整数は用いられますので、ぜひ覚えましょう。早速整数で四則演算して出力してみます。次のコードをTestInt.phpと命名して保存します。

```
<?php

$var = 12 + 34;

echo $var;
```

次に以下のコマンドでVSCode上で実行します。

```
php TestInt.php
```

▼図4-4　TestInt.phpの実行

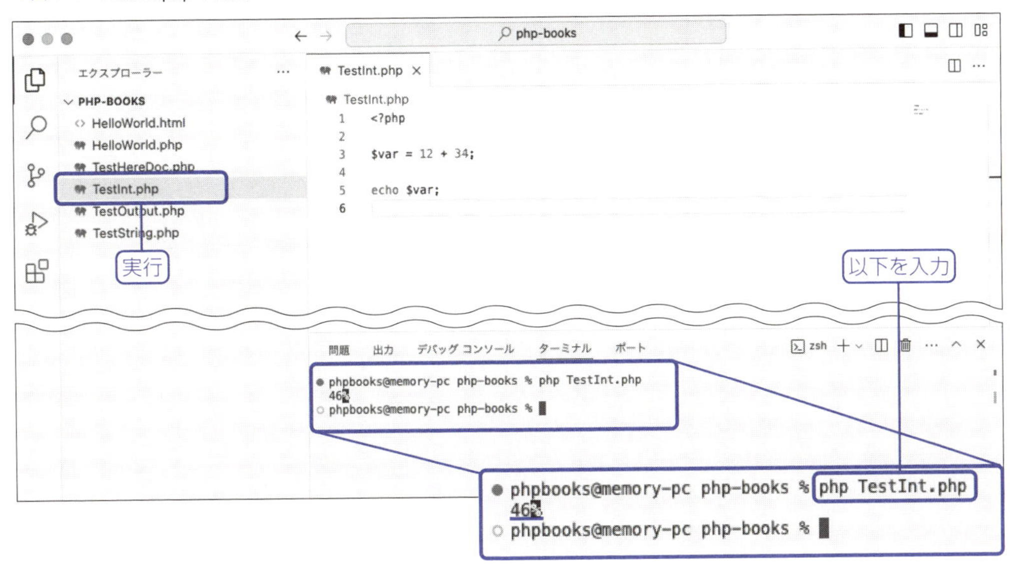

46と出力されることがわかりましたね。

Column 他のプログラミング言語での整数値の扱い

Cのような他のプログラミング言語では整数値にさまざまな種類があります。たとえば符号なしで説明すると、0～255を表すbyte型、0～65535を表すshort型、そして0～4,294,967,295を表すinteger型、0～18,446,744,073,709,551,615を表すlong型[†1]などです。おおむね2^8-1、2^{16}-1、……2^{32}-1、……2^{64}のように乗数が増えていきます。

Javaなどもこのように整数値に対してさまざまな種類を設けています。整数値にさまざまな種類があるのは、コンパイラ言語と呼ばれる実行前にコンパイルを必要とする言語に多い印象を受けます。たとえばGoやRustにもさまざまな整数値が存在します。コンパイラ言語はウェブアプリケーション以外にも幅広く用途があり、細かい部分までチューニングを必要とする場合を想定するメモリ効率も考える必要があると想像できますね。

一方でPHPやRuby、Python 3などのLLでは整数値といえば一種類一律で整数の値が決まっているものがほとんどの印象を受けます。ではなぜ、これらの言語は特殊なのでしょうか。一般的に整数値は2バイト～8バイトの領域で扱える数値の範囲を示すものです。

▼表4-4 整数型の分類

型名	読み方	必要とするバイト数（ビット数）	扱える整数の範囲（符号あり）	扱える整数の範囲（符号なし）
byte	バイト	(2^8-1)[†2]	-128 ～ 127	0 ～ 255
short	ショート	2 (2^{16}-1)	-32,768 ～ 32,767	0 ～ 65,535
integer (int)	インテジャー（イント）	4 (2^{32}-1)	-2,147,483,648 ～ 2,147,483,647	0 ～ 4,294,967,295
long	ロング	8 (2^{64}-1)	-9,223,372,036,854,775,808 ～ 9,223,372,036,854,775,807	0 ～ 18,446,744,073,709,551,615

プログラミング言語によってはintegerとlongをほとんど同義とし（ただしintegerはプラットフォーム依存）、代わりに64ビット整数はlong longと表現する場合があります。

Javaを含む多くのプログラミング言語では常にIntegerは32ビット整数、longは64ビット整数という扱いをしているものもあります。

その中では、最近のPHPの整数型は常にlong（場合によってはlong long）と同じ64ビット整数であることから特殊であるということがうかがえます[†3]。

わざわざ整数の大きさを気にして、どの型が適切かを考えてプログラミングするよりも、なにも考えずに整数値を扱えるほうが悩むことも少なく、そういった意味では初学者にとってはハードルが1つ下がるうれしいポイントだと著者は考えています。

また、整数値では、PHPでは特に区別をしていませんが、表4-4にあるように符号あり・符号なしという概念があります。符号ありを**signed**、符号なしを**unsigned**といいます。たとえば符号なし整数型を示すのであれば、定義の際には**unsigned int**などと書きます。

signed もしくはunsignedが明示的に記載されていない場合は、プログラミング言語においてその値は符号ありと解釈することが一般的です。ただ、加えて言うのであれば、昨今のコンピュータはメモリ効率を細かく考えないといけないほど、メモリの量に限りがあるわけではありません。

ひと昔前まではメモリも少ない、それこそ今のようにギガバイトどころの話ではなく128MBなどの世界線であったり、コンシューマー向けゲーム機だと、もっともっと少なかったわけです。整数の大きさをほとんど気にせず書けるようになったのは時代の変化を感じるものであります。

PHPの一部の関数ではこれらの概念の知識を必要とするものもありますが、普段PHPを書いていて遭遇することは稀でしょう。初学者であれば「こういうものもあるんだな」くらいの認識で十分ではないでしょうか。

†1　著者も65535までは覚えているのですが、それ以降の数字すべてを覚えているわけではなく都度計算しています。覚えられるとカッコいいですが、覚えられなくても何も恥ずかしいものではありません。

†2　2^N-1のような数をメルセンヌ数といいます。

†3　古いPHPではinteger型は32ビット整数として扱われていたこともあります。

4-5 条件分岐を学ぼう

4-5-1 条件分岐の基礎

PHPを含む多くのプログラミング言語には条件分岐と、繰り返し文と呼ばれるいわゆるループ文(次章で解説)があります。条件分岐はプログラミングを学ぶ上で、最も重要であり根幹です。ループ文の処理の理解には、まず条件分岐の理解が必要です。何かを実装するにあたっても、条件分岐が必ず出てきます。そのため、必ず覚えておきましょう。なお、前章ではHTMLとCSSを学びましたが、解説したとおりこれらはプログラミング言語ではありません。マークアップ言語とプログラミング言語の大きな違いは条件分岐があるか、ループ文があるかどうかといってもいいほどです[注17]。

条件分岐を使うことで**○○の場合は**××**を行う**という処理を行えるようになります。これがより複雑性を増していき、複数の条件分岐を組み合わせることで**ユーザーA**がアクセスしたら**ユーザーA専用のページを表示する**といったいわゆる会員登録のシステムなどに応用させることができるようになります。

PHPで一般的に条件式を書くにはif文と呼ばれる文(statement)を使用します[注18]。if文には次の表4-5のように3つの種類があります。

注17　ちなみに、ループ文という文法を持たず、全く別の考え方でループと等価な計算をするプログラミング言語もあります。Haskellなどは一般的なループ文(for,whileなど)を持っていません。

注18　PHPにはif文以外にもswitch文やmatch式などで条件式を表現できる言語構造が存在しますが本書では紙幅の都合上省略します。気になる方はPHPのマニュアルをご覧ください。

▼表4-5 if文の分類

文の種類	読み方	役割	書き方

if文 (if statement)	イフ、イフブン、イフステートメント	○○の場合は××を行うなどの条件式を指定できます。	if (条件式) {
			　// 何かしらの処理
			}

else-if文 (else-if statement) (または elseif　文 (elseif statement))	エルスイフ、エルスイフブン、エルスイフステートメント	if文のあとに、if文の条件式が満たされない場合に後続に続けるためのif文です。else-if文は複数指定することもできます。elseif (条件式) のようにelseとifの間にスペースを挟まない場合やelse If (条件式) のようにスペースを挟んで書くこともできます。	if (条件式 A) {
			　// 何かしらの処理
			}
			elseif (条件式 B) {
			　// 何かしらの処理
			}
			elseif (条件式 C) {
			　// 何かしらの処理
			}

else文 (else statement)	エルス、エルスブン、エルスステートメント	else-if 文と似ていますが、すべてのif文・elseif文の条件式が満たされない場合において処理させることができます。else-if文は条件式を指定する必要がありますが、else文は条件式は不要です。	if (条件式 A)
			　// 何かしらの処理
			}
			elseif (条件式 B) {
			　// 何かしらの処理
			}
			else {
			　// 何かしらの処理
			}

早速if 文を使用してコードを書いてみましょう。VSCode上にTestIf.phpとファイルを作成し、次のリスト4-1のコードを記述します。

▼リスト4-1　TestIf.php

```
<?php

// あなたの年齢を入力
$age = 18;  ←①

if ($age >= 20) {  ←②
    echo "私は 20 歳以上です。";  ←③
}
elseif ($age >= 15) {  ←④
    echo "私は 15 歳以上です。";  ←⑤
}
else {  ←⑥
    echo "私は 15 歳未満です。";  ←⑦
}
```

①は18という整数リテラルである年齢を変数に格納しています。

②はif ($age >= 20) {という記述をしていますが、$age >= 20という部分は条件式(expr, expression)

と言います。例では単一の条件だけを記載していますが、複数の条件を記述することもできます（後述）。

>=は**演算子（operator、オペレーター）**といい、左側にある$ageのことを**左オペランド**、右辺にある20を**右オペランド**といいます。また>=の意味としては、**左オペランドのほうが右オペランドより大きいこと**を比較しています。数学で学ぶ不等号の≧と同義です。他にも似たような演算子があるので、表4-6で紹介します。

▼表4-6　PHPの演算子

演算子	読み方	意味	真になる場合の記述例	偽になる場合の記述例

>=	大なりイコール	大なりイコール。左オペランドより右オペランドのほうが大きいまたは等価の場合、条件式が満たされます。数学の不等号の≧と同義。	$var1 = 10;
			$var2 = 5;
			
			if ($var1 >= $var2) {
			  // … 処理
			}
			
			または
			
			$var1 = 5;
			$var2 = 5;
			
			if ($var1 >= $var2) {
			  // … 処理
			}
				$var1 = 10;
				$var2 = 100;
				
				if ($var1 >= $var2) {
				  // … 処理
				}

>	大なり	大なり。左オペランドより右オペランドの方が大きい場合、条件式が満たされます。数学の不等号の>と同義。	$var1 = 10;
			$var2 = 5;
			
			if ($var1 > $var2) {
			  // … 処理
			}
				$var1 = 10;
				$var2 = 100;
				
				if ($var1 > $var2) {
				  // … 処理
				}

<=	小なりイコール	小なりイコール。左オペランドより右オペランドのほうが小さいまたは等価の場合、条件式が満たされます。数学の不等号の≦と同義。	$var1 = 10;
			$var2 = 100;
			
			if ($var1 <= $var2) {
			  // … 処理
			}
			
			または
			
			if ($var1 <= $var2) {
			  // … 処理
			}
				$var1 = 10;
				$var2 = 5;
				
				if ($var1 <= $var2) {
				  // … 処理
				}

演算子	読み方	意味	真になる場合の記述例	偽になる場合の記述例

<	小なり	小なりイコール。左オペランドより右オペランドのほうが小さい場合、条件式が満たされます。数学の不等号の<と同義。	$var1 = 10;
			$var2 = 100;
			
			if ($var1 < $var2) {
			　// … 処理
			}
				$var1 = 10;
				$var2 = 5;
				
				if ($var1 < $var2) {
				　// … 処理
				}

==	ダブルイコール、イコールイコール、あいまいな比較	あいまいな比較。左オペランドまたは右オペランドが等価であるか場合、条件式が満たされます。型が異なっても暗黙のキャストによってある程度融通が効く比較方法です。	$var1 = "10";
			$var2 = 10;
			
			if ($var1 == $var2) {
			　// … 処理
			}
				$var1 = "10";
				$var2 = 11;
				
				if ($var1 == $var2) {
				　// … 処理
				}

===	トリプルイコール、イコールイコールイコール、厳密な比較	厳密な比較。左オペランドまたは右オペランドが等価である場合、条件式が満たされます。型についても厳密に比較されます。	$var1 = 10;
			$var2 = 10;
			
			if ($var1 === $var2) {
			　// … 処理
			}
				$var1 = "10";
				$var2 = 10;
				
				if ($var1 === $var2) {
				　// … 処理
				}

※型については108ページのコラム「PHPの型」を参照。

ifの条件式は真偽（Bool、Boolean、ブール、ブーリアン）によって後続の{から}（{と}の波括弧のことをブレイス（Brace）と言います）の間の処理を実行するか実行しないかを決定します。真偽値について解説をしましょう。真（正しい、満たす）の場合は**true（トゥルー）**、偽（正しくない、満たさない）の場合は**false（フォールス）**と言います。

③はifの条件式が真であった（正しかった、条件を満たした）場合「私は20歳以上です。」と出力される処理です。ifの条件式は$age >= 20かつ$ageは18ですので、この処理は**実行されません。つまり、条件式は偽（正しくない、満たしていない）になります。**

リスト4-1の④は前節のifの条件式が偽だったとき、次にプログラムはelseif(条件式){ ～ }を処理しようとします。elseif文の条件式は$age >= 15で$ageは18ですので、**この条件式は真になります**。そのため、条件式の後続の波括弧で囲われた⑤の処理は実行されることになります。紹介しているコードではelseif文は1つだけですが、たとえば以下のように複数個記載できます。

```
……（省略）……
elseif ($age >= 15) {
    echo "私は 15 歳以上です。";
}
elseif ($age >= 12) {
    echo "私は 12 歳以上です。";
}
……（省略）……
```

⑥は、else文はif文およびelseif文の条件式がすべて偽だったときに実行される処理です。他の構文と比較すると条件式がないことがわかりますね。

さて、条件分岐の解説はこのくらいまでにしておきましょう。実際に手にとって動かしてみたほうがわかりやすいはずです。

同様にターミナルを開き、次のようなコマンドを実行します。

```
php TestIf.php
```

実行結果で次のように「私は15歳以上です。」が表示されれば成功です。

▼図4-5 「私は15歳以上です。」の表示

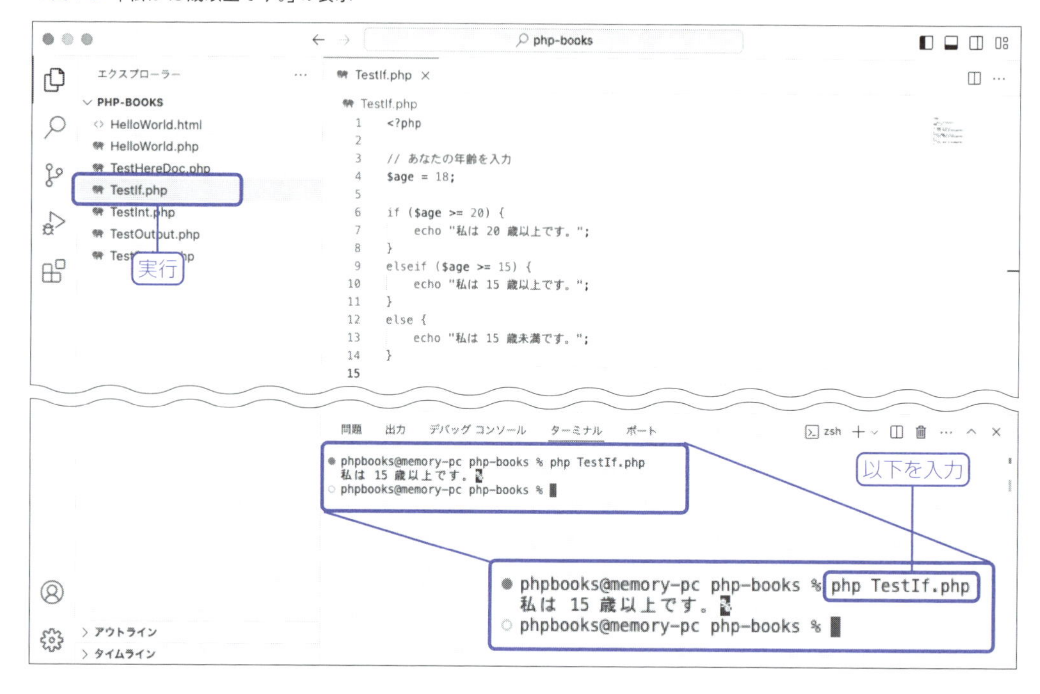

次に条件分岐が正しく動くかを確認するために次のように①の$ageに代入されている整数リテラルを20にしてみましょう。20に変更する際にセミコロンを消さないように注意してくださいね。セミコロンは式の終わりを示す意味があるので、消してしまうとエラーが出てしまいます。

さて、もう一度、次のコマンドを実行します。

```
php TestIf.php
```

そうすると先ほどとは結果が変わり、図4-6のように「私は20歳以上です。」が表示されることが確認できます。

▼図4-6 「私は20歳以上です。」の表示

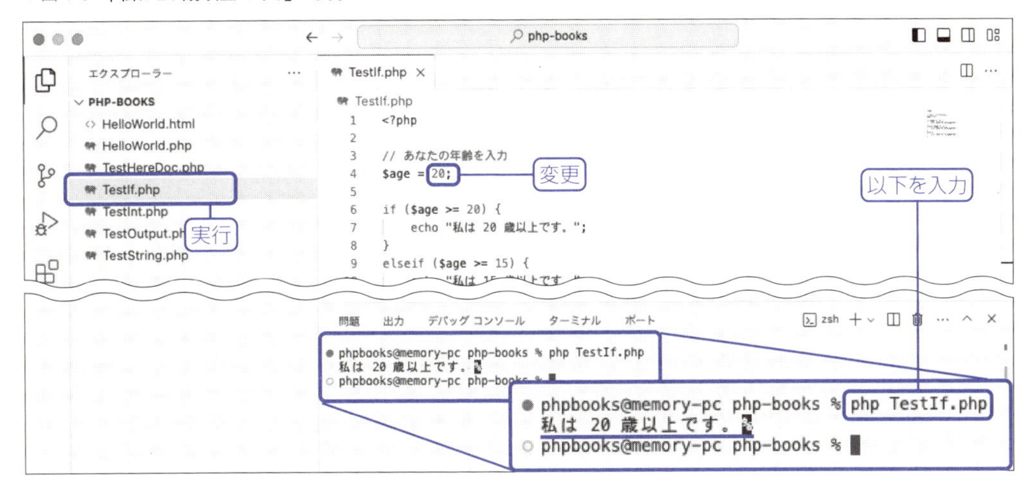

次は$ageの整数リテラルを20から10に変更してみましょう。

```
……（省略）……
$age = 10;
……（省略）……
```

10の場合、if文、elseif文のいずれの条件式も満たさないのでelseの波括弧内の処理が実行されることになります。次のように「私は15歳未満です。」が表示されれば条件分岐は成功です。

▼図4-7 条件分岐の確認

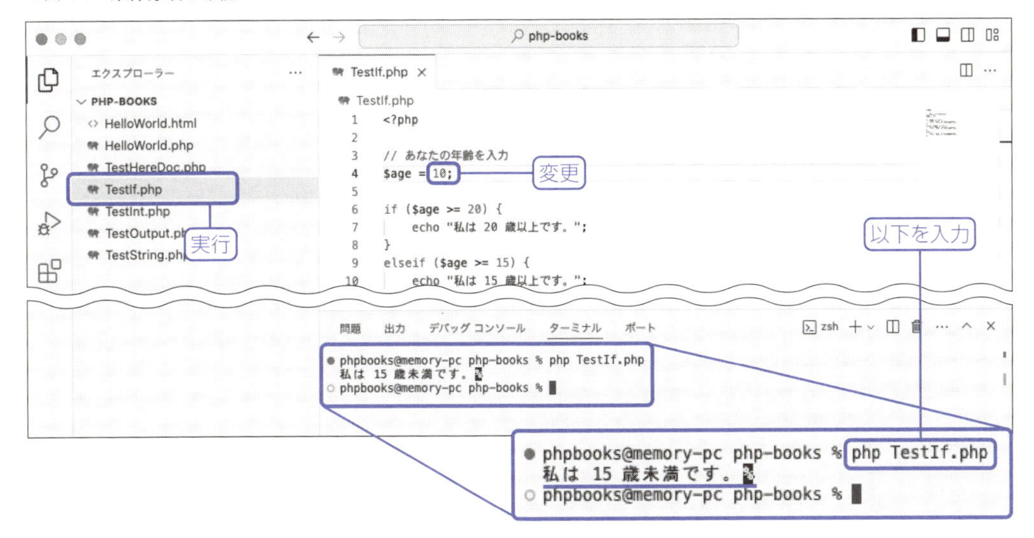

4-5-2 複数の条件式

前節では、単一の条件式で解説をしましたが、条件式は単一だけではなく複数の条件式を組み合わせることもできます。これらは**AND(アンド)条件**だったり**OR(オア)条件**と呼ばれるものです。

たとえば現状は`$age >= 20`という年齢が20歳以上という条件のみですが、ここに`$isStudent === true`という学生であるかどうかの条件式を加えたいと考えたとしましょう。この場合2通りのやり方があります。1つ目はif文の中にif文を入れる方法です。これを**if文のネスト(Nest)**といいます。

```
if ($age >= 20) {
    if ($isStudent === true) {
        echo "私は 20 歳以上であり、かつ学生です。";
    }
}
```

これは後述するAND条件と等価です。AND条件とは〇〇**かつ××のとき**という性質を持つものです。〇〇と××の両方が満たされた場合に、条件式が成立する、つまり真になります。なお、この〇〇と××も先ほど解説した>=と同様に〇〇は**左オペランド**、××は**右オペランド**といい、&&(アンドアンド、もしくはアンドと読みます)を**演算子もしくはオペレーター**といいます。なお、AND演算子、OR演算子をひっくるめて**論理演算子**といいます。

ほとんどのプログラミング言語では&&を**かつ**として扱っています。先ほどのコードの例であれば、次のように書き直すことができます。

```
if ($age >= 20 && $isStudent === true) {
    echo "私は 20 歳以上であり、かつ学生です。";
}
```

では、年齢が20歳以上または学生という条件式を用いたい場合どうすればよいでしょうか。これはOR条件と呼ばれるもので、〇〇**または××のとき**という性質を持つものです。〇〇もしくは、××の片方が満たされるときに条件式が成立する、つまり真になるものです。OR条件は次のようにif文とelse-if文を用いることで表現することができます。

```
if ($age >= 20) {
    echo "私は 20 歳以上、または学生です。";
}
elseif ($isStudent === true) {
    echo "私は 20 歳以上、または学生です。";
}
```

こちらもほとんどのプログラミング言語では`||`を**または**として扱っています。OR条件は次のよう

に書くことができます。

```
if ($age >= 20 || $isStudent === true) {
    echo "私は 20 歳以上、または学生です。";
}
```

このように、複数の条件式を書くことが可能だということがわかりましたね。では早速これらが本当に動作するのか手元で試してみましょう。

新しくVSCodeでTestIf2.phpというファイルを作成し、リスト4-2のコードを記述します。

▼リスト4-2　TestIf2.php

```
<?php

$age = 18; ←①
$isStudent = true; ←②

echo "AND条件の動作検証 --------\n";

// AND 条件のお試し
if ($age >= 20 && $isStudent === true) {
    echo "私は 20 歳以上であり、かつ学生です。\n"; ←\nを忘れずに！
} else {
    echo "私は 20 歳以上、かつ学生ではありません。\n"; ←\nを忘れずに！
}

// 空行注19
echo "\n";
echo "OR条件の動作検証 --------\n";

// OR 条件のお試し
if ($age >= 20 || $isStudent === true) {
    echo "私は 20 歳以上、または学生です。\n"; ←\nを忘れずに！
} else {
    echo "私は 20 歳以上でも、学生でもありません。\n"; ←\nを忘れずに！
}
```

少しプログラミングをしている感じがでてきましたね。さて、VSCodeのターミナルで次のコマンドを実行してみます。

注19　空行（くうぎょう）とは改行以外の文字列が特に表示されていない行のことです。プログラミングの世界では空行という言葉をよく使います。

```
php TestIf2.php
```

実行すると、図4-8のようにVSCode上で出力されれば成功です。

▼図4-8　TestIf2.phpの実行結果

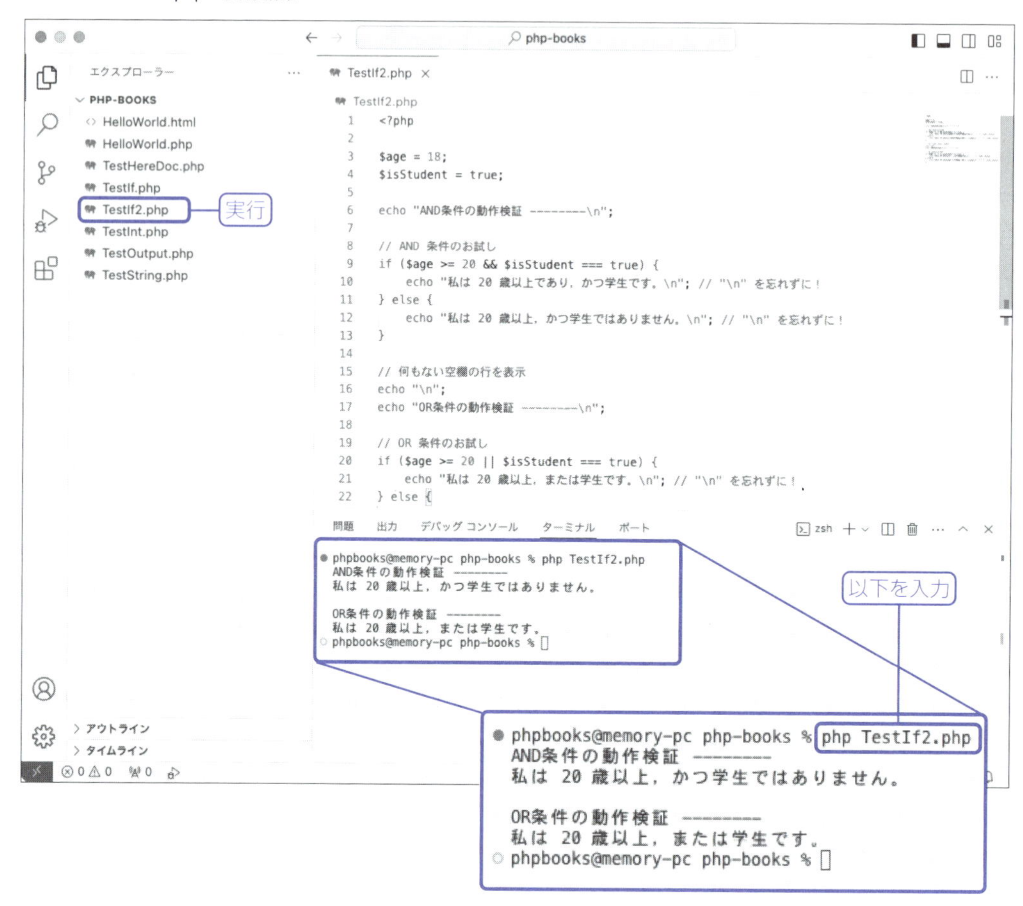

さて、ここで①の代入している整数リテラルを20に置き換えてみましょう。置き換えたら、先ほどと同様に以下のコマンドを実行します。

```
php TestIf2.php
```

▼図4-9　TestIf2.phpの実行結果（整数リテラルを20に変更）

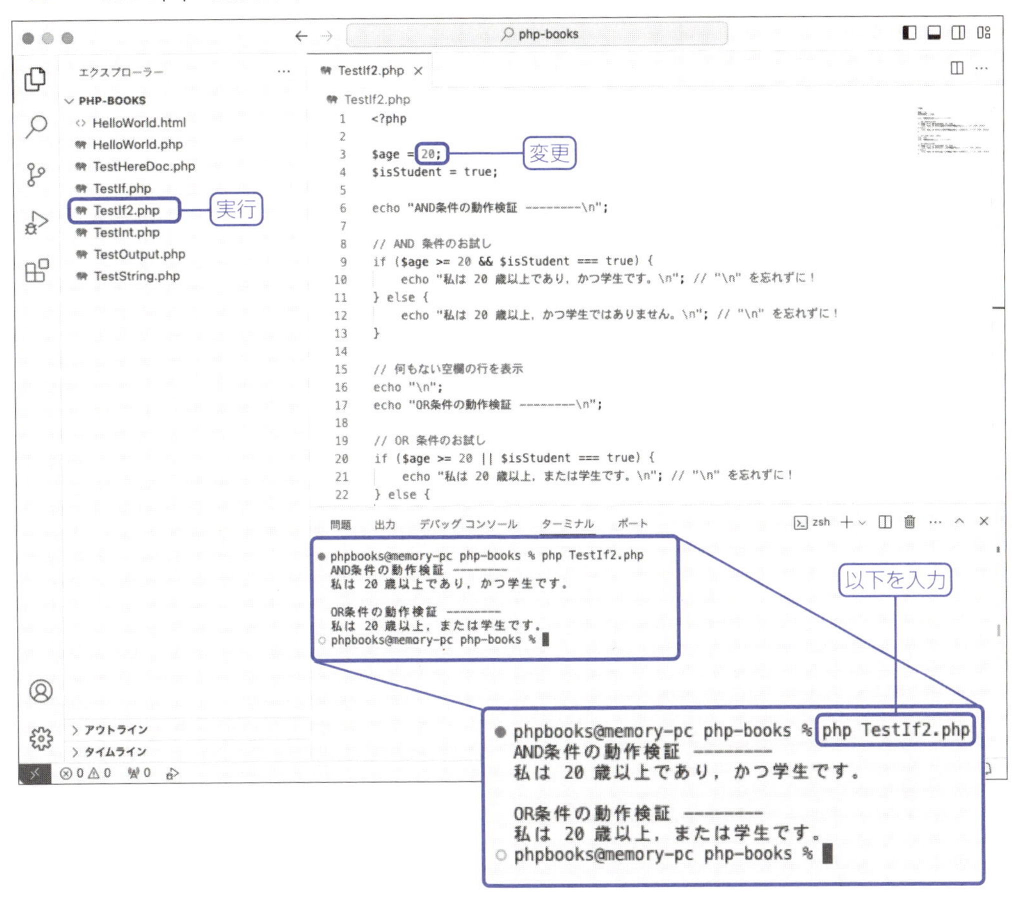

「私は20歳以上、かつ学生ではありません。」と出力されていたAND条件の動作検証の個所が、「**私は20歳以上であり、かつ学生です。**」へと出力結果が変わりましたね。OR条件の動作検証は、変化がありません。OR条件は先ほど解説したとおり、どちらかが満たされていればよく、現状`$isStrudent`が真（true）であるため変化がないのです。

では、次に②の代入している学生かどうかを指定する真偽リテラルを`false`に置き換えて、同様のコマンドを実行してみましょう。

```
php TestIf2.php
```

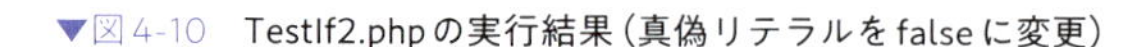

▼図4-10　TestIf2.phpの実行結果（真偽リテラルをfalseに変更）

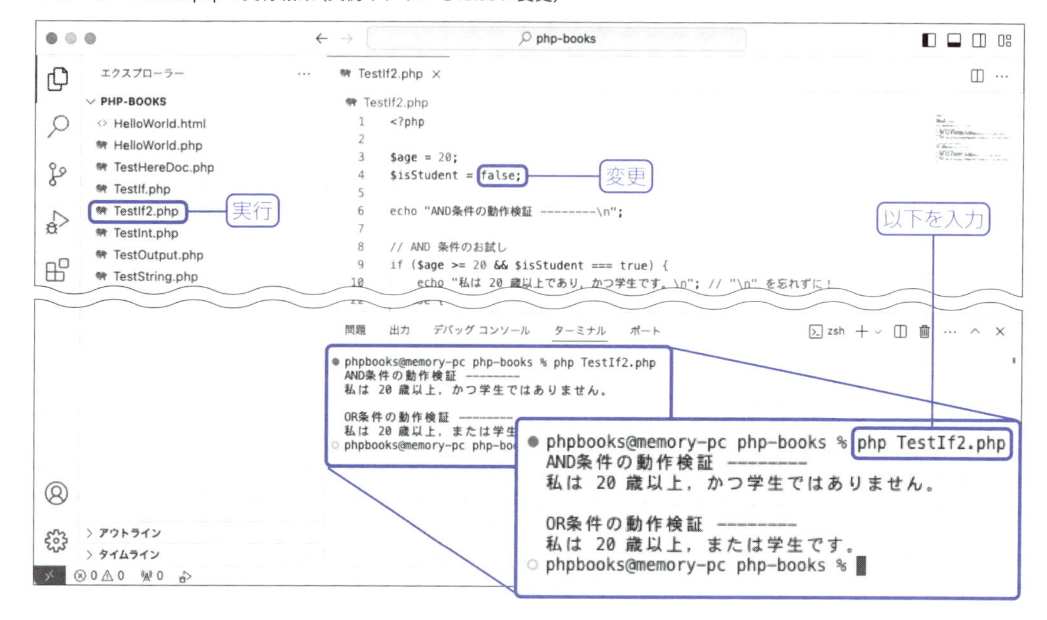

「**私は20歳以上であり、かつ学生です。**」と出力されていたAND条件の動作検証の実行結果がもとに戻りました。AND条件が正しく動作していることがわかりますね。

さて、最後に①の代入している整数リテラルを18に戻して、同様にコマンドを実行してみましょう。

▼図4-11　TestIf2.phpの実行結果（整数リテラルを18に変更）

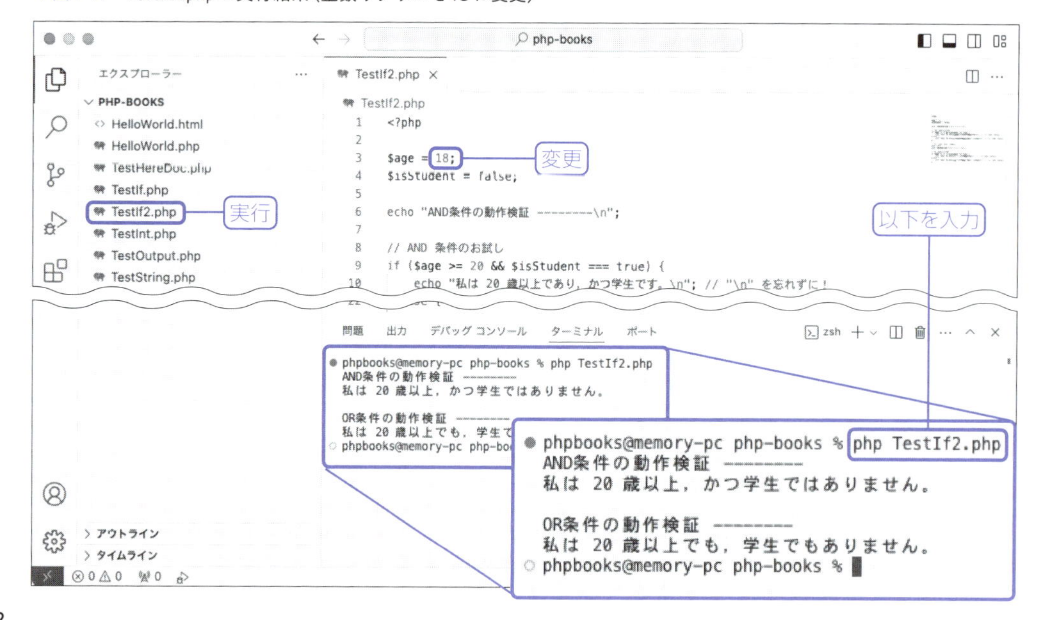

AND条件の動作検証の個所では「**私は20歳以上、かつ学生ではありません。**」と表示され、OR条件の動作検証の個所では「**私は20歳以上でも、学生でもありません。**」と表示されました。

OR条件の個所については①の代入されている整数リテラルをもとに戻したことによって`$age >= 20`は成立せず、また`$isStudent === true`も成立していないことになります。したがって、「**私は20歳以上でも、学生でもありません。**」のように出力されるようになったわけです。

それぞれ、AND条件、OR条件を試してみましたがいかがでしたでしょうか。次に、どのようなタイミングで真偽になるか表で表してみます。

・AND演算子の場合

左オペランド	右オペランド	真偽値
真	真	真
真	偽	偽
偽	真	偽
偽	偽	偽

・OR 演算子の場合

左オペランド	右オペランド	真偽値
真	真	真
真	偽	真
偽	真	真
偽	偽	偽

ところで\n(バックスラッシュエヌ、もしくは円マークエヌ)を忘れずにと注意書きをしていますが、これは改行コードといい**出力の際に改行を指示させるため**のものです。

改行コードがない場合、今回のケースだとAND条件とOR条件が改行なしで連続して出力されてしまいますので、注意書きをしています。もし余力があれば、改行コードを消して同様にコマンドを実行してみると違いがわかるようになります。本節の最後に、条件式の応用について少し触れておきます。ここまでに解説した条件文は、まだ優しい方ですが、初心者にとってはここまででかなりハードルが高く感じるかもしれません。しかし、実務ではより複雑な条件文を扱うことになります。そのため本節の最後に複雑な条件式についての解説を別途コラムとして書き出したので、余力があればご覧ください。条件式の用途はif文だけにとどまらず、以下のように変数へ代入することもできます。

```
$expression = $age >= 20;
```

このとき`$expression`は`$age >= 20`を満たせばtrue、満たさなければfalseといった真偽の値が代入されることになります。また、次章で解説するループ文でもこの条件式は頻出しますので覚えておきましょう。

Column 三項演算子とエルビス演算子

if文とelse文をつなげて書くのは、いささか冗長に感じます。そこでPHPでは**三項演算子(Ternary Operator；ターナリーオペレーター)**という書式が用意されています。

三項演算子は`A ? B : C`のようにA、B、Cのオペランドをそれぞれ?と:のそれどれの左右に記述します。Aには式、BにはAの式の結果が真(true)だったとき、Cには偽(false)だったときに実行および返す値を指定します。たとえば次のように記述します。

```
//        +-- 式
//        |    +-- 真 ( true ) だったとき
//        |    |    +-- 偽 ( false ) だったとき
//        |    |    |
$result = A ? B : C;
```

また、改行して表現することもできます。

```
$result = A
    ? B
    : C;
```

さらに、BとCそれぞれに、三項演算子を入れて記述することもできます。

```
$result = A
 ? (B ? C : D)
 : (E ? F : G);
```

この入れ子になった三項演算子のことを**ネストされた三項演算子(Nested Ternary Operator)**といいます。さらにネストされていくと、読み解いていくのが難しくなっていくので、極力シンプルに保つようにしましょう。なお、この三項演算子は次のようなif文の表現と等価です。

```
// if 文で表す場合
if (A) {
    $result = B;
} else {
    $result = C;
}
```

実際の値を入れてみると次のようになります。

```
$result = $age >= 18 ? "18歳以上です" : "18歳未満です";
```

この書式はPHP以外のプログラミング言語でもよく見られる書式ですし、実務でも三項演算子は頻繁にコード上で見かけます。また、三項演算子に似た書式として**エルビス演算子(Elvis Operator)**[†1]というものがあります。

エルビス演算子はA ?: Bのように記述し、Aの結果が偽(false)以外であれば、Aの値をそのまま出力、それ以外はBを出力という意味を持ちます。

たとえば以下のように書きます。

```
echo $value ?: "値がありません";
```

$valueがたとえば文字列でHello World!が代入されていた場合、そのまま出力されます。代わりにfalseが代入されていた場合は**値がありません**と出力されます。初学者にとって条件文は特に躓きやすいポイントの1つです。条件文がわからない状態では三項演算子やエルビス演算子を理解するのにも苦労をしてしまいます。最初は条件文含むif文の仕組みを正しく理解し書けるようになることがとても大切です。ゆえに、学びたてのうちは、このような書き方があるんだ程度の認識で留めておくと良いでしょう。

---

†1 ?:が欧米圏の歌手であるエルビス・プレスリーが由来と言われています。?:を縦にしてよく見ると顔文字のように見えてきませんか。?がリーゼント、:が目です。

Column 複雑な条件式

今まで解説した条件式は、そこまで複雑なものではありません。実務などでアプリケーションを開発する際は、これらの条件式を複雑に組み合わせて1つのプロダクトとして作り上げます。先ほどの例を用いて複数の条件式を組み合わせるには、次のようにします。

```
($age >= 20 && $isStudent === true) || $isAdult === true
```

先ほどの条件式に「もしくは$isAdultがtrueである場合」を加えたものです。$isAdultが大人であるかどうかの真偽値を格納している変数だと仮定しています。

この場合、この条件式は**年齢が20歳以上かつ学生、もしくは大人**という意味になります。このようにAND条件やOR条件は組み合わせていくことができます。

ここで疑問に思った方もいらっしゃるかもしれません。そう、評価順序です。上記の例は括弧をつけて明示的に評価順序を指定しています。括弧は、囲われた内部から優先的に実行する意味合いを持つものです。数学と同様ですね。

たとえば数学では1 + 2 * 3と(1 + 2) * 3では結果が異なります。前者は7であり、後者は9です。数学と同様にプログラミングでも括弧は計算順序に影響があります。では、括弧を付けなかった場合の次のコードはどうなるでしょうか。

```
$age >= 20 && $isStudent === true || $isAdult === true
```

何が優先的に実行されていくのかわかりません。PHPの条件式は**左から逐次に処理されていきます**が&&や||

にも実行における評価順序があります。PHPでは || よりも&&のほうが実行時の優先度が高くなります。つまり、このコードの実行結果は先ほど括弧で例を示したコードと同様になります。

```
($age >= 20 && $isStudent === true) || $isAdult === true
```

また、この&&や||の左右も等しく左オペランド、右オペランドともいいます。

```
(expr1 && expr2) || expr3
```

上記の条件式を用いて仮定してみましょう。expr1[†1]とexpr2の間の&&から見て、expr1は左オペランドであり、expr2は右オペランドです。また||から見て左側のexpr1 && expr2は左オペランドといい、expr3を右オペランドといいます。

さて、PHPには実行順序に優先順位が決まっていると解説しました。仮に評価順序が定かではない場合、どうなるのでしょうか。仮に評価順序を気にしない場合、

```
($age >= 20 && $isStudent === true) || $isAdult === true
```

このように処理をするべきか、もしくは、

```
$age >= 20 && ($isStudent === true || $isAdult === true)
```

上記のように処理するべきか決定できません。$isStudentが左オペランドも右オペランドも持っていることで、どちらから優先的に処理するべきか、プログラムはわからなくなってしまいます。

そもそもなぜ、&&のほうが評価順序の優先度が高く、||のほうが低いのでしょうか。

&&は「AかつBかつC……」と続けていくことで、真になり得る可能性が低くなっていきます。逆に||は「AまたはBまたはC……」と続けていくことで真になり得る可能性が高くなります。これはまるで積と和、つまり掛け算と足し算と同等の仕組みなのです。では、どのような部分が掛け算、足し算なのでしょうか。真を1以上、偽を0として次の表を見てみましょう。

・論理積

	真(1)	偽(0)
真(1)	1 AND 1 = 1	1 AND 0 = 0
偽(0)	0 AND 1 = 0	0 AND 0 = 0

・掛け算

	真(1)	偽(0)
真(1)	1 × 1 = 1	1 × 0 = 0
偽(0)	0 × 1 = 0	0 × 0 = 0

論理積と掛け算では、表のとおり同じ結果になることがわかります。では足し算の表も見てみましょう。

・論理和

	真(1)	偽(0)
真(1)	1 OR 1 = 1	1 OR 0 = 1
偽(0)	0 OR 1 = 1	0 OR 0 = 0

・足し算

	真(1)	偽(0)
真(1)	1 + 1 = 2(1以上となる)	1 + 0 = 1
偽(0)	0 + 1 = 1	0 + 0 = 0

同様の結果になりましたね。AND条件が論理積、OR条件が論理和だと言われる所以がわかってきたかなと思います。そして、算数や数学の世界では一般的には掛け算の評価順序は足し算よりも高いという決まりのため、プログラミング言語でも踏襲されていると考えてもらうとわかりやすいでしょう。ゆえに、自身で評価順序をコントロールしたい場合は、括弧を使って評価順序を変える必要が生じるのです。なお、評価順序についてはPHPの公式マニュアルに記載があります。

・PHP公式マニュアル

https://www.php.net/manual/ja/language.operators.precedence.php

†1　exprはexpressionで式の略です。条件式を表すときに用いられるキーワードです

Column ド・モルガンの法則

プログラミング言語の条件式で、反対の意味を組み合わせて表したものの全体を否定することで、もとの条件式と同じ意味を表そうとしたとき起こる一般法則のことを、ド・モルガンの法則と言います。

ド・モルガンの法則は高校数学でも習う法則です。A ∪ Bは^ (^A ∩ ^B) と同じ性質だといったものです。これだけでは意味がわからないでしょうから、実際にどういうことかコードで見てみましょう。先ほどのコラムで紹介した次の条件式を用います。

```
if ($age >= 20 && ($isStudent === true || $isAdult === true)) {
    // OK とする
}
```

これは「年齢が20歳以上かつ、学生もしくは大人」という意味を持つ条件式です。この逆の考え方をしてみましょう。この条件は「20歳未満の場合、および、学生とも言えず大人とも言えない場合、という条件に該当してはいけない」と言うのと同じ意味でもあります。

```
if ($age < 20 || ($isStudent === false && $isAdult === false)) {
    // NG とする
}
```

論理をひっくり返して表してみると、元の&&と||が逆になる現象が起きます。これがド・モルガンの法則です。

ド・モルガンの法則の考え方はプログラムの処理速度の改善につなげられる可能性も秘めています。論理演算は、後に何が続いても結果はもう確定だとわかった時点で、無駄な残りの計算をしないようになっているのが一般的です。&&は手前でfalseになると、後が何であっても結果がfalseになることが確定ですし、||は手前でtrueになると、後が何であっても結果がtrueになることが確定です。この性質（ショートサーキット）を利用して、計算を早めに打ち切ることができるのです。

少し考えなければなりませんが、次のような書き換えを行うことで条件分岐が最小コストとなる可能性があります。

```
if (($isStudent === false && $isAdult === false) || $age < 20) {
    // NG とする
}
```

該当者が少なく、大きく分かれる理由の多くが学生かどうかだったときは、真っ先にその判別をするのがよいでしょう。学生だった時は、大人かどうかを調べる必要はありません。学生でなかったときだけ、大人でもないんじゃないかと調べ、もしそうならそれで判定を終了できます。年齢の条件を確認する必要が生じるのは「学生でないからダメ、大人でないからダメ」と、早期NG判定で終了できなかった場合だけに絞られます。

初心者向けのテクニックとは言えないかもしれませんが、プログラマーやITエンジニアとして働くのであれば身につけておきたい考え方です。

Column PHPの型

PHPには型（type）と呼ばれる、その値がどんな形式のものなのかを示すものがあります。たとえば、先ほど紹介した`$age = 18`といったコードの18は整数リテラルであり整数型と呼ばれるものです。

他にも文字列型や、論理値型（真偽値）など組み込みの型がいくつかあります。型があることによって、その変数や関数がどういった値を持っているのか、どういう値を代入すればいいのか、コードの読み手がわかりやすくなります。本書は初学者向けの書籍ではありますが、型というキーワードは頻出するので、本コラムで少し紹介しておきます。

PHPの組み込み型には次のような型があります。

総称	型名	読み方	日本語名	どういうときに使われるか	例

	null	ヌル
		ナル（一部の界隈）
			ヌル型	値が“存在しない”とき	$var = null;
					
					if ($var === null) {
					echo "var は null です。";
					}

	array	アレイ	配列型	複数の値の集合を作りたいとき	$var = [1, 2, 3];
					
					if ($var[0] === 1) {
					echo "var[0] は 1 です。";
					}

	object	オブジェクト	オブジェクト型	クラスを用いたときなど	$var = new stdClass();
					
					if (is_object($var)) {
					echo "var は オブジェクトです。";
					}

	resource	リソース	リソース型	ファイルハンドルやストリームなどを用いたとき	$var = fopen('/path/to/file.txt', 'r');
					
					if (is_resource($var)) {
					echo "var は リソースです。";
					}

総称	型名	読み方	日本語名	どういうときに使われるか	例

スカラー型
(scalar)
	bool	ブール
		ブーリアン
			ブール型
			ブーリアン型
			真偽値型
			true/false型
			T/F型
				真偽値(T/F)で示したいとき	$var = true;
					
					if ($var === true) {
					echo "var は true です。";
					}

	int	イント
		インテジャー
			イント型
			インテジャー型
			整数型
			数値型
				四則演算などで整数値を使用したい場合	$var1 = 1;
					$var2 = 2;
					
					$var = $var1 + $var2;
					if ($var === 3) {
					echo "var は 3 です。";
					}

	float	フロート	フロート型
			浮動小数点型
				小数点以下を用いたい場合。整数値同士で割り算し、余りがある場合。	$var1 = 0.1;
					$var2 = 0.2;
					
					// 浮動小数点は丸め誤差などによって正確に四則演算できない場合があるので、round 関数で桁をそろえています。
					$var = round($var1 + $var2, 1);
					
					if ($var === 0.3) {
					echo "var は 0.3 です。";
					}

	string	ストリング	文字列型	テキストを用いたい場合	echo "Hello World!";

以下は変数の型としては用いられませんが、以降解説する関数の戻り値などで用いられる型です。

型名	読み方	日本語名	どういうときに使われるか	例
never	ネバー(ネヴァー)	ネバー(ネヴァー)型	到達されない、使われないことを示すとき	使う用途が非常に限定的なので例は省略
mixed	ミックスド	ミックスド型	型を指定していないときなど	型を書いていないときにあてはまるので省略
void	ヴォイド	ヴォイド型	関数やメソッドの戻り値がないとき	使う用途が限定的なので例は省略

より型について詳しく知りたい場合は、公式のマニュアルを参照してみてくださいね。

・PHPの公式マニュアル

https://www.php.net/manual/ja/language.types.type-system.php

4-6 文字列の結合を学ぼう

「出力」、「文字列・整数」と「条件分岐」について学んできました。条件分岐の節では条件によって文字列を出力していますが、よくよく見ると似たような文字列を出力していることに気がついたでしょうか。

このような状況は好ましくありません。たとえば1文字変更したい要求があったときにechoと書かれている行すべてを変更する必要が生じるかもしれません。これでは非常に手間がかかってしまいます。加えて変更漏れも起こるかもしれません。

では、どのように対応すれば良いでしょうか。

文字列の結合を使うことで、同じような文章を書かなくて済むようにしてみます。先ほど扱った以下のコードを題材にて解説します。

```
<?php

// あなたの年齢を入力
$age = 18;

if ($age >= 20) {
    echo "私は 20 歳以上です。";
}
elseif ($age >= 15) {
    echo "私は 15 歳以上です。";
}
else {
    echo "私は 15 歳未満です。";
}
```

「私は～歳以上です。」「私は～歳未満です。」という文章が類似していますね。たとえばここから句点の「。」を取り除きたいとしたとき3行とも変更を加えなければいけません。そこで文字列の結合を使うことで、この手間の省略と変更漏れを防ぐことができます。

そもそも文字列の結合とはなんでしょうか。文字列結合は**特定の文字列Aと特定の文字列Bを1つの文字列**にすることを指します。PHPではこの1つの文字列にする際にAとBを.(ドット)でつなぎ合わせることで結合できます。

```
echo "Hello" . "World!";
```

文字列リテラルを用いた文字列結合に旨味はほとんどありません。しかし、文字列結合の本領は、文字列が代入されている変数同士を結合できるという点に発揮されます。

```
// $var1 と $var2 を結合した結果を出力
echo $var1 . $var2;
```

上記のように変数を用いることで任意の2つの文字列を結合させることができます。

もちろん2つの文字列だけではなく任意の文字列の数をドットで、つなぎ合わせることで1つの文字列にすることもできます。

```
// $var1、 $var2 と $var3 を結合した結果を出力
echo $var1 . $var2 . $var3;
```

これを用いていきましょう。次のコードをTestConcatString.phpと名付けて保存します。

```
<?php

// あなたの年齢を入力
$age = 18; <―――――――――――――①

// 以上か、未満かを表示するための文字列用の変数
$suffix = "以上";

if ($age >= 20) {
    $upper = "20";
}
elseif ($age >= 15) {
    $upper = "15";
}
else {
    $upper = "15";
    $suffix = "未満";
}

echo "私は" . $upper . "歳" . $suffix . "です。";
```

次に以下のコマンドで実行してみましょう。

```
php TestConcatString.php
```

▼図4-12 TestConcatString.phpの実行結果

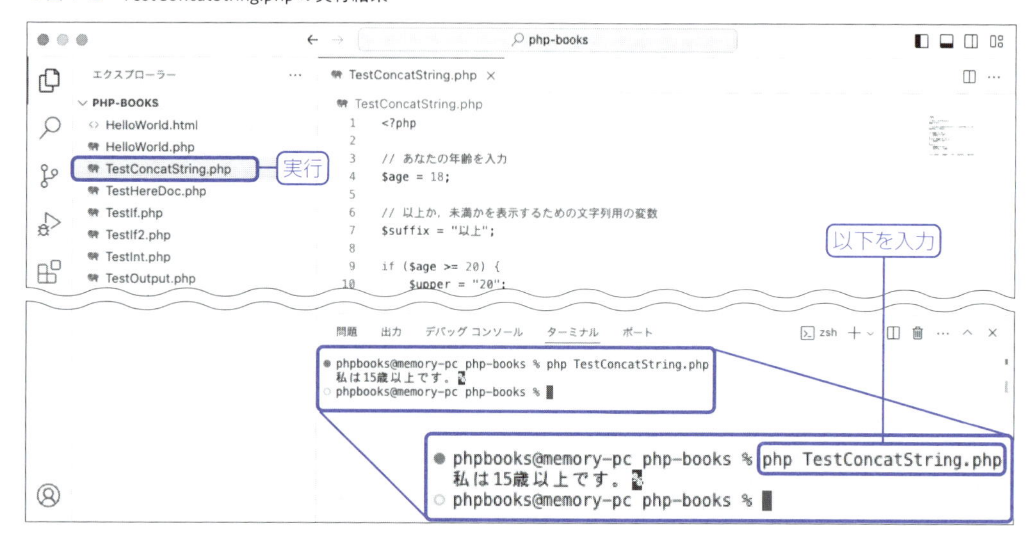

文字列が結合されて出力されていることがわかりましたね。またechoと書かれている行が1つになりました。echo "私は" . $upper . "歳" . $suffix . "です。"; の行末の句点「。」を削除し、以下のようにして表示してみましょう。

```
echo "私は" . $upper . "歳" . $suffix . "です";
```

▼図4-13 TestConcatString.phpの実行（句点を削除）

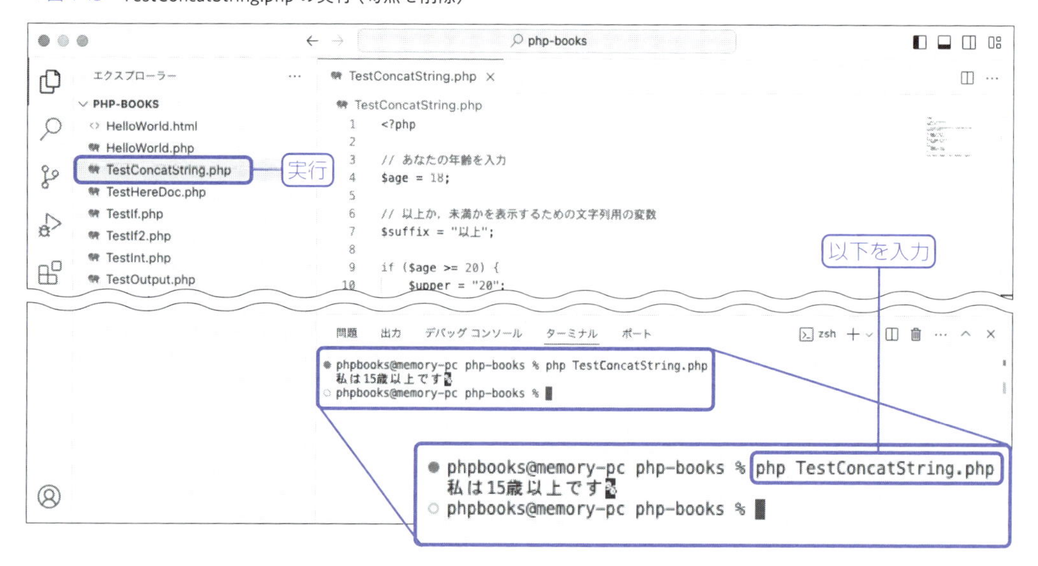

句点が正しく削除された状態で出力されることが確認できました。前節と同様に①の $age の値を20に変更して再度次のコマンドで実行してみましょう。

```
php TestConcatString.php
```

▼図4-14　TestConcatString.phpの実行結果（値を20に修正）

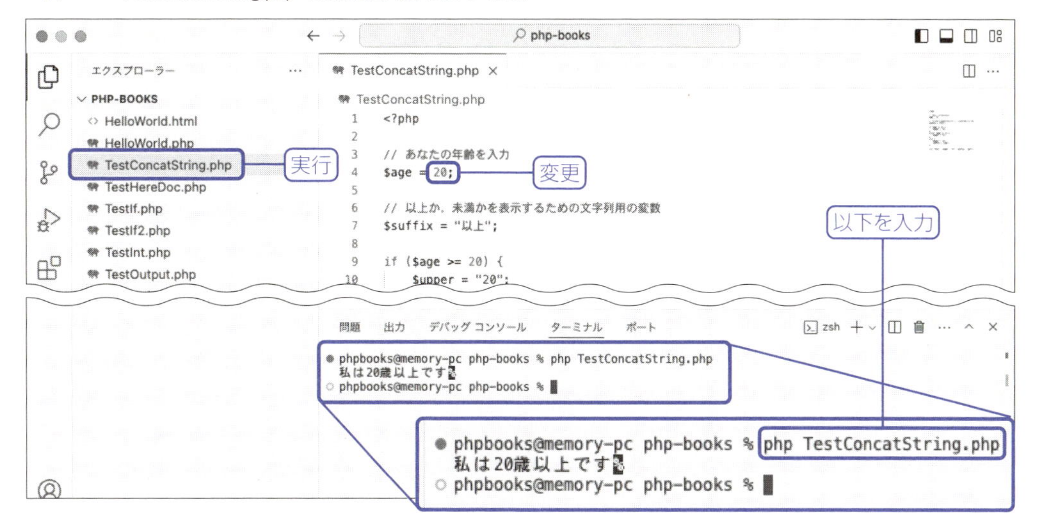

句点が削除されたまま「私は20歳以上です」と出力されることがわかりました。最後に①を13にして同様にコマンドを実行してみましょう。

▼図4-15　TestConcatString.phpの実行結果（値を13に修正）

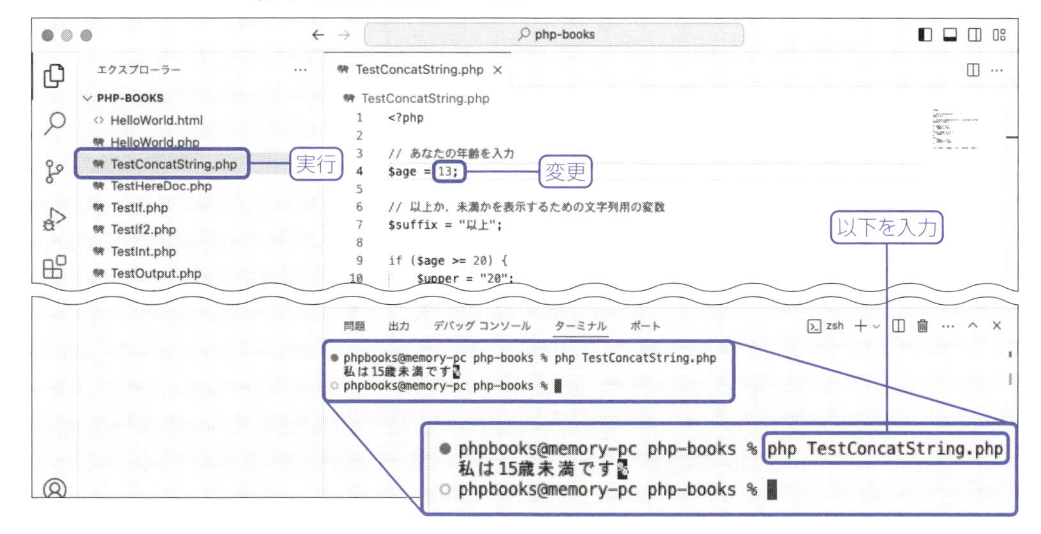

「私は15歳未満です」と句点がない状態で出力されていることがわかりました。このように、文字列結合を駆使することで変更個所を減らしたり、似たような処理を共通化することはプログラミングを行う上では基礎の1つです。文字列結合とは謳っているものの、文字列以外も結合させることができます。

```
$var1 = "Hello";
$var2 = 12345;

echo $var1 . " " . $var2;
```

上記の出力結果はHello 12345のようになります。上記の例は文字列と整数の結合例です。整数は一度文字列に変換[注20]され出力されます。

なお、以下のようにドットでの文字列結合を用いないで1つの文字列にすることもできます。

```
echo "私は{$upper}歳{$suffix}です。";
```

ただし、この手法は次章で解説している関数では扱えないため一部制約があります。そのため、ドットで文字列を結合する方法はPHPにおける文字列結合の原則として覚えておくと良いでしょう。

どちらが書き方として良いかは、書き手（読者のあなた）や、チーム開発のルールによって異なります。さまざまな書き方があるということを理解しておくと良いでしょう。

4-7 配列を学ぼう

4-7-1 配列の基礎と純粋な配列（リスト型配列）

PHPに限らず、プログラミングにおいて配列は特に重要な役割であり、基礎の1つです。たとえば配列を知らずに1から5までの整数を使う変数を用意するとなった場合、次のように定義することになるでしょう。

```
$var1 = 1;
$var2 = 2;
$var3 = 3;
```

注20 別の型から別の型へ変換することを**キャスト**と言います。なお、このようにPHPのランタイムによって機械的にキャストされることを**暗黙のキャスト（または暗黙の型変換）**といいます。他にもif文で用いられる式のダブルイコール（==）でも暗黙のキャストは行われます。このように機械的にキャストされるものがPHPのランタイム上ではいくつかありますが、初学のうちは、このようなものもあるんだな程度に認識しておくと良いでしょう。

```
$var4 = 4;
$var5 = 5;
```

これは5までの整数ですが、これがもし128, 1024, 8192……などと増えていくとどうなるでしょうか。その数だけ変数を用意することになり非常に煩わしく、何よりも扱いにくいものです[注21]。配列を用いることで、複数の値を1つの配列という箱に保持できるようになり、これらの課題を解決できます。

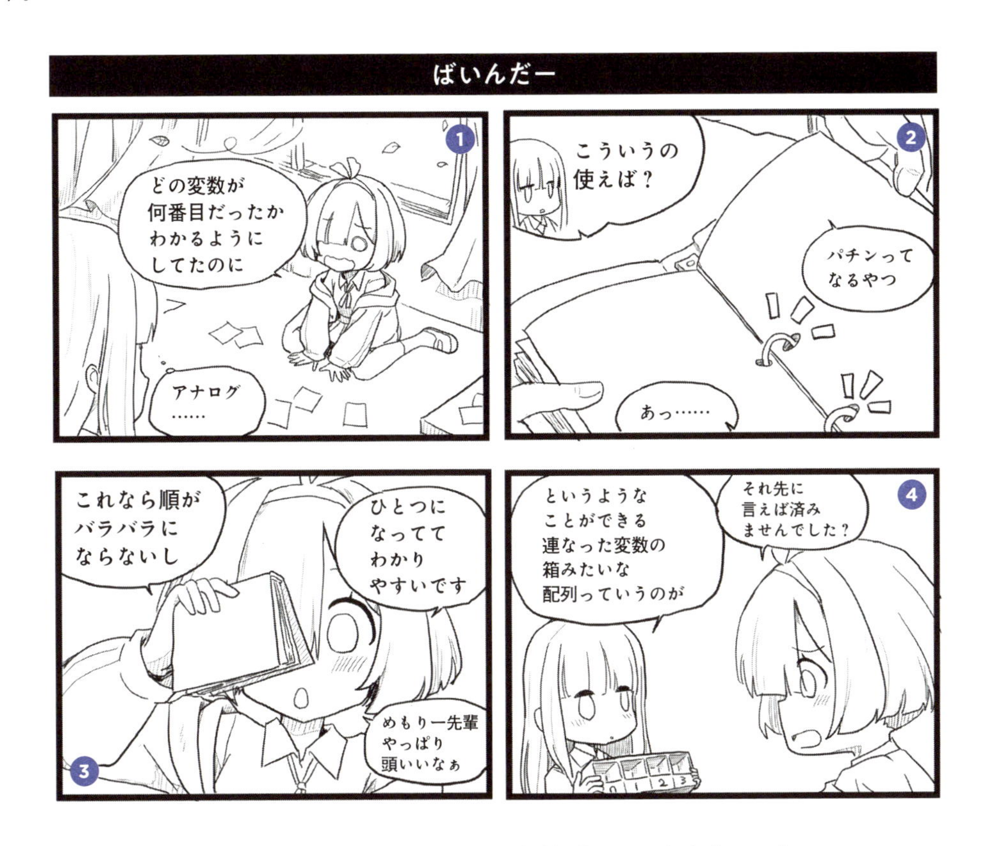

PHPにおける配列は [と] (ブラケット、Bracket、角括弧) に囲われたものです。

配列に入っている値を**要素 (Element)** といったり、そのまま**値 (Value)** と言ったり、**エントリー (Entry)** と言ったりします。配列は複数の要素の集合で、要素が複数ある場合は、カンマで区切られます。なお、要素は狭義には添字と値のペアのことを指します。純粋な配列のことを**リスト型の配列**といったりします。たとえば次のとおりです。

注21　腱鞘炎になるかもしれません。プログラマーにとって手は必須な仕事道具の1つですので丁重に労りましょう。

```
$array = [1, 2, 3, 4, 5];
```

変数名のあとにブラケットで添字(Key)を囲うことで、配列のアクセス(要素を取得するともいう)ということを示します。たとえば次のようにすると配列にアクセスできます。

```
//          ↓ 0 が添字 ( Key ) の指定
echo $array[0];
```

次のコードをTestListArray.phpと保存しましょう。

```
<?php
$array = [1, 2, 3, 4, 5];

//          ↓ 0 が添字 ( Key ) の指定
echo $array[0];
```

ターミナルで次のように実行します。

```
php TestListArray.php
```

実行すると図4-16のとおり、1が出力されることがわかります。

▼図4-16　TestListArray.phpの実行結果

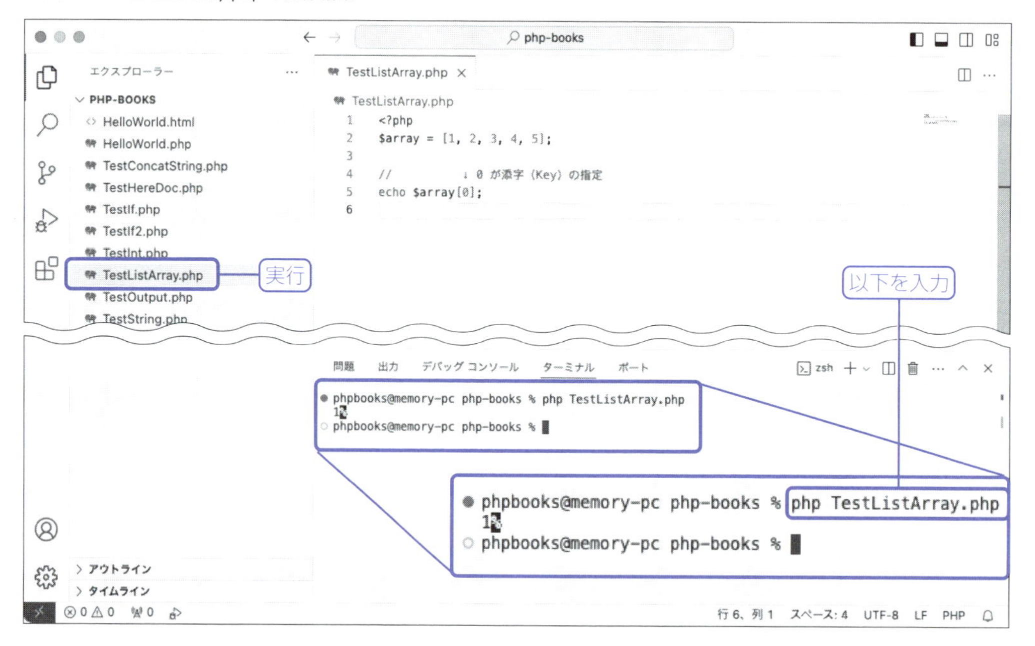

これは添字の0番目に1という値が入っており添字の0番目を`$array[0]`と指定して取得しているためです。通常、配列は添字を書き手が指定しない場合、表4-7のように0から始まり、1, 2, ……のように添字が機械的に付与されます。この0から始まる添字のことを**zero-based numbering(ゼロベースドナンバリング)**、**zero-based indexing(ゼロベースドインデクシング)**とも言い、もしくは**zero origin(0オリジン、ゼロオリジン)**[注22]といいます。

▼表4-7　配列と添え字

添字	値	使用例
0	1	$array[0]
1	2	$array[1]
2	3	$array[2]
3	4	$array[3]
4	5	$array[4]

```
//        +- 添字 0
//        |  +- 添字 1
//        |  |  +- 添字 2
//        |  |  |  +- 添字 3
//        |  |  |  |  +- 添字 4
//        |  |  |  |  |
$array = [1, 2, 3, 4, 5];
```

先ほど`TestListArray.php`で記述した添字の`0`の部分を1や3などに置き換えると、それぞれ対となる値が出力されることがわかります。

配列はこのように取得する以外にも、要素を追加したり変更したりできます。要素を追加するには、指定した添字に追加させるか、もしくは機械的に最後の添字の次のナンバリングにするかの2つの方法があります。指定した添字の場合は`$array[`**追加したい添字**`]`に対して代入、機械的に最後の添字の次のナンバリングにする場合は`$array[]`に代入を行えばできます。添字の5番目に値を代入してみましょう。

```
$array[5] = 6;

// もしくは

$array[] = 6;
```

注22　一般的に用いられる用語であるゼロオリジンは和製英語であることに注意してください。

このようにすると、新しく次の表のように添字5番目の要素が追加されます。

添字	値	使用例
0	1	$array[0]
1	2	$array[1]
2	3	$array[2]
3	4	$array[3]
4	5	$array[4]
5	6	$array[5]

変更の場合は追加と同様に次のように書きます。たとえば添字が3番目の値を999にしたい場合は次のようにします。

```
$array[3] = 999;
```

添字を指定していないと何を変更したらよいかプログラム側で判断ができないため、$array[]への代入で値を変更することはできません。また、上記の記述は指定した添字に要素が存在していなければ追加、存在していれば変更である点に注意しましょう。上記の結果は次の表のようになります。

添字	値	使用例
0	1	$array[0]
1	2	$array[1]
2	3	$array[2]
3	999	$array[3]
4	5	$array[4]
5	6	$array[5]

また、今回は整数だけで要素が構成されている配列を紹介しましたが、整数以外の値も配列に入れることもできます[注23]。

```
$array = ["Hello World!", true, 23, [1, 2, 3], false];
```

ただ、このような使い方はめったにしません。配列は整数なら整数だけ、文字列なら文字だけとすることが一般的です。そもそも配列の中に多様な型を入れることができないプログラミング言語がほ

注23　配列の中に入っている配列を多次元配列（N次元配列）と言います。今回の例では[1, 2, 3]という配列が$arrayという配列の中に入っているため、二次元配列ともいいます。この配列の中に配列が入るのが増えると三次元配列、四次元配列……のようにNが増えていきます。

とんどです[注24]。配列にどういった型の値が入っているか明確になっていることが書き手のコードを読む負担を減らしたり、コードをシンプルに保つことにつながります。

4-7-2 連想配列の基礎とリスト型配列との違い

先ほどの節では、純粋な配列であるリストについて学びました。PHPは**辞書(ディクショナリ)型の配列**もサポートしています。PHPではこれを**連想配列**と呼びます。リスト型の配列は、添字が整数かつゼロインデックスから機械的に始まっていきますが、連想配列は添字が不連続です。添字には文字列を使うのが一般的です。

PHPで連想配列を表現するには"添字" => 値のように記述します。複数ある場合はリスト型の配列と同様にカンマで区切ります。

例を見てみましょう。

```
$array = [
    "one" => 1,
    "two" => 2,
    "three" => 3,
    "four" => 4,
    "five" => 5,
];
```

この連想配列を使用するにはブラケット([と])で囲まれてる値を、リスト型の配列の節で解説した整数ではなく文字列で書きます。

```
//          ↓ "one" が添字 ( Key ) の指定
echo $array["one"];
```

上記の例はoneという文字列リテラルを指定した添字で要素を取得しようとしている例です。実際に試してみましょう。次のコードをTestAssociationArray.phpと保存します。

```
<?php
$array = [
    "one" => 1,
```

注24 多くのプログラミング言語、とりわけコンパイラ言語では配列の要素数をあらかじめ指定してその分メモリを確保する形式のものが多いです。ゆえに、どの程度確保すればよいか、指定した型から算出されます。一方で、PHPを含む多くのLLでは機械的にメモリの使用量を調整してくれたり型を考えないでコードが書ける手軽さがあります。ただ、多様な型を許容する仕組みがあるがゆえ「メモリを確保する」という処理が必要となり、場合によってはパフォーマンスに課題が出たりすることもあるでしょう。

```
    "two" => 2,
    "three" => 3,
    "four" => 4,
    "five" => 5,
];

//          ↓ "one" が添字 ( Key ) の指定
echo $array["one"];
```

ターミナル上で以下のように実行します。

```
php TestAssociationArray.php
```

実行すると図4-17のように、1が出力されることがわかります。

▼図4-17　TestAssociationArray.phpの実行結果

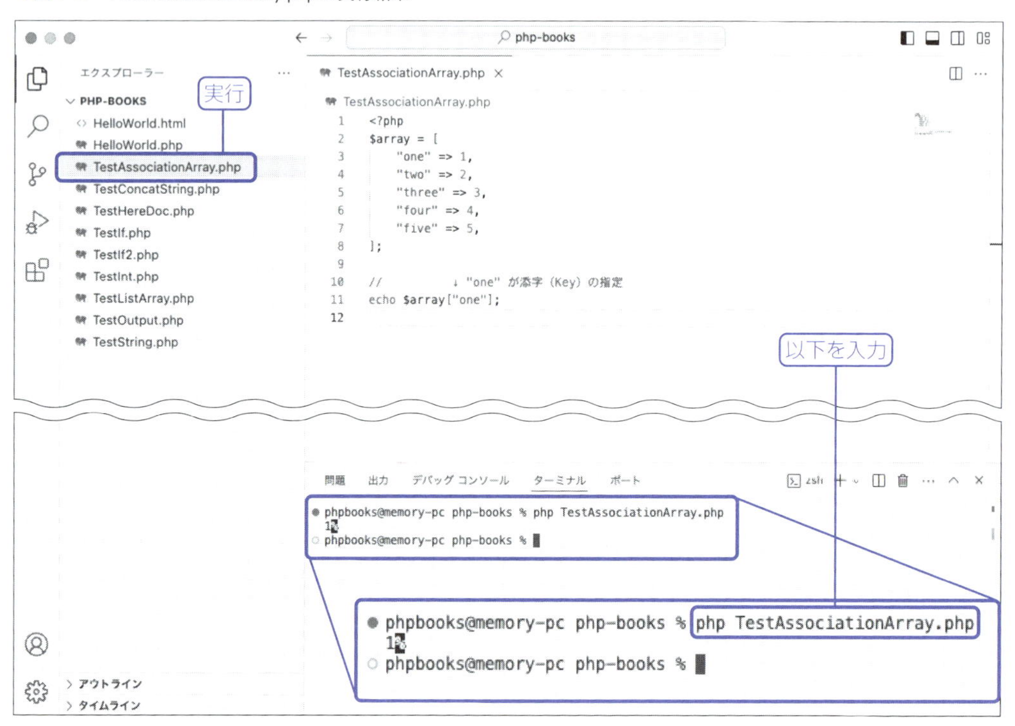

それぞれの連想配列の取得方法は次のようになります。

添字	値	使用例
one	1	$array["one"]
two	2	$array["two"]
three	3	$array["three"]
four	4	$array["four"]
five	5	$array["five"]

先ほどTestAssociationArray.phpで記述した添字のoneの部分をtwoやfiveなどに置き換えると、それぞれ対となる値が出力されることがわかります。リスト型の配列と同様に整数だけではなく、以下のように連想配列に文字列の値を代入することもできます。

```
$array = [
    "key" => "Hello World!",
];

// "key" という添字で配列の値である "Hello World!" を出力させられます。
echo $array["key"];
```

連想配列とリスト型配列を比較してみましょう。リスト型の配列は値が1つ増えることで機械的に添字が変わる性質をもっています。たとえば以下のリスト型の配列があったとしましょう。

```
$array = [
    "Hello",
    "World!",
];
```

Helloの添字は0、World!の添字は1です。ここでHelloとWorld!の間にCatを入れるとどうなるでしょうか。

```
$array = [
    "Hello",
    "Cat",
    "World!",
];
```

World!の添字が1から2に変わります。しかし、連想配列だとどうでしょうか。

```
$array = [
    "greeting1" => "Hello",
    "animal"    => "Cat",
    "greeting2" => "World!",
];
```

連想配列はこのように、要素の間に"animal" => "Cat"が増えても、HelloとWorld!の添字はそれぞれgreeting1、greeting2から変わらない性質があります。 また次のように添字を文字列ではなく整数指定することもできます。

```
$array = [
    1000 => 1,
    1001 => 2,
    1002 => 3,
    1003 => 4,
    1004 => 5,
];
```

なお、整数を指定してもリスト型配列にはなりません。連想配列とリスト型配列の主な違いは**ゼロインデックスであり、かつシーケンシャル**[注25]**であるかどうか**にあります[注26]。

4-7-3 配列の結合

文字列の結合と同様に配列同士を結合したいケースもあります。PHPには、配列を結合する方法として2種類あります。1つめはスプレッド構文を用いる方法と2つめは+で結合する方法です。それぞれ解説していきます。

スプレッド構文(Spread Syntax;スプレッド演算子(Spread Operator)とも言う)とは...のドット3つからなるもので、配列が代入されている変数など配列の先頭につけることで配列を展開(アンパック)させることができます[注27]。この性質を用いて、配列同士を結合させることができます。早速、次の2つの配列を用意してみます。

```
$array1 = [
    "Hello",
    "World!",
];

$array2 = [
```

注25　ナンバリングされている添字に番号の欠如がない状態。たとえば、0, 1, 2, 4, は3が欠如していてシーケンシャルではありませんが、0, 1, 2, 3であれば欠如している番号がないためシーケンシャルであると言えます。

注26　PHPはプログラミング言語の歴史上、リスト型配列と連想配列の間に大きな違いはありませんでした。PHP 8.1よりリスト型配列と連想配列を分別する関数が導入されました。これによってユーザーから送られてきたデータがリスト型配列なのか、連想配列なのか検証を行うユースケースに対応しやすくなったのです。

注27　PHPではスプレッド構文という呼称ではなく「配列のアンパック(unpack)」という呼び方をしています。またスプレッド構文ではなくRubyのようにsplat(スプラット)演算子という呼び方をするプログラミング言語もあります。本書では、便宜上一般的に用いられる用語であるスプレッド構文で呼称を統一します。

```
    "こんにちは",
    "世界！",
];
```

結合するには次のようにします。

```
// 配列を結合する
$array = [
    ...$array1,
    ...$array2,
];
```

実際に次のコードをTestSpread.phpとして保存し実行してみましょう。

```
<?php

$array1 = [
    "Hello",
    "World!",
];

$array2 = [
    "こんにちは",
    "世界！",
];

$array = [
    ...$array1,
    ...$array2,
];

// print_r は配列の中身を表示するのに便利な関数です。
// 今回のような配列が結合されたかどうかを確認するのにも有用です。
print_r($array);
```

次のコマンドをターミナルで実行してみましょう。

```
php TestSpread.php
```

実行すると図4-18のように配列が結合されて表示されていることがわかりましたね。

▼図4-18　TestSpread.phpの実行結果

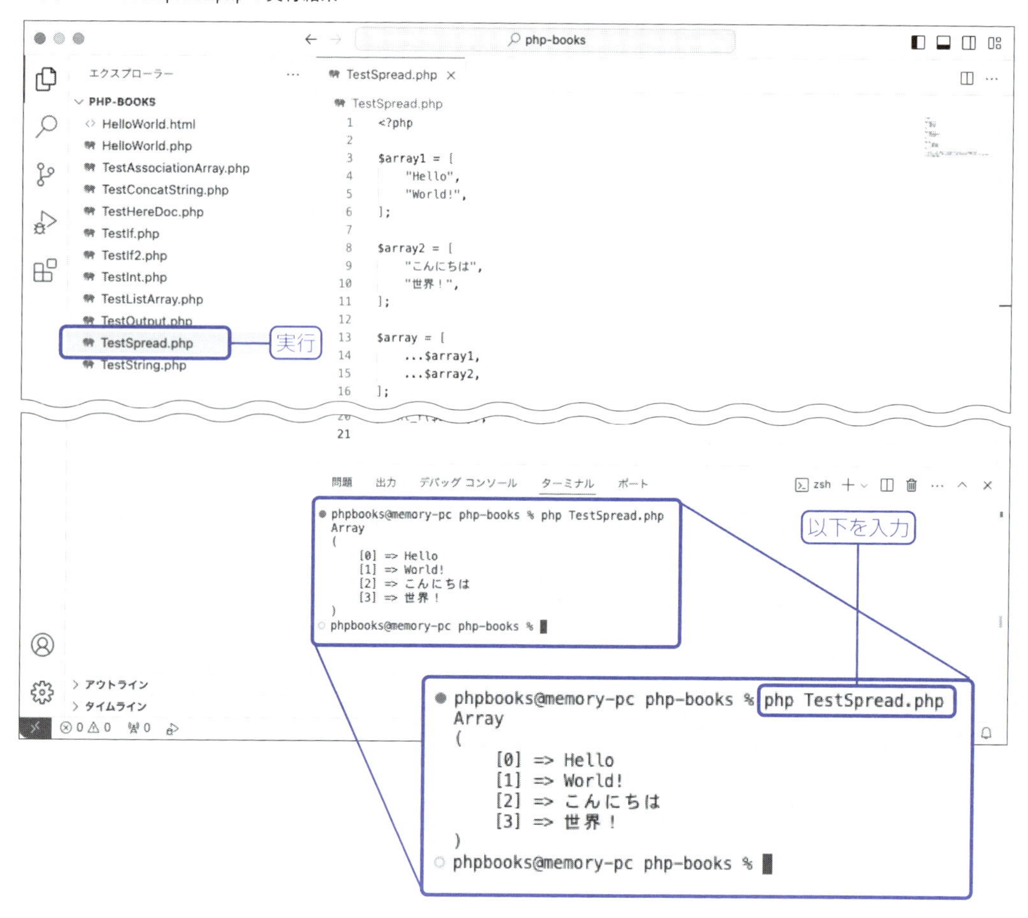

この例では2つの配列が代入された変数を展開しようとしている例ですが、もちろん2つ以上同時に展開させることもできます。

```
// 配列を結合する
$array = [
    ...$array1,
    ...$array2,
    // $array3 も加えて展開する例
    ...$array3,
];
```

また、変数に格納せずに直接要素を追加したり、配列を直接展開させることもできます。

```
// 配列を結合する
$array = [
    ...$array1,
    ...$array2,

    // スプレッド構文で展開している中で、普通に要素を追加する例
    "Hallo",
    "Welt!",

    // または、変数に格納していない配列を展開する例
    ...["Hallo", "Welt!"],
];
```

さて、もともとの例ではリスト型の配列である`$array1`、`$array2`ともに、それぞれの添字は`0`と`1`になりますが、結合した場合、添字が割り振りなおされます。`$array`では`Hello`, `World!`、こんにちは、世界！が要素となり、添字もそれぞれ次の表のとおり`0`から`3`のようになります。

添字	値	使用例
0	Hello	$array[0]
1	World!	$array[1]
2	こんにちは	$array[2]
3	世界！	$array[3]

これはリスト型配列の場合です。連想配列の場合は添字は振りなおされません。実際に添字が振りなおされないか確認するために、次のように`TestSpread2.php`を作成して試してみましょう。

```
<?php

$array1 = [
    "greeting_english_1" => "Hello",
    "greeting_english_2" => "World!",
];

$array2 = [
    "greeting_japanese_1" => "こんにちは",
    "greeting_japanese_2" => "世界！",
];

$array = [
    ...$array1,
    ...$array2,
];
```

```
print_r($array);
```

次のコマンドで実行します（図4-19）。

```
php TestSpread2.php
```

▼図4-19　TestSpread2.phpの実行結果

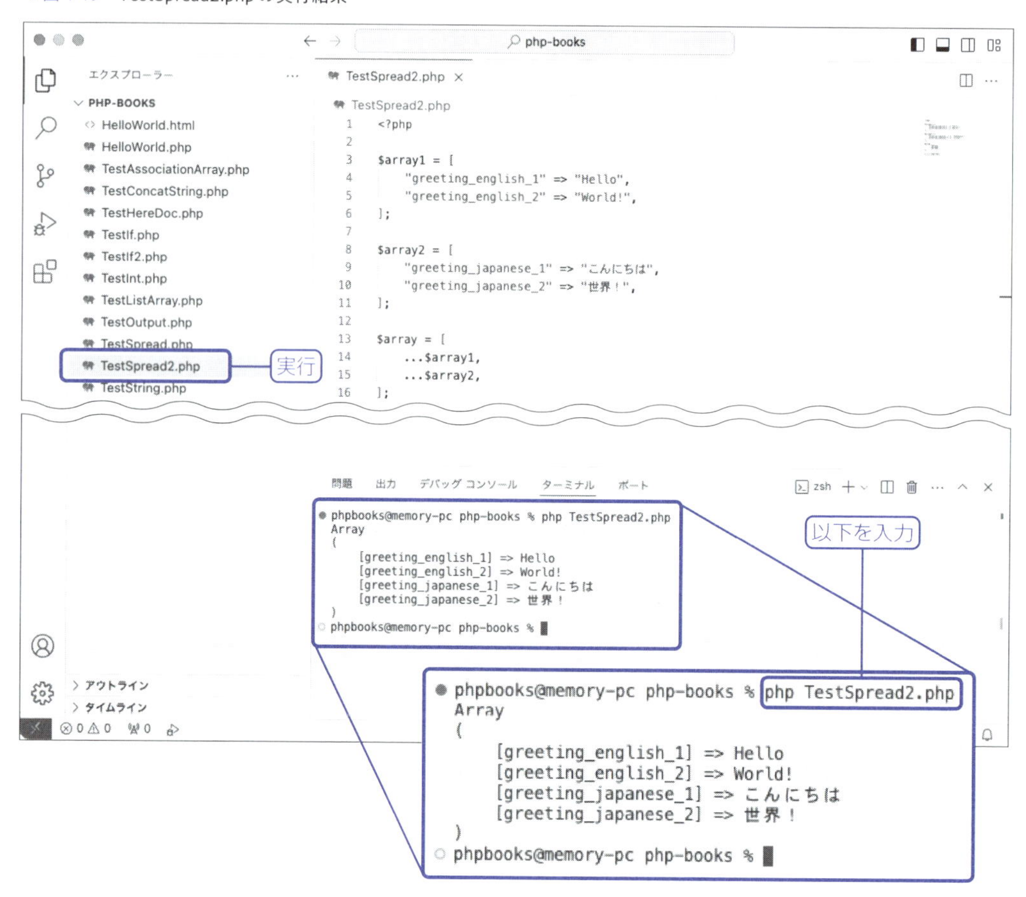

2つの配列を結合しても添字が変わっていないことがわかりましたね。

```
$array = [
    // ←——————————————①
    ...$array1,
    ...$array2,
    // ←——————————————②
];
```

上記の配列の結合の結果は次表のとおりになります。

添字	値	使用例
greeting_english_1	Hello	$array["greeting_english_1"]
greeting_english_2	World!	$array["greeting_english_2"]
greeting_japanese_1	こんにちは	$array["greeting_japanese_1"]
greeting_japanese_2	世界！	$array["greeting_english_2"]

同じ添字だった場合は、添字は新しく要素を追加しようとしている値に上書きされます。TestSpread2.phpを次のように書き換え、先ほどのコードの②に["greeting_english_2" => "Cat!"]を加えてみましょう。

```
<?php

$array1 = [
    "greeting_english_1" => "Hello",
    "greeting_english_2" => "World!",
];

$array2 = [
    "greeting_japanese_1" => "こんにちは",
    "greeting_japanese_2" => "世界！",
];

$array = [
    ...$array1,
    ...$array2,
    ...["greeting_english_2" => "Cat!"],
];

print_r($array);
```

同様にターミナルで実行しましょう（図4-20）。

```
php TestSpread2.php
```

▼図4-20　TestSpread2.phpの実行結果

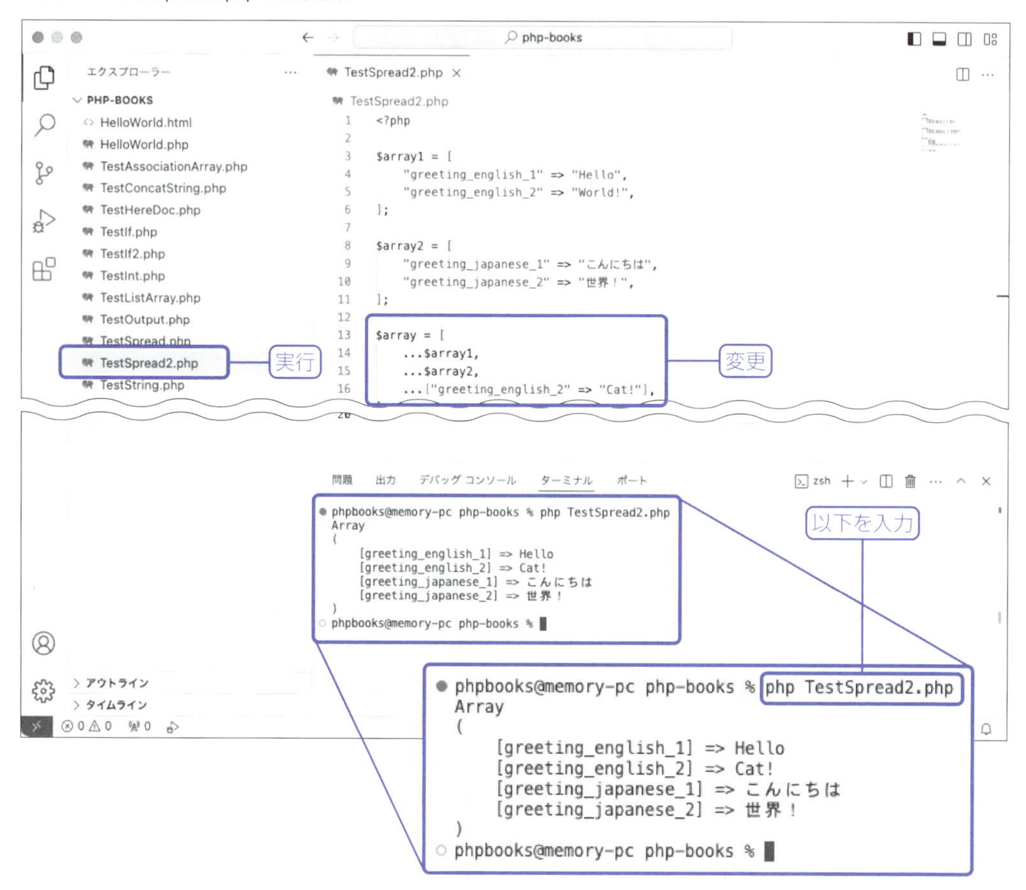

実行するとgreeting_english_2がWorld!からCat!に置き換わっていることがわかりましたね。

添字	値	使用例
greeting_english_1	Hello	$array["greeting_english_1"]
greeting_english_2	Cat!	$array["greeting_english_2"]
greeting_japanese_1	こんにちは	$array["greeting_japanese_1"]
greeting_japanese_2	世界！	$array["greeting_english_2"]

では次のように①に加えた場合はどうなるでしょうか。

```
$array = [
    ...["greeting_english_2" => "Cat!"],
    ...$array1,
    ...$array2,
];
```

この場合、上書きされていないように見えて厳密には上書きはされています。["greeting_english_2" => "Cat!"]が先に記述されており$array1に格納されているWorld!のほうが後から記述されているため、後者によって上書きされています。

結果として、もともとの$array1と$array2の結合した値になります。

TestSpread2.phpを次のように書き換えて、実際に実行してみましょう。

```
<?php

$array1 = [
    "greeting_english_1" => "Hello",
    "greeting_english_2" => "World!",
];

$array2 = [
    "greeting_japanese_1" => "こんにちは",
    "greeting_japanese_2" => "世界！",
];

$array = [
    ...["greeting_english_2" => "Cat!"],
    ...$array1,
    ...$array2,
];

print_r($array);
```

ターミナルで次のコマンドを入力します（図4-21）。

```
php TestSpread2.php
```

▼図4-21　TestSpread2.phpの実行結果

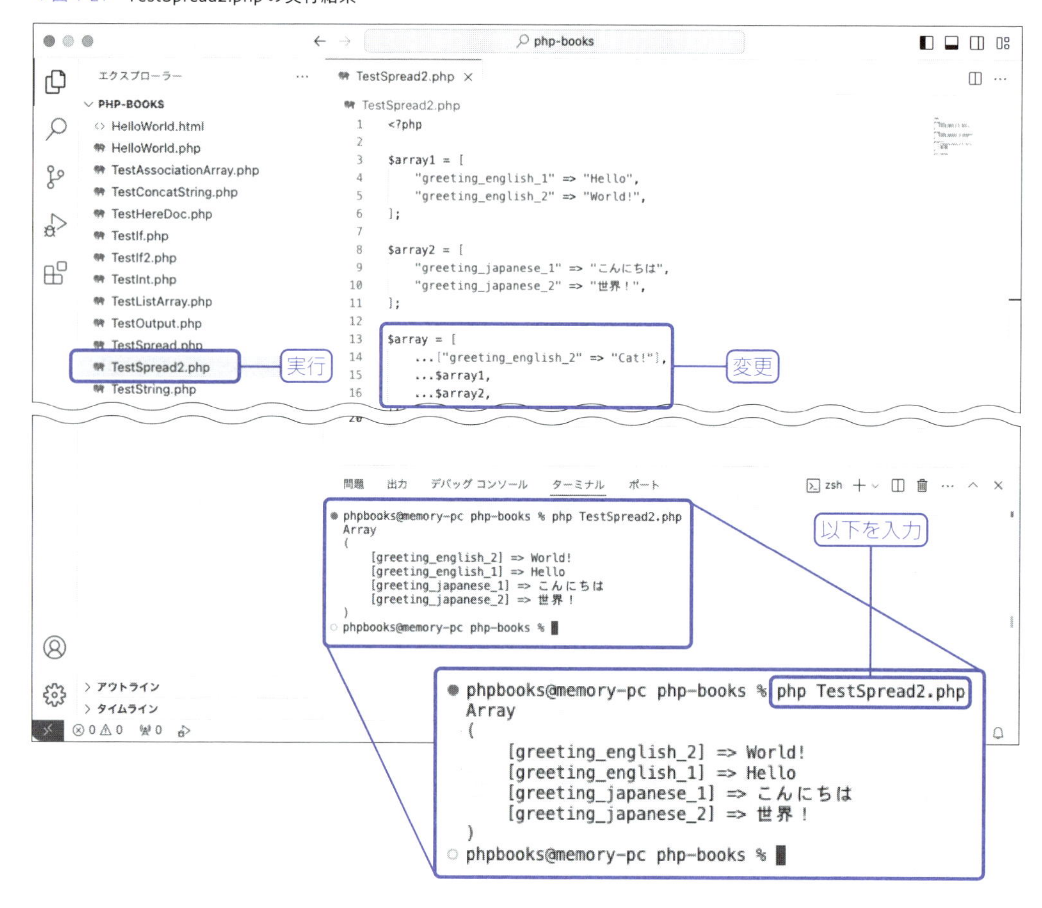

greeting_english_1よりもCat!を代入したgreeting_english_2を先に展開しているので表示順序が異なっていますが、これは期待する結果です。このようにスプレッド構文は、リスト型の配列、連想配列で挙動が少し異なることがわかりました。なお、リスト型配列向けのスプレッド構文が導入されたのはPHP 7.4で連想配列に対応したスプレッド構文が導入されたのはPHP 8.1からです。

古いバージョンではスプレッド構文を用いることができません。そのため、今まではarray_mergeという配列を結合するための関数がPHPに用意されていたので、代わりに使用していました。次のように使用します。

```
$array = array_merge(
    $array1,
    $array2,
);
```

また、PHPの関数の呼び出しは式を用いるよりも実行に時間がかかると言われていた時代があり[注28]、可能なものは+演算子で結合するといった工夫もなされていました。そこで、最後に+で結合する方法を解説します。配列は文字列の結合とは異なり.ではなく+演算子で結合できます。たとえば次の2つの配列があるとします。

```
$array1 = [
    "Hello",
    "World!",
];

$array2 = [
    "こんにちは",
    "世界！",
];
```

+演算子を用いて結合させるには次のようにします。

```
// 配列を結合する
$array = $array2 + $array1;
```

注意したいのは、上書き元になる配列が右側、上書きさせる側の配列が左側に記述する必要があります。TestConcatArray.phpを作成して、以下のコードを記述しましょう。

```
<?php

$array1 = [
    "Hello",
    "World!",
];

$array2 = [
    "こんにちは",
    "世界！",
];

// 配列を結合する
$array = $array2 + $array1;

print_r($array);
```

注28　最近のPHPでは関数の実行にそこまで実行に時間がかかる、いわゆる「重たくなる」という事象はほとんどありません。むしろバージョンが上がるごとに実行速度が高くなっています。歴史のあるプログラミング言語がゆえ、古い文献もいくつか残っているので注意しましょう。

ターミナルで次のように実行します。

```
php TestConcatArray.php
```

この+演算子の実行結果は図4-22のように、配列の添字のまま結合された状態で出力されることがわかります。

▼図4-22 TestConcatArray.phpの実行結果

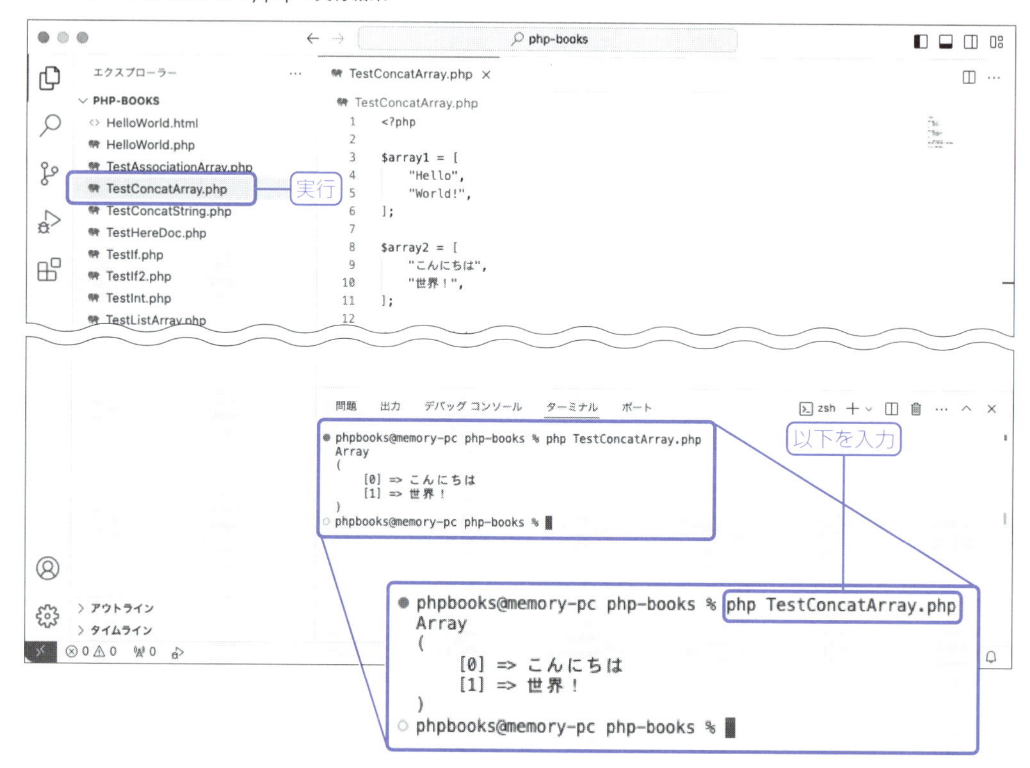

+演算子は、スプレッド構文と異なりリスト型配列でも上書き対象となります。上書きさせる側の配列を左側に書いていけば良いので、$array3を新しく結合したい配列とした場合は次のように$array2の左に$array3を追記します。

```
// 配列を結合する
$array = $array3 + $array2 + $array1;
```

なお+演算子の場合は、連想配列も同様に上書きします。TestConcatArray.phpの$array1と$array2を次のように書き換えてみましょう。

```
$array1 = [
    "greeting_english_1" => "Hello",
    "greeting_english_2" => "World!",
];

$array2 = [
    "greeting_japanese_1" => "こんにちは",
    "greeting_japanese_2" => "世界！",
];
```

リスト型配列での結合と同様に、以下のように+演算子を用いて結合できます。次のコマンドで実行してみましょう。

```
php TestConcatArray.php
```

▼図4-23　TestConcatArray.php の実行結果（連想配列）

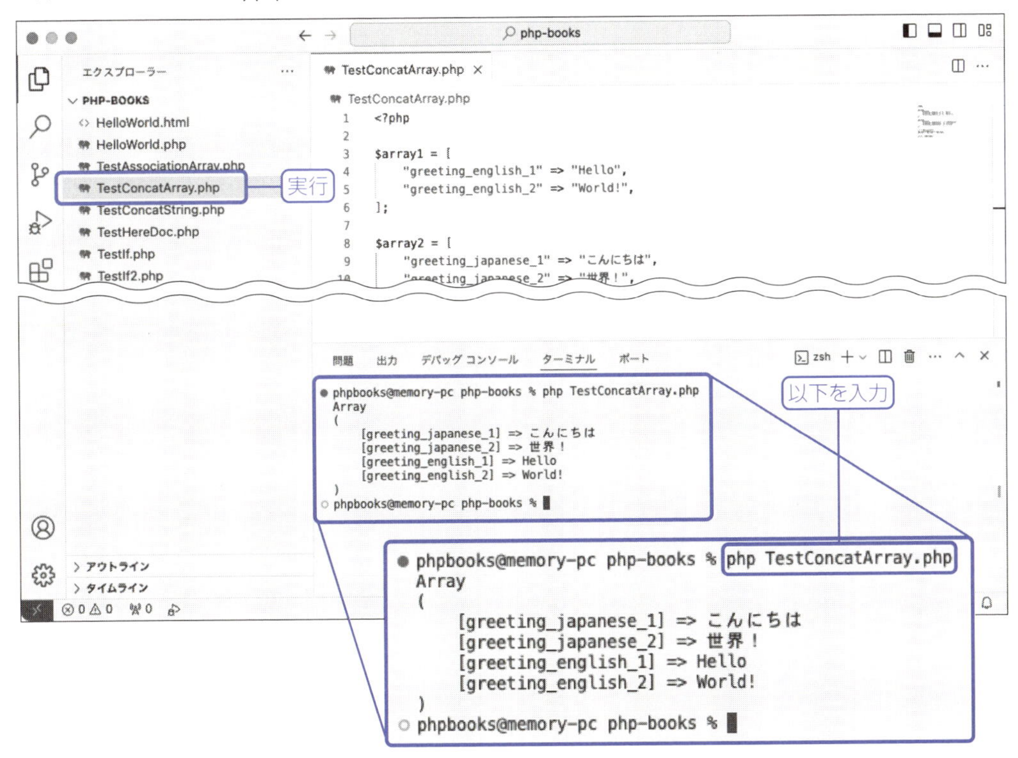

スプレッド構文のときと同様に["こんにちは", "世界！"]に上書きされていることがわかります。
最後に、スプレッド構文と+演算子で結合を行った場合の違いについて次の表で整理しておきます。

	スプレッド構文	+演算子	(参考：array_merge)
リスト型配列で要素を上書きをするか？	NO	YES	NO
連想配列で要素を上書きをするか？	YES	YES	YES
実行・評価順序	左から	右から	左から
例	[...上書き元の配列, ...上書きする配列]	上書きする配列 + 上書き元の配列	array_merge(上書き元の配列, 上書きする配列,);

Column array()で囲った配列

本書ではブラケットで囲うことが配列の表現だと解説しましたが、PHPにはもう1つ配列の表現方法があります。それは次のようにarray()で囲う方法です。

```
$array = array(1, 2, 3, 4, 5);
```

昨今ではarray()で囲う機会は減ってきました。もともとPHPでは、[]（ブラケット）による配列の表現はできませんでしたが、バージョンアップに伴ってPHP 5.4から扱えるようになりました[†1]。

JavaScriptなどではかねてからブラケットで配列を定義できていましたが、PHPはブラケットで配列を表現できるようになるまで時間を要しました。もはやPHPプログラマーにとっては待望のアップデートだったといっても過言ではありません。他のプログラミング言語ではできることがPHPでできず、配列を定義するたびにarray()で囲うのは冗長だと感じていた人は数しれません。著者である私もその1人でした。このような歴史的な理由もあり、いまだにarray()で囲っているPHPで書かれたアプリケーションは現存しています。PHPのコーディングルールを定めるライブラリでは古いアプリケーションをサポートしようと、ブラケットで囲う方法とarray()で囲う2つの書き方を提供していたりします。古い記述方法のため、これから新しくPHPでアプリケーションを書くのであれば[]で囲う手法を選びましょう。

†1 本書執筆時点では PHP 8.3が最新版です。

第5章

PHPを学んでみよう
——ループ・ユーザー関数・ファイル編

第5章

PHPを学んでみよう ―― ループ・ユーザー関数・ファイル編

5-1 ループ文を使ってみよう

5-1-1 ループ文について

PHPを含む多くのプログラミング言語には特定の処理を繰り返すための**繰り返し構文**があります。繰り返し構文は一般的に**ループ文**とも呼ばれます。本書ではループ文という表記で統一します。

ループ文はプログラミングの中で条件文と同様に基礎とされるもので、とても重要な構文です。ループ文は変数や条件文、条件式を含む分岐処理を用いた少し発展的な記法になります。変数や条件文がいまいちピンと来ていないと、ループ文を学習するのは難易度が高いと感じてしまいます。理解が乏しいなと感じたら第4章を何度も復習して変数や条件文について理解を深めましょう。

ところで、なぜループ文を使う必要があるのでしょうか。

たとえば、出版社やキュレーションサービスなどを含む何かしらの記事を扱っているサイトであれば一覧などを出力する際にループ文が使われていることがほとんどでしょう。

トップページもそうですし、記事詳細のサイドバー[注1]などで表示されるランキングのようなコンテンツでも記事などが類似したような見た目の出力を繰り返し行っています。

これらを手作業で更新するのは非常に手間であるため、このようなケースにはループ文が最適であると言えます。

たとえば、本書を出版している技術評論社のウェブサイトを見てみましょう（図5-1）。本の一覧をトップページで出していることがわかりますね。

注1　左右のどちらかにある小さいコンテンツの集まりのエリアのこと。メニューやプロフィール、ランキングなどを表示するエリア。

▼図5-1　技術評論社書籍情報ウェブサイト

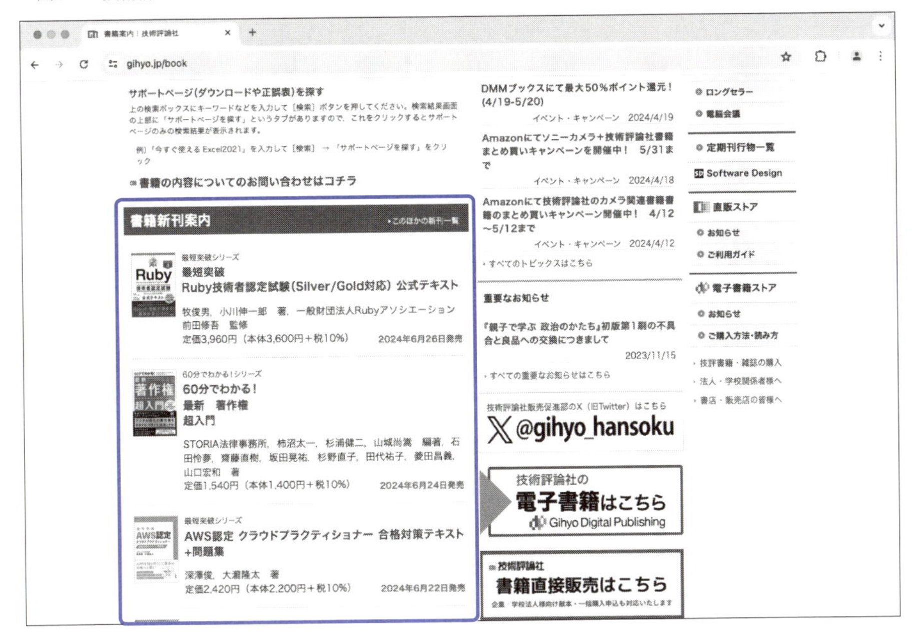

DOMの構造をGoogle Chromeで見てみましょう。Google ChromeでDOMの構造を見るには、副ボタンをクリック（デフォルトは2本指でクリック）し、検証を選択します（図5-1）。

▼図5-2　［検証］を選択

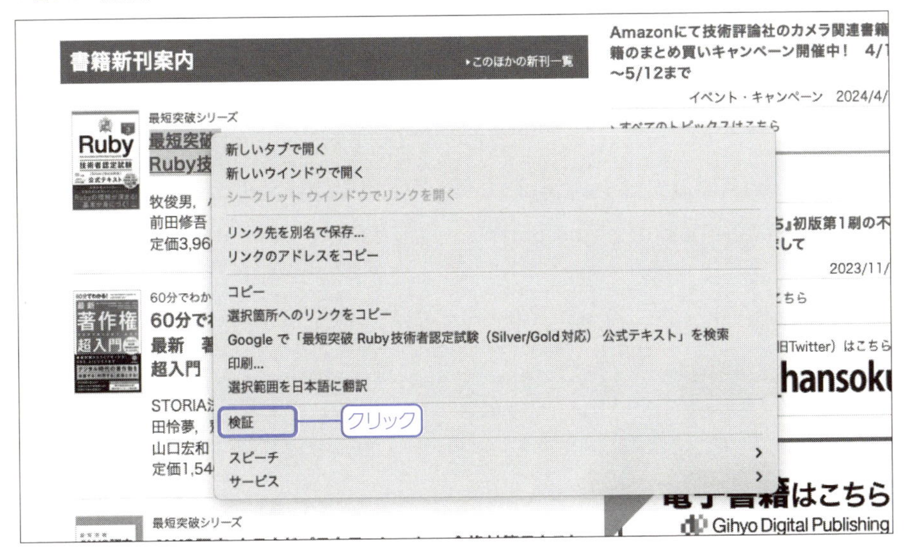

▼図5-3　DOMの構造を確認する

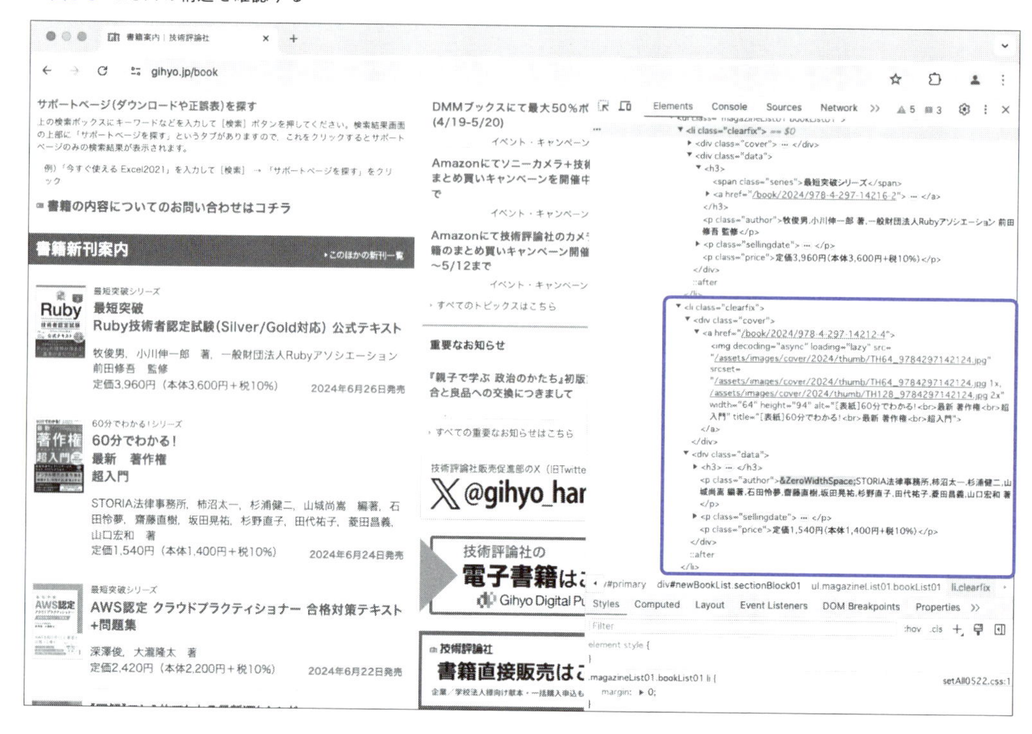

それぞれのHTMLの構造がよく似ていることに気がつくでしょうか（図5-3）。違うのは本のタイトル、詳細へのリンク、画像のURLなどだけです。

前章で配列の学習をしましたね。配列に挿入されている0番目と1番目…N番目の要素の値は異なっていますよね。これらの性質を応用したのが、先ほどの新刊一覧などなわけです。

つまり、ループ文は**条件式と配列の仕組み**さえ身につけば難しいものではありません。言い換えれば、ループ文が使えれば、条件式と配列の仕組みが理解できているとも言えるわけです[注2]。

そして、初学者の多くはループ文でつまずくことがよくあります。書き方でつまずく人もいますが、それは些細な問題です。何を繰り返さずに出力し、何を繰り返して出力すればいいのか自身の中で明確になっていないことが多いです。

適切な方法が見つからないがためにループ文を使わずにそのまま出力をしているプログラムも数多くあります。

もちろん、それでも動作はしますが、似たような処理を書かないといけないというのは、前章で解

注2　もしループ文でつまずくのであれば、条件文や条件式のような分岐処理、配列の仕組みの理解を深められてない可能性があるかもしれません。本書の第4章の条件文、配列の節から理解を深めていきましょう。

説している「文字列結合をなぜやるか」と同様の理由でとても手間です。

ループ文を書くには抽象化する力が必要となります。抽象化する力は後述する「自分の関数を定義してみよう」でも発揮されるものですし、プログラミングを行う上で非常に重要であり、大切な思考力です[注3]。ぜひこの機会に身につけましょう。

5-1-2 モノを抽象化して要素ごとに分解するには?

私達は普段**モノ**を見て生きてきています。今お手に取っていただいている本書で考えてみましょう。本書は『めもりーちゃんのPHPプログラミング入門(本書の名前)』という本の名前が付いていますが、文字を紙にインクで印刷したものにすぎません。この文字を紙にインクで印刷されたものは本屋に並べられている他の本も同じです。このように、本1冊でも要素ごとに分解していくことができますね。つまり、本とは紙とインクの抽象化だと考えられます。

要素に分解していくと、その要素を有している**モノ**の種類が多くなります。別の視点からたとえてみましょう。本書含め一般的に本は書店で物理的な形態として書籍、電子的な形態として電子書籍として流通されています。そして、これらの本を書店やECプラットフォーム上で販売しようとする企業は技術評論社のような出版社です。出版社は、さまざまな著者と出版契約を結び、本を出版しています。これらの情報を整理し抽象化を行うと、次のような図になります。

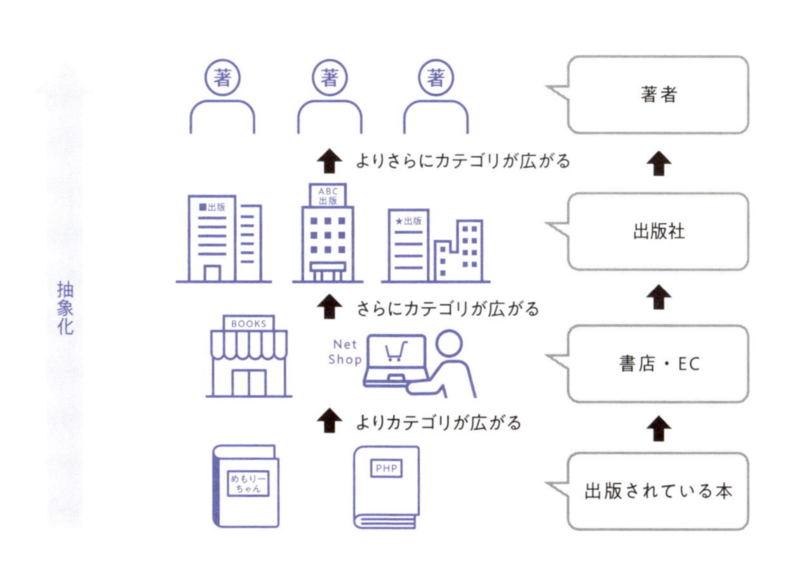

注3　プログラマーとして中級者、上級者になっていっても抽象化する技術は必要になります。初級者を脱した後に待っているのはアプリケーションのコードをいかに抽象化して書くことができるかです。詳しくは本書作画の田中ひさてるさんの『ちょうぜつソフトウェア設計入門』をご覧ください。

このように**抽象化とは実体が属するカテゴリや構成を広くとらえたもの**を指します。そしてより抽象化するというのは、そのカテゴリや構成をさらに広いカテゴリや構成でとらえることでもあります。

「出版社ではなく自費出版(コミックマーケットのように自分で出版する)もあるんじゃないか」と、疑問に思った方もいるはずです。より抽象化する場合においてはこれらも考慮する必要が生じます。何よりも抽象化は人によって抽象化の仕方も方法も異なります。図示しているのはあくまで著者の抽象化の考え方なので、別の方はまったく違う抽象化をするかもしれません。

さて、抽象化についてもう少し詳しく理解するために、次はモノを要素ごとに分解してみます。たとえば出版されている何かしらの本を要素ごとに分解してみましょう。一例として次のような要素に分解できるでしょう。

- タイトル
- ISBN
- 出版社名
- 出版日
- ページ数
- etc.…

などでしょうか。このように本を構成する要素を書き出すことができますね。これは物理的な書籍、電子書籍問わず本を要素ごとに分解したものであり、先ほど解説した抽象化の構成を広くとらえたものです。そして**カテゴリが配列、分解した要素が配列の値**と理解するとどういう配列を定義すべきか、イメージが湧くのではないでしょうか。この例では以下のように配列を定義できます。

```
$books = [
    [
        // 本のタイトル
        "title" => "みんなのPHP 現場で役立つ最新ノウハウ!",
        // ISBN
        "ISBN" => "4297110555",

        // 出版社
        "publisher" => "技術評論社",

        // 出版日
        "published_at" => "2019/12/6",

        // ページ数
        "pages" => 208,
    ],
    [
```

```
        // 本のタイトル
        "title" => "Swooleで学ぶPHP非同期処理　～並行処理／並列処理の基礎から実践的な開発手法まで一気にわかる",

        // ISBN
        "ISBN" => "429713358X",

        // 出版社
        "publisher" => "技術評論社",

        // 出版日
        "published_at" => "2023/2/8",

        // ページ数
        "pages" => 272,
    ],
];
```

このように$booksという配列には2冊の本の（配列における）要素を定義しています。では、最初のほうに解説した書店が絡む場合はどうなるでしょうか。書店を要素に分解すると……

- 書店名
- 各本の売値
- 各本の入荷数
- 各本の詳細

などでしょうか。先ほどの$books変数を用いて配列で表すには次のようにします。

```
$stores = [
    [
        // 書店名
        "name" => "ほげほげ書店",

        // 販売している本
        "books" => [
            [
                // 売値
                "price" => 2390,

                // 入荷数
                "stocks" => 100,
```

```
                // 本の詳細
                "info" => $books[0],
            ],
            [
                // 売値
                "price" => 3740,

                // 入荷数
                "stocks" => 100,

                // 本の詳細
                "info" => $books[1],
            ],
        ],
    ],
    [
        // 書店名
        "name" => "ふがふが書店",

        // 販売している本
        "books" => [
            [
                // 売値
                "price" => 2390,

                // 入荷数
                "stocks" => 10,

                // 本の詳細
                "info" => $books[0],
            ],
            [
                // 売値
                "price" => 3740,

                // 入荷数
                "stocks" => 10,

                // 本の詳細
                "info" => $books[1],
            ],
        ],
    ],
];
```

活用できたら、その力を実感しながらループ文を学んでいけるでしょう。

抽象化

5-2 ループ文を使ってみる

多くのプログラミング言語で一般的に使われるループ文にはfor文、while文、do-while文があります。PHPは一般的なプログラミング言語に加えてforeach文と呼ばれるループ文があります。これらのループ文は、よく使われるものなので本書でも解説します。ぜひ学んでおきましょう。

5-2-1 for文

for文（フォー文）[注4]は次のような、ループ文開始前の処理、ループ文内の処理実行前の処理、ループ文内の処理実行後の処理の**3つの式（条件式を含む）**から成り立つループ文です。これらはセミコロン（;）で区切ります。

```
for (ループ文開始前の処理; ループ文内の処理実行前の処理; ループ文内の処理実行後の処理) {
    // 何かしらの処理
}
```

特定の数値（初期値）から特定の数値（条件文で指定）まで増加もしくは減少させたいケースでfor文は特に有用です。ループ文開始前の処理では、主に初期値と呼ばれるあらかじめどういう値を設定しておくかを変数に定義します。たとえば、for文では初期値を、次のように`$i = 0`などと書くことが多いです。

```
for ($i = 0; ループ文内の処理実行前の処理; ループ文内の処理実行後の処理) {
    // 何かしらの処理
}
```

次に、ループ文内の処理実行前の処理にて、次のループを続けるかどうかの条件式を書くことが多いです。たとえば0から始まった数がまだ10未満なら続くとしたい場合は次のように書きます。

```
for ($i = 0; $i < 10; ループ文内の処理実行後の処理) {
    // 何かしらの処理
}
```

最後に、ループ文内の処理実行後の処理は、変数の値を増加（もしくは減少）させるために、次の

注4　時折“フォア文”と発音する方がいます。

ような式を書くことが多くあります。

```
for ($i = 0; $i < 10; $i += 1) {
    // 何かしらの処理
}
```

なお$i += 1は$i++と書き表すこともできます。

```
for ($i = 0; $i < 10; $i++) {
    // 何かしらの処理
}
```

// 何かしらの処理という個所に$iの値を出力する処理echo $i . "\n";を入れてみましょう。また、VSCodeを使って手元で試してもらうために、次のコードが書かれたファイルをTestLoopFor.phpと命名してみましょう。

```
<?php

for ($i = 0; $i < 10; $i++) {
    echo $i . "\n";
}
```

次のようにPHPを実行します。

```
php TestLoopFor.php
```

▼図5-4　TestLoopFor.phpの実行

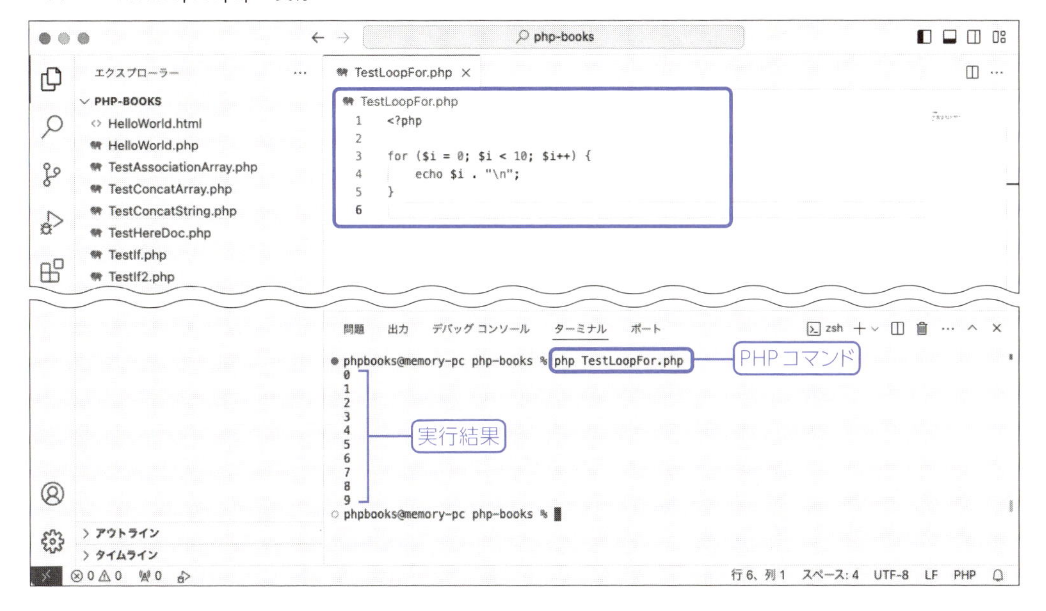

図5-4のとおり、次のような結果になりましたね。

```
0
1
2
3
4
5
6
7
8
9
```

さて、この数字の羅列だけを出力できてもループ文を使う旨味はほとんどありません。前章でも学習した配列と「5-1-2 モノを抽象化して要素ごとに分解するには？」の節で解説した$books変数を利用してみましょう。次のループ文が書かれたファイルをTestLoopFor2.phpと命名しておきます。

```
<?php

$books = [
    [
        // 本のタイトル
```

```
        "title" => "みんなのPHP 現場で役立つ最新ノウハウ!",
        // ISBN
        "ISBN" => "4297110555",

        // 出版社
        "publisher" => "技術評論社",

        // 出版日
        "published_at" => "2019/12/6",

        // ページ数
        "pages" => 208,
    ],
    [
        // 本のタイトル
        "title" => "Swooleで学ぶPHP非同期処理　～並行処理／並列処理の基礎から実践的な開発手法ま
で一気にわかる",

        // ISBN
        "ISBN" => "429713358X",

        // 出版社
        "publisher" => "技術評論社",

        // 出版日
        "published_at" => "2023/2/8",

        // ページ数
        "pages" => 272,
    ],
];

// $books の要素数文をループさせる
for ($i = 0; $i < 2; $i++) {
    // 1 回目のループ $i は 0。$books[0]["title"] となり、0 番目の添字の値を参照できます。
    // 2 回目のループ $i は 1。$books[1]["title"] となり、1 番目の添字の値を参照できます。
    echo $books[$i]["title"] . "\n";
}
```

先ほど、特定の数値から特定の数値までを増加させるケースで有用だということを解説しました。今回のケースの場合、配列は要素が2つであるため`0`,`1`が添字になることがわかります。

つまり`0`**以上**2**未満**と繰り返せば、`0`,`1`の添字に当てはめられるので、ループ文の処理実行前の条件式は`$i < 2`と書けばいいことがわかります。よってループ文の処理実行前の処理の条件式は`$i < 2`と書けば良いということです。もちろん、`$i <= 1`と書くこともできますが、あまり一般的ではあ

りません（後述）。さて、次のコマンドで実行してみましょう。

```
php TestLoopFor2.php
```

実行結果は次のような出力結果になります。

```
みんなのPHP 現場で役立つ最新ノウハウ!
Swooleで学ぶPHP非同期処理 ～並行処理／並列処理の基礎から実践的な開発手法まで一気にわかる
```

▼図5-5　TestLoopFor2.phpの実行

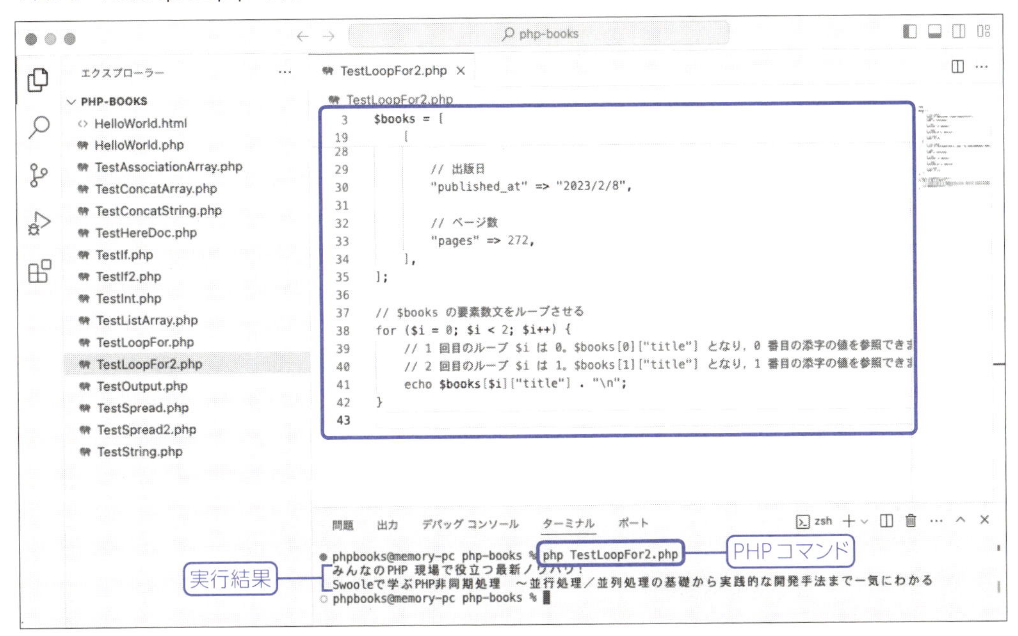

PHPでは、配列の要素数を数えるためのcount関数があります。$booksの要素が増えたとしても、count関数を使えば、1増えれば3、2増えれば4のように、反復回数を自動的に算出してもらえるためとても便利です。実務でも頻繁に用いますのでぜひ覚えましょう。次のようにfor文を書き直してみましょう。

```
// $books の要素数文をループさせる
for ($i = 0; $i < count($books); $i++) {
    // 1 回目のループ $i は 0。$books[0]["title"] となり、0 番目の添字の値を参照できます。
    // 2 回目のループ $i は 1。$books[1]["title"] となり、1 番目の添字の値を参照できます。
    // N 回目のループ $i は 1。$books[N - 1]["title"] となり、 N - 1 番目の添字の値を参照できます。
    echo $books[$i]["title"] . "\n";
}
```

書き直した後、再度実行すると先ほどと同じ結果が得られることがわかります。

では、$booksに値を1つ追加してみましょう。

```
$books = [
    // ... 2 つの要素を省略
    [
        // 本のタイトル
        "title" => "めもりーちゃんのPHPでプログラミング入門",

        // ISBN
        "ISBN" => "4297145871",

        // 出版社
        "publisher" => "技術評論社",

        // 出版日
        "published_at" => "2024/12/04",

        // ページ数
        "pages" => 280,
    ],
];
```

同様にphp TestLoopFor2.phpコマンドを実行すると次のようになることがわかりますね。

```
みんなのPHP 現場で役立つ最新ノウハウ!
Swooleで学ぶPHP非同期処理　～並行処理／並列処理の基礎から実践的な開発手法まで一気にわかる
めもりーちゃんのPHPでプログラミング入門
```

▼図5-6　TestLoopFor2.phpの実行

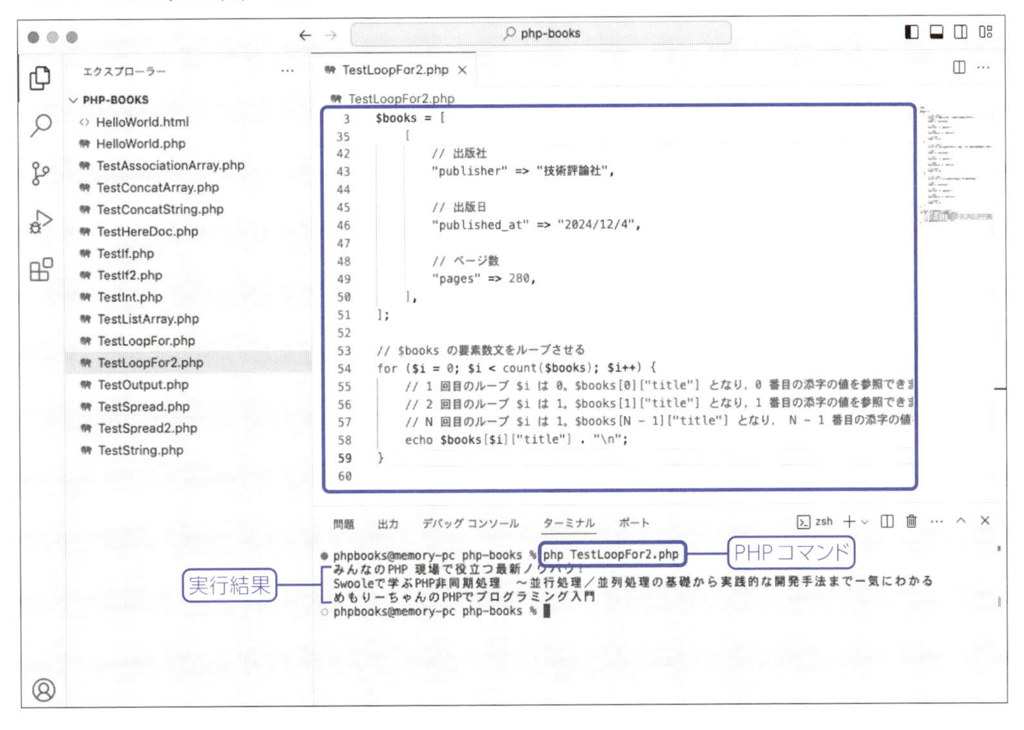

countが要素の数を数えてくれていることがわかりました。さて、countの仕組みについて理解できたところで、先ほど少し触れた$i <= 1でも書けるのではないかという疑問をついて解説します。

countを使う場合、countの処理結果は要素数になるわけですから$i < count($books)のように小なりイコールではなく、小なりだけで書くことになります。

つまり小なりイコールである$i <= 1といった書式で書く機会そのものが少なくなるわけです。countのように自動的に値を導出できる方法を使い、いちいち個別に考える無駄を避けるのがプログラミングのコツです。

もちろん$i <= (count($books) - 1)のようにして書くこともできますが、わざわざ1を引く必要はなさそうにも見えます。

配列を使う旨味はループ文と組み合わせて使うことにあります。このようにループ文をうまく活用できていれば、それは条件式や配列の仕組みなども理解しているとも言えるため、プログラミングが上達しているといっても過言ではありません。

5-2-2 while文/do-while文

while文（ホワイル文）文はfor文と異なり、条件式1つから成り立つシンプルなループ文です。while文は0回以上[注5]の繰り返しに対して、**do-while文（ドゥーホワイル）**は1回以上をループ文という点が異なります。while文の特徴は配列に対して内部カウンタを進めるような関数[注6]を用いる際などに最適です。$booksの変数を用いて試してみましょう。早速次のコードをTestWhile.phpと命名して保存しましょう。

```
<?php

$books = [
    // for 文の節で解説した 3 つの本の情報が入った $books 変数の値をそのままコピーしてください
];
```

注5　0回"以上"であるため実行されないこともあります。

注6　nextやprev、reset関数などが該当します。

```
// while 文で実行する場合
while ($book = current($books)) {
    echo $book["title"] . "\n";
    next($books);
}
```

current関数は配列の現在の要素を取得、取得できなかった場合はfalseを返す関数です。whileは条件式が満たされている間だけ繰り返されるため、これは配列から要素が取得できなくなるまで繰り返される処理という意味になります。

配列は、内部カウンタと呼ばれる参照する要素の位置を格納された情報を持っています。nextはその内部カウンタを1つ進めることで、次点でcurrentを実行した際に、次の要素を参照できるようにします。while文にて指定した条件式が偽（false）になるまで繰り返すことで、配列が代入されている$books変数、すなわち本の情報の出力ができるようになるわけです。では次のコマンドで確認してみましょう。

```
php TestWhile.php
```

▼図5-7　TestWhile.phpの実行

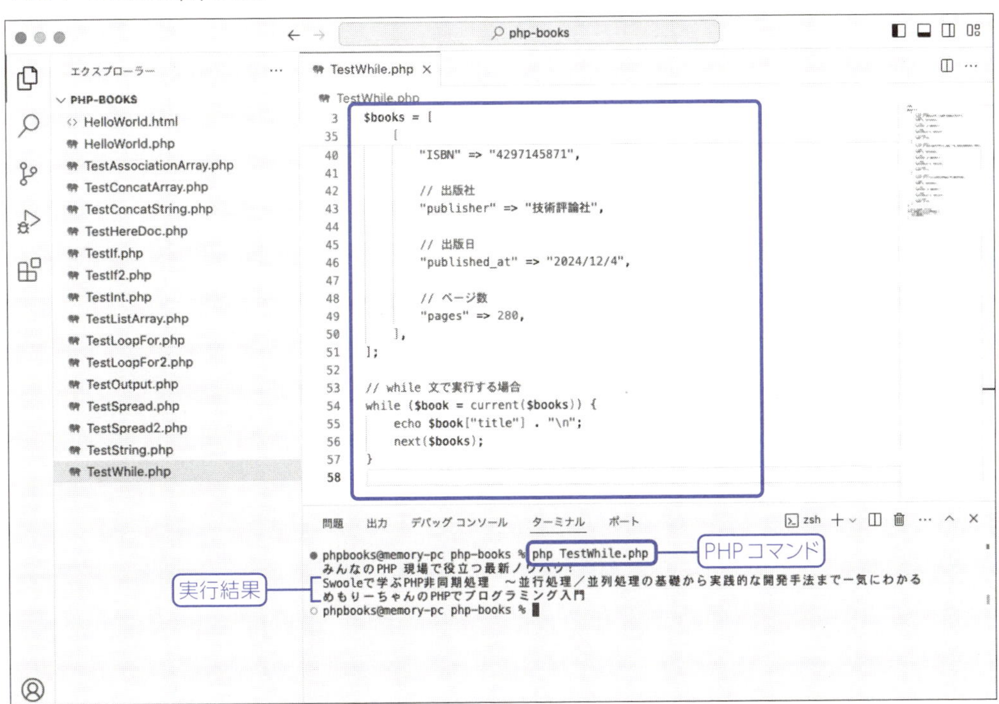

書籍名が出力されることがわかりましたね。do-while文でも同じようにできます[注7]。次の例をTestDoWhile.phpと命名しましょう。

```
<?php

$books = [
    // for 文の節で解説した 3 つの本の情報が入った $books 変数の値をそのままコピーしてください
];

// do-while 文で実行する場合
$book = current($books);
do {
    echo $book["title"] . "\n";
} while ($book = next($books));
```

次のコマンドで実行結果を確認しましょう。

```
php TestDoWhile.php
```

▼図5-8 TestDoWhile.phpの実行

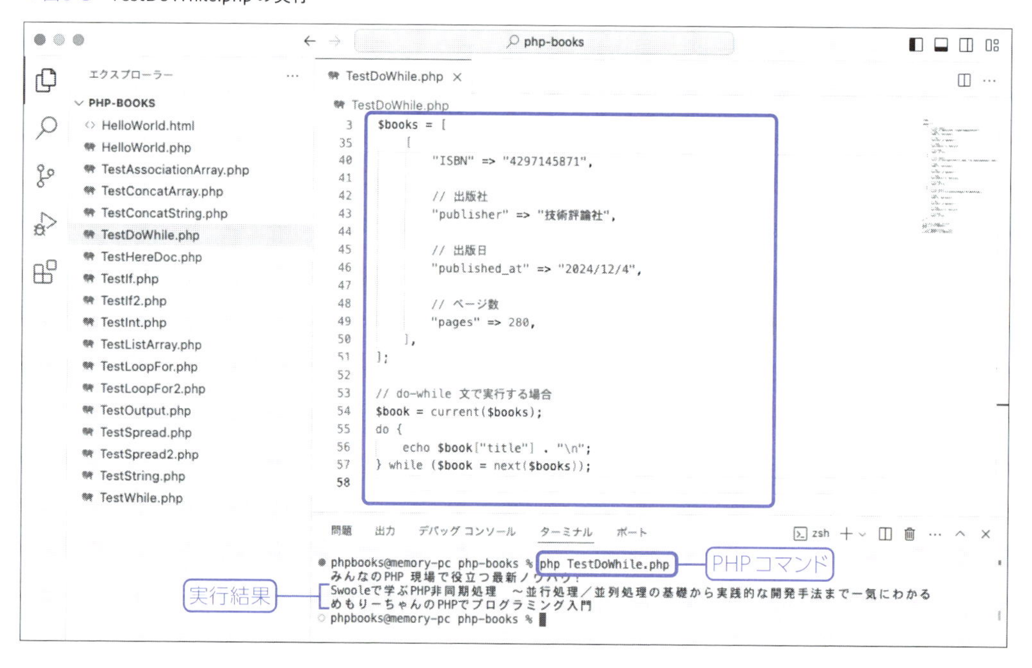

注7 この構文は少し問題があります。$book = current(…)では、配列から要素を取り出せずfalseになることがあります。要素が存在しない場合、または、すべての要素を取り出し終えた場合が該当します。また、do-while文は1回以上実行する性質があるため、エラーが表示される可能性があります。この例の場合$bookが配列ではないイレギュラーなパターンを想定しなければなりません。$bookが必ず配列であることを確認するためにis_arrayのような関数を用いて検証する必要があります。

こちらもwhileと同様に出力されることがわかりました。for文と比較して、while文/do-while文の違いはなんでしょうか。主に次の違いがあります。

- 条件式1つだけで動作する
- `current`のような関数が扱いやすい

本質的にはどちらも同様のループ文であり、同じように書くことはできるので究極的には好みになります。

著者は、for文は指定した回数を対象、while文は条件式が満たされるまでの間の繰り返し、または関数などの内部で処理が進むものを対象、という使い分けをしています。

また、do-while文を活用するケースとしては、少なくとも処理を必ず1回実行したいような用途です[注8]。

5-2-3 foreach文

最後にPHPでは頻繁に活用されるforeach文（フォーイーチ文）[注9]を紹介します。foreach文は汎用的なループ文でさまざまなユースケースに適しています。特に、リスト型の配列、連想配列の要素などを取得したいケースで有用です[注10]。PHPでは場合によってはfor文、while文よりも活用する頻度も高いため、覚えておくべきループ文と言えます。

foreach文はfor文やwhile文のように条件式の指定が必要ない点が特徴的です。条件式が不要という点では、シンプルでわかりやすいループ文とも言えます。

foreach文は**オペランドas代入後の変数**と書くことで使用できます[注11]。オペランドには反復処理の対象を表す式だけを指定できます。たとえば`[1, 2, 3]`のような配列のリテラルや変数のほか、フォルダの一覧を得る`DirectoryIterator`といった機能も対象です。前節でも用いた`$books`配列を使って実践してみましょう。次のコードを`TestForeach.php`と命名して試しましょう。

```
<?php

$books = [
```

注8　著者の経験上、実務で用いられているアプリケーションコードではあまり見かけません。活用するケース自体が稀有であるというのもあるかもしれません。

注9　フォアイーチ文と読む方もいます。

注10　本書では取り扱っていませんが、foreach 文はイテレーター（Iterator）やジェネレータ（Generator）と呼ばれる処理を用いる際に非常に役立ちます。

注11　クラスの実装方法や扱い方については紙幅の都合上本書では割愛しています。

```
    // for 文の節で解説した 3 つの本の情報が入った $books 変数の値をそのままコピーしてください
];

// 添字を不要とする場合
foreach ($books as $book) {
    echo $book["title"] . "\n";
}
```

次のコマンドで実行してみましょう。

```
php TestForeach.php
```

▼図5-9 TestForeach.phpの実行

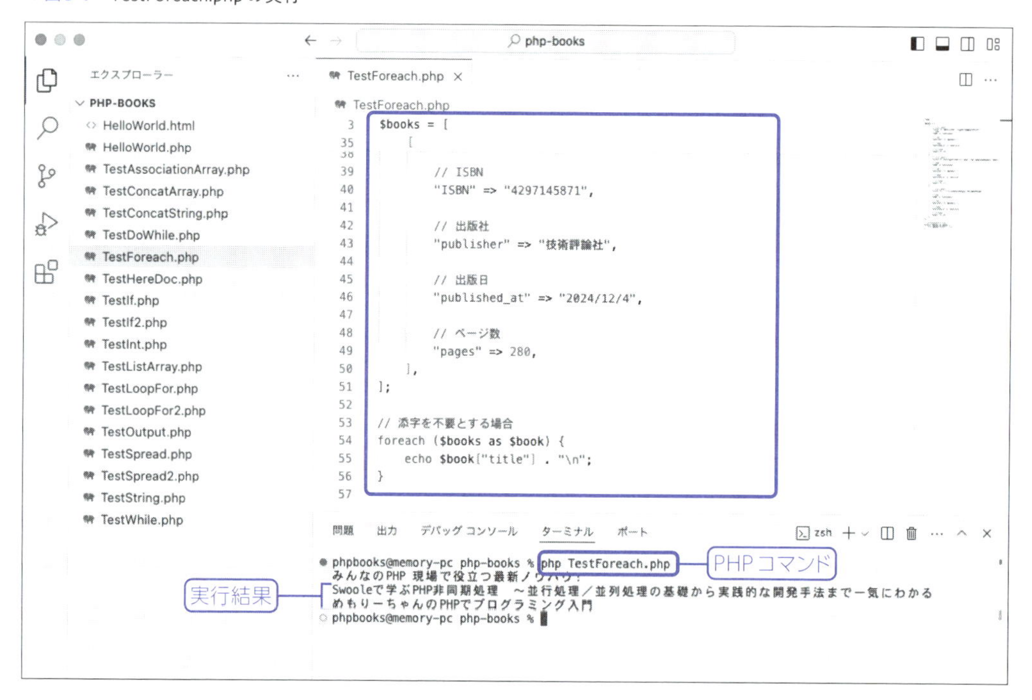

本のタイトルが出力されましたね！ 次に添字をつけてみましょう。次をTestForeachWithKey.phpとします。

```
<?php

$books = [
    // for 文の節で解説した 3 つの本の情報が入った $books 変数の値をそのままコピーしてください
```

```
];

// 添字を不要とする場合
foreach ($books as $key => $book) {
    echo $key . ": " . $book["title"] . "\n";
}
```

次のコマンドで実行してみましょう。

```
php TestForeachWithKey.php
```

▼図5-10　TestForeachWithKey.phpの実行

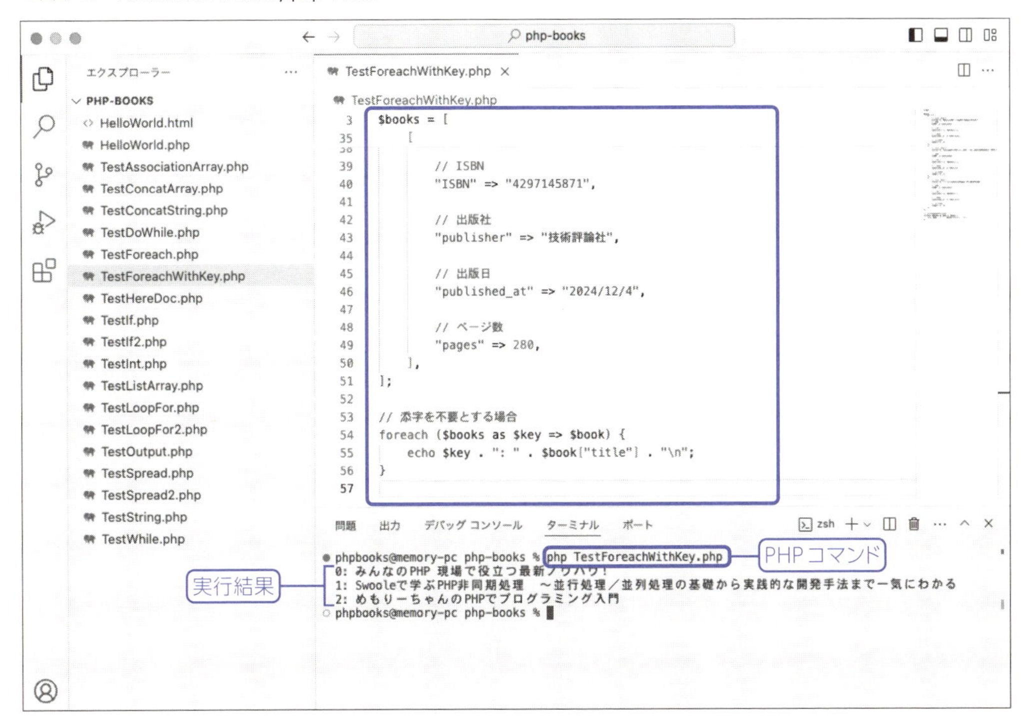

for文やwhile文などを使うよりもシンプルに配列の要素を取得して、出力できることがわかりましたね。foreach文は前節で解説してきたループ文とは異なり、添字も合わせて取得できるので連想配列もたやすく扱うことができます。

たとえば次の例をTestForeachArrayWithAssoc.phpとして試してみましょう。

```
<?php

$books = [
    // for 文の節で解説した 3 つの本の情報が入った $books 変数の値をそのままコピーしてください
];

foreach ($books as $key => $book) {
    echo "添字" . $key . "番目の本の情報\n";
    foreach ($book as $keyOfBook => $value) {
        echo "    " . $keyOfBook. ": " . $value . "\n";
    }
}
```

次のコマンドで実行結果を確認してみましょう。

```
php TestForeachArrayWithAssoc.php
```

▼図5-11　TestForeachArrayWithAssoc.phpの実行

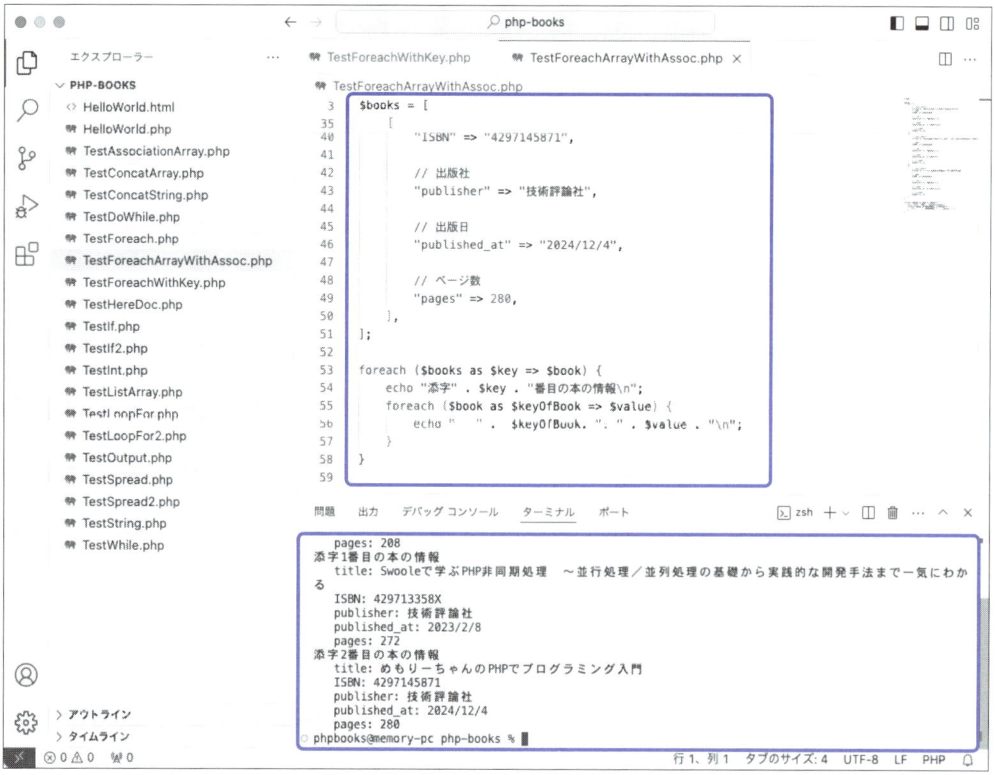

次のようにそれぞれの情報を出力できることが確認できますね。

```
添字 0 番目の本の情報
  title: みんなのPHP 現場で役立つ最新ノウハウ!
  ISBN: 4297110555
  publisher: 技術評論社
  published_at: 2019/12/6
  pages: 208
添字 1 番目の本の情報
  title: Swooleで学ぶPHP非同期処理 〜並行処理／並列処理の基礎から実践的な開発手法まで一気にわ
かる
  ISBN: 429713358X
  publisher: 技術評論社
  published_at: 2023/2/8
  pages: 272
添字 2 番目の本の情報
  title: めもりーちゃんのPHPでプログラミング入門
  ISBN: 4297145873
  publisher: 技術評論社
  published_at: 2024/12/04
  pages: 280
```

foreach 文は他のループ文と比較してシンプルかつたやすく書くことができることが理解できてきたのではないでしょうか。

Column 無限ループって?

無限ループとは**処理の終わりがなく永続的に続いている状態**のことです。この現象のほとんどはループ文によってもたらされますが、ループ文以外でも起きることがあります。たとえば、関数内で同じ関数を呼び出す再帰関数によってもたらされる場合や、複雑な処理によって同じ処理を意図せず繰り返してしまって無限ループに陥るなどあります。

無限ループに陥ると、本来実行されてほしい処理が実行されなかったり、コンピュータのリソースを大幅に使用してしまいます。

また、アニメでもよくあるように**無限ループは断ち切らなければいけないイメージ**があります。

さらに、アラートループ事件(無限にアラートを表示させるループ)[†1]など、無限ループには何かと悪いイメージが付きまといます。しかし、意図して無限ループを行う場合もあり、必ずしも無限ループが悪いわけではありません。適材適所なのです。

無限ループ

私達が使っているコンピュータはいわば無限ループで動いている塊といっても過言ではありません。たとえば、普段私達が活用しているブラウザやExcelなどのウィンドウなどは実はイベントループ(Event Loop)と呼ばれるもので、一種の無限ループのようなもので動いています。

いろんなマウスの操作やキーボードを操作したものをイベントと呼び、その操作した内容によって何かしらの処理をルーチン[†2]にディスパッチ[†3]させる役割をイベントループで担い、最終的に実行されます。コンピュータは、このディスパッチ先でも無限ループを行い、さらにディスパッチして……ということを繰り返して成り立っています。これらは非同期処理上に成り立っており、それぞれディスパッチされたイベントが割り込みで実行されるなど、さまざまな技術を駆使して実現されています。これ以上は上級者向けの解説になってしまい、残念ではありますが初学者向けの本書では割愛します[†4]。

このようにイベントループ含め、無限ループは用途によっては悪いものではなく、適材適所であるということが少しでも伝わったでしょうか。なお、PHPで無限ループを書く場合はfor文またはwhile文で次のように書くことができます[†5]。

```
for (;;) {
    // 何かしらの処理
}
```

```
while (true) {
    // 何かしらの処理
}
```

---

†1　https://www.itmedia.co.jp/news/articles/1905/30/news082.html

†2　一連の処理を行う関数やクラスのこと。

†3　送り出す、別の処理に任せるという意味と同義。この場合ルーチンで処理させることを指します。

†4　『Swooleで学ぶPHP非同期処理』は非同期処理を体系的にPHPで学ぶ入門書です。ご覧いただくことで非同期処理について理解を深められるのではないでしょうか。興味がある方は、ぜひお手に取ってみてください。

†5　残念ながら、foreach文では容易に無限ループを実装することはできません。もちろん、イテレータを実装したクラスを用いればできますが、それは非常に無意味なことです。無限ループが適材適所であるという解説をしているように、ループ文の活用も適材適所です。このようなケースを筆頭にforeach文以外のループ文の選択肢も学習しておく必要性が伝わってくれたらうれしいです。

5-3 自分の関数を定義してみよう

PHPにはあらかじめ備わっている関数がいくつかあるという解説をしました。そもそも関数とはなんでしょうか。関数(function)はいわば**処理をまとめた機能**のことです[注12]。プログラミングでは似たような処理を繰り返し使ったりすることが多いため、共通化や再利用効率という観点で重要な基礎の1つになります。プログラミング言語(言語の思想)によって同じ目的の関数でも、命名や使い方が大きく異なります。たとえば配列の要素数を求める関数1つにしても、PHPではcountですし、Goはlenです。JavaScriptは、配列にドットでつなげて[1, 2, 3].lengthです[注13]。

配列の要素数を求めるという一連の処理はよく使われるため、PHP以外のプログラミング言語にも別の形ではありますが、共通して存在します。多くのプログラミング言語では、このように名前は異なっていても、似たような処理というのは存在するということが伝わればと思います。しかし、考えてみてください。配列の長さを求める関数が仮に存在しなければどうでしょうか。

先ほど解説したように、PHPのcountという関数は、配列の要素数を求めるための関数で頻繁に用いられます。もしも、このcountがなければ、配列の要素数を求めたいとなった場合、たびたび次のようなループを使って数え上げをする、鶏が先か卵が先かのようなコードが必要になります。

```
<?php

$array = [];

// 配列の要素数を数える
$count = 0;
foreach ($array as $value) {
    $count++;
}

// 配列に何かしらの処理をする
for ($i = 0; $i < $count; $i++) {
    // 何かしらの処理
}
```

このように配列の要素数を数えたいユースケースは頻出するのに、たびたびこのような// 配列の

注12　伝わりやすく簡易的に解説しています。機能を指すことから、関数ではなくメソッド(Method)、ルーチン(Routine)やプロシージャ(Procedure)と呼んだりもします。

注13　JavaScriptは配列そのものがオブジェクトであり、オブジェクトが持っているプロパティであるlengthで配列の要素数を求めています。

要素数を数えると書かれている個所をひたすら繰り返すのは非効率です。

そのため、countは用いる頻度も高いことからPHP(他のプログラミング言語も!)がデフォルトで提供している関数です。

たとえば、整数だけが入ったリスト型の配列で平均を求めたい場合を考えてみましょう。ExcelではAVERAGE関数が実装されていますが、残念ながら、PHPでは実装されていません。このように、デフォルトで提供していない関数はどう対応すればよいでしょうか。自分で関数を実装して定義すればよいのです。では、早速、平均を求める関数をPHPで実装していきましょう。

平均を求める式は**合計(総和)÷数字の個数**でしたね。配列の平均を求める場合は次のようなコードになります。次のコードをTestAverage.phpとしておきましょう。

```
<?php
$array = [1, 2, 3];

// $sum注14には合計を代入するようにします。
$sum = 0;
for ($i = 0; $i < count($array); $i++) {
    $sum += $array[$i];
}

// $avg注15には平均を代入します。
$avg = $sum / count($array);

echo "{$avg}\n";
```

次のコマンドで実行します。

```
php TestAverage.php
```

注14 sumはサムと読み、合計(和)のことを指します。プログラミングの初心者向けの書籍には頻出しますので、覚えておきましょう。

注15 avgはアベレージ(average)の省略です。これもsumと同様にプログラミングの初心者向けの書籍に頻出する単語です。

▼図5-12　TestAverage.php

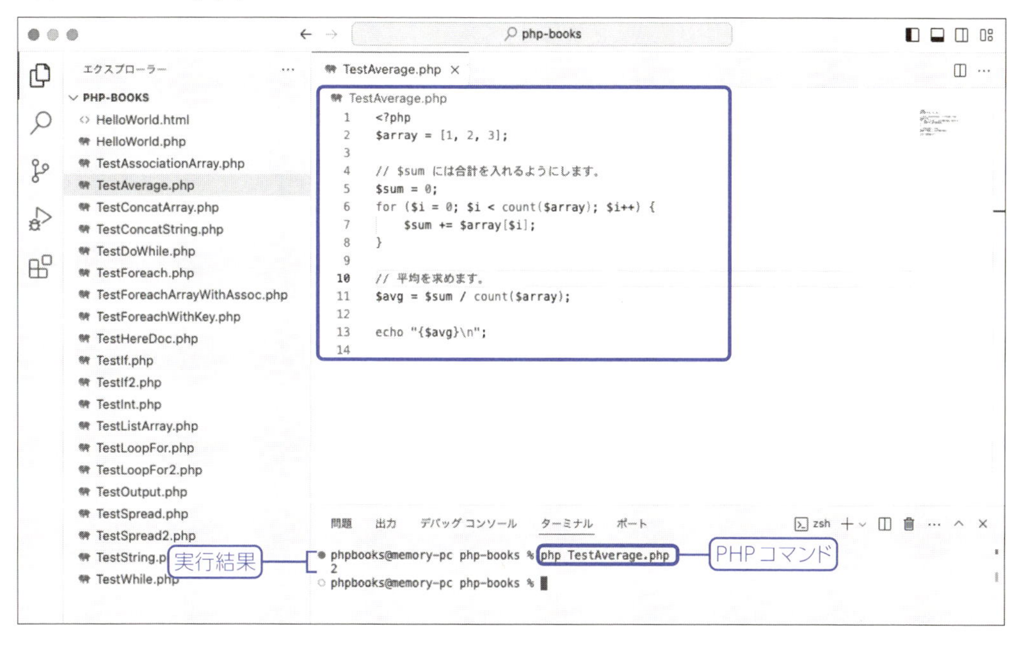

平均値である2が出力されることがわかりましたね。では複数の配列ごとの、それぞれの平均を求めたいとしたらどうなるでしょうか。たとえば$arrayに加えて$array1もあったとします。

```
<?php

$array = [1, 2, 3];
$array1 = [9, 8, 7];

// $sum, $sum1 には合計を入れるようにします。
$sum = 0;
$sum1 = 0;
for ($i = 0; $i < count($array); $i++) {
    $sum += $array[$i];
}
for ($i = 0; $i < count($array1); $i++) {
    $sum1 += $array1[$i];
}

// $array の平均を求めます。
$avg = $sum / count($array);

// $array1 の平均を求めます。
$avg1 = $sum1 / count($array1);
```

```
echo "array: {$avg}\n";
echo "array1: {$avg}\n";
```

array、array1のように似たような処理を複数実装しなければならず非効率です。そこで、自分で関数を定義することで、この課題は、似たような処理に名前をつけてひとまとまりにして関数化することで解決できます。これを**ユーザー定義関数**といいます。

PHPで関数を定義するにはfunction 関数名($任意の変数) {という書き方で始め、}を終端に書きます。関数名には任意の名前を入れることができます[注16]。

たとえば、平均を求める関数名をaverageとしたときに、次のように定義できます。次をTestAverageFunction.phpとしておきましょう。

```
<?php

function average($inputArray) {
    $sum = 0;
    for ($i = 0; $i < count($inputArray); $i++) {
        $sum += $inputArray[$i];
    }

    // 平均を求めます。
    $avg = $sum / count($inputArray);
    return $avg;
}

// 配列を変数に代入
$array = [1, 2, 3];
$array1 = [9, 8, 7];

// count を使うときと同じようにすることで、関数を使うことができます。
echo "array: " . average($array) . "\n";
echo "array1: " . average($array1) . "\n";
```

次で実行します。

```
php TestAverageFunction.php
```

注16　英語や数字をいれることもできますし、日本語をいれることもできます。ただし、数字から始めること、記号を入れる、PHPで用いられているキーワード(for, while)などは使用に制限があります。たとえばfunc1という関数名は有効ですが、1funcは指定できません。同様に記号を含むもの、たとえばfunc=といった関数名も無効です。また、すでに定義されている関数(自分で定義した関数を含む)と同名で実装しようとしたときはエラーが出力されます。

▼図5-13　TestAverageFunction.phpの実行

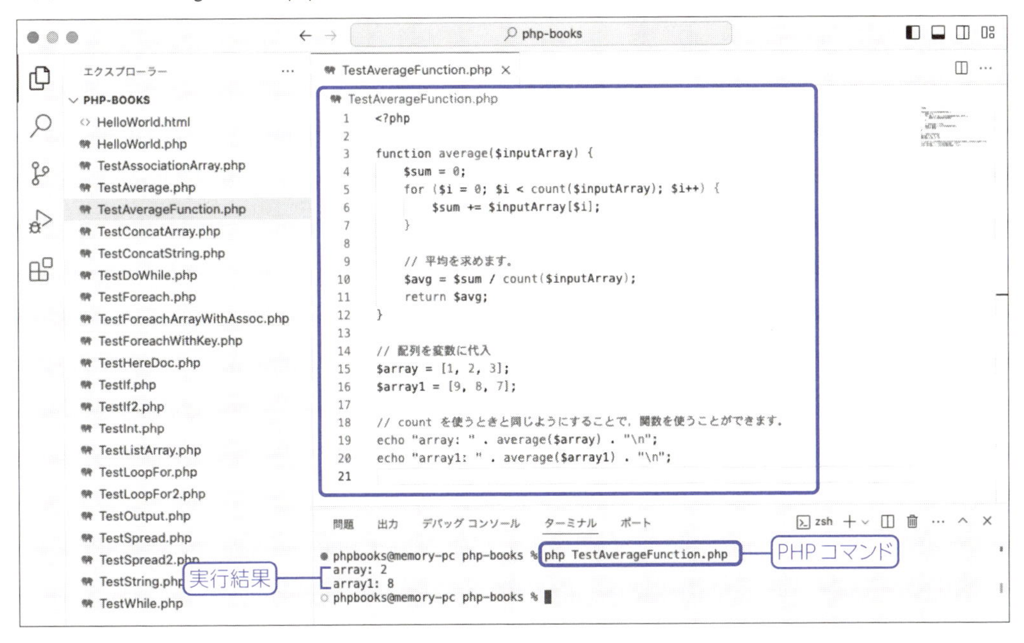

それぞれ平均値である2と8が出力されることがわかりましたね。

このようにaverageという関数を定義して、実行できました。なお、関数を使用することを正確には**関数を呼び出す（または、コール（call）する）**と言います。

`return $avg;`と書かれている個所は**戻り値（もどりち）**と言い、関数の呼び出し元で、この関数の実行結果を受け取れるようにするためのものです。

呼び出し元とはなんでしょうか。関数の**呼び出し元**とは関数を呼び出している（＝実行している）コードのことを指します。この例の場合、echoのあとに書かれているaverage($array)やaverage($array1)を指します。また**呼び出し先**という言葉もあり、これはaverageという関数の実装（`$sum = 0;`から`return $avg;`までの行）を指します。

$任意の変数**と書かれている括弧で囲まれている個所は**引数（ひきすう）**[注17]と呼び、関数に任意の値を渡すことができる文法です。例の呼び出し元であるaverage($array)やaverage($array1)の$arrayや$array1のことを**実引数（argument；アーギュメント）**[注18]と呼び、関数として定義されているfunction average($array)の$arrayを仮引数（parameter；パラメータ）**と言います。

任意の変数は、カンマで区切ることで複数書くこともできますし、引数を渡さないで実行することもで

注17　「いんすう」とまれに読む人もいますが、正しくは解説しているように「ひきすう」です。

注18　日本語の読みとしてはアーギュメントが正しいですが、時折「オーギュメント」と呼ぶ方や紹介している書籍や文献などもあります。どちらでも、同じ意味だととらえられるようにしておくと良いでしょう。なおargは「アーグ」と読むのが正しいです。

きます。たとえばmyFunc[注19]という関数名をベースに定義し、それぞれTestMyFunc.php, TestMyFunc2.phpと名称をつけて実行してみましょう。

```
<?php

// 複数の引数を用いた書き方
function myFunc($var1, $var2) {
    return "{$var1} {$var2}";
}

// 関数の呼び出し
echo myFunc("Hello", "World!");
```

上記の例で、仮引数である$var1は**第1引数**、$var2は**第2引数**と呼びます。もちろん、実引数側も同様に呼ぶことになります。

ある程度予測がつくとは思いますが、引数が増えるたびに第3引数、第4引数……と呼ぶことになります。さて、次のPHPコマンドで実行してみます。

```
php TestMyFunc.php
```

▼図5-14　TestMyFunc.phpの実行

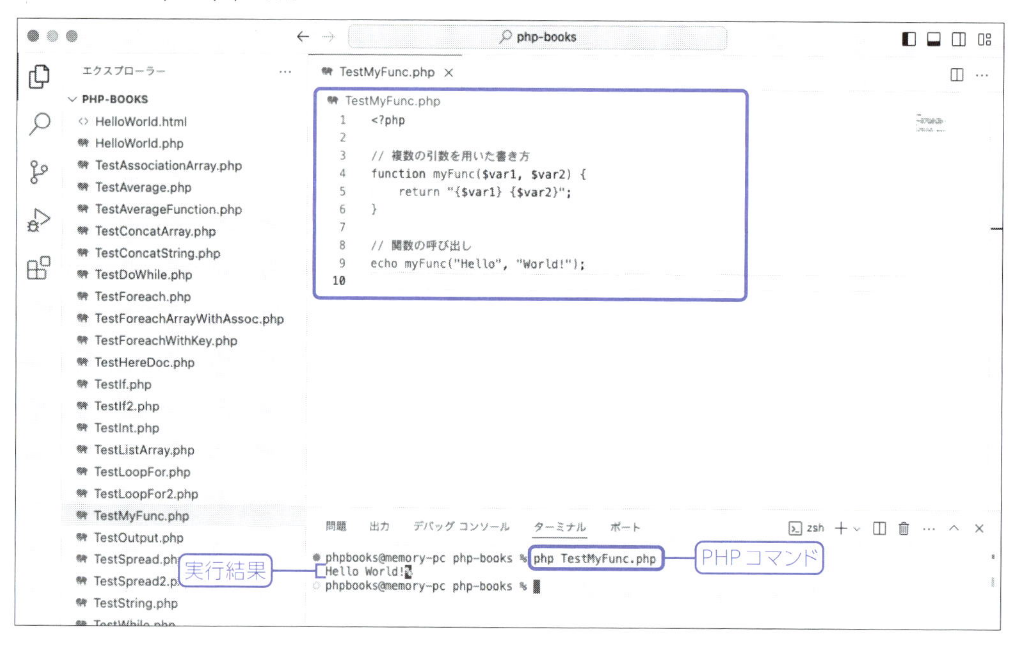

注19　プログラミングの学習中にmyXXXのようにmyが接頭辞として出てくるケースがあります。これは、自分自身が実装したものだとわかりやすくしたいといった文脈でよく用いられます。よく解説本では頻出する書き方ですが、myという接頭辞をつけること自体は必須ではありません。

Hello World!と出力されましたね。

次に、引数を渡さない方法で試してみましょう。次のコードをTestMyFunc2.phpという名前で保存しましょう。

```
<?php

// 引数を省略した書き方
function myFunc() {
    return "Hello World!";
}

// 関数の呼び出し
echo myFunc();
```

次のPHPコマンドで実行してみます。

```
php TestMyFunc2.php
```

▼図5-15　TestMyFunc2.phpの実行

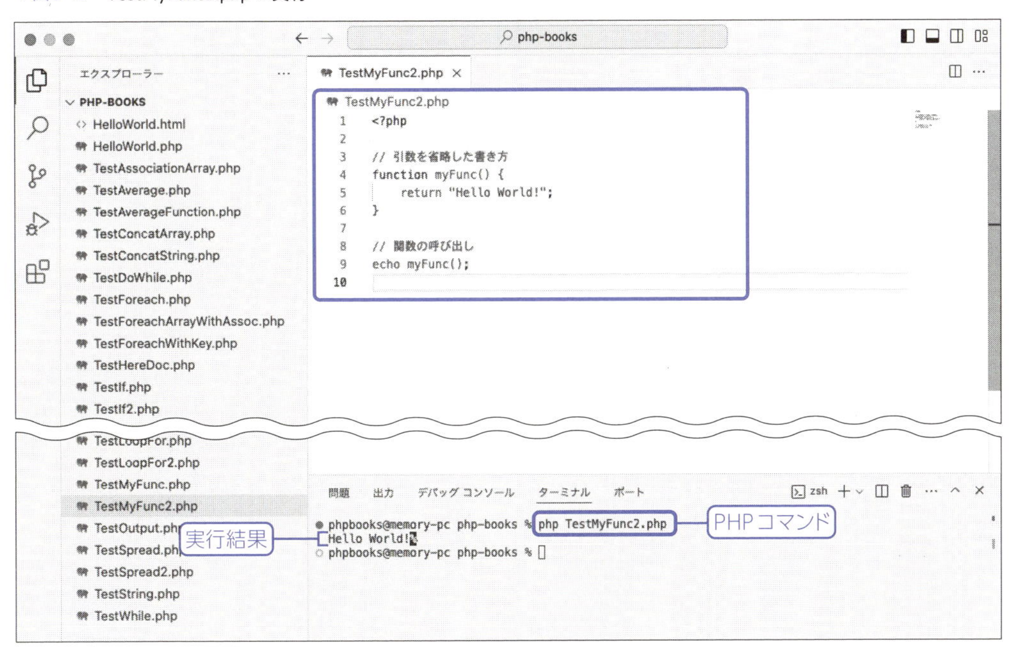

引数を渡さなくてもHello World!が出力できることがわかりましたね。以上で、関数を定義できるようになりました。

Column 運用上の仮引数、実引数について

業務上はどちらも引数と呼ぶことが一般的です。著者の感覚では、実引数を**渡す引数**、仮引数を**渡された引数**などと言うことが頻度として高く感じます。

実引数、仮引数と呼ぶことはあまりありませんが基礎知識として抑えておくと良いでしょう。また、コード上では仮引数に対してargument（省略してarg）と書かれていたり、実引数にparameter（省略してparam）と書かれたりとしており、厳密な使い分けがなされていないこともほとんどです。他にも、書籍や文献によっては、**実引数の値はコピーされ、仮引数に渡される**と記載されているものも見かけます。これは、厳密にはプログラミング言語によっては正解でもあり不正解でもあります。

PHPに限って言えば**部分的に正しい**となります。PHPには整数型や文字列型などを包含した意味を持つ、スカラーと呼ばれるものがあり、これらは厳密には異なりますが、コピーされると言っても差し支えない振る舞いになります。

オブジェクト型などは実体と呼ばれるオブジェクトそのものがコピーされるのではありません。解説すると複雑にかつ初心者向けではなくなるため、本書では取り扱わないこととします。仕組みが気になる方は、中級者向けなどの解説書を読むと良いでしょう。

5-4 ファイルを操作してみよう

PHPを含む多くのプログラミング言語は、ファイルを作成、読み込み含む変更や削除も行うことができます[注20]。これらが発展することで、CSVファイル[注21]を作成するなどの、さまざまな実用性のある要求を実現できるようになります。

たとえば、プログラムの実行で増えたデータを一時的にファイルへ退避させることや、アップロードされたファイルを管理するなど、さまざまなことをファイル操作で行うことで実現ができるようになります。

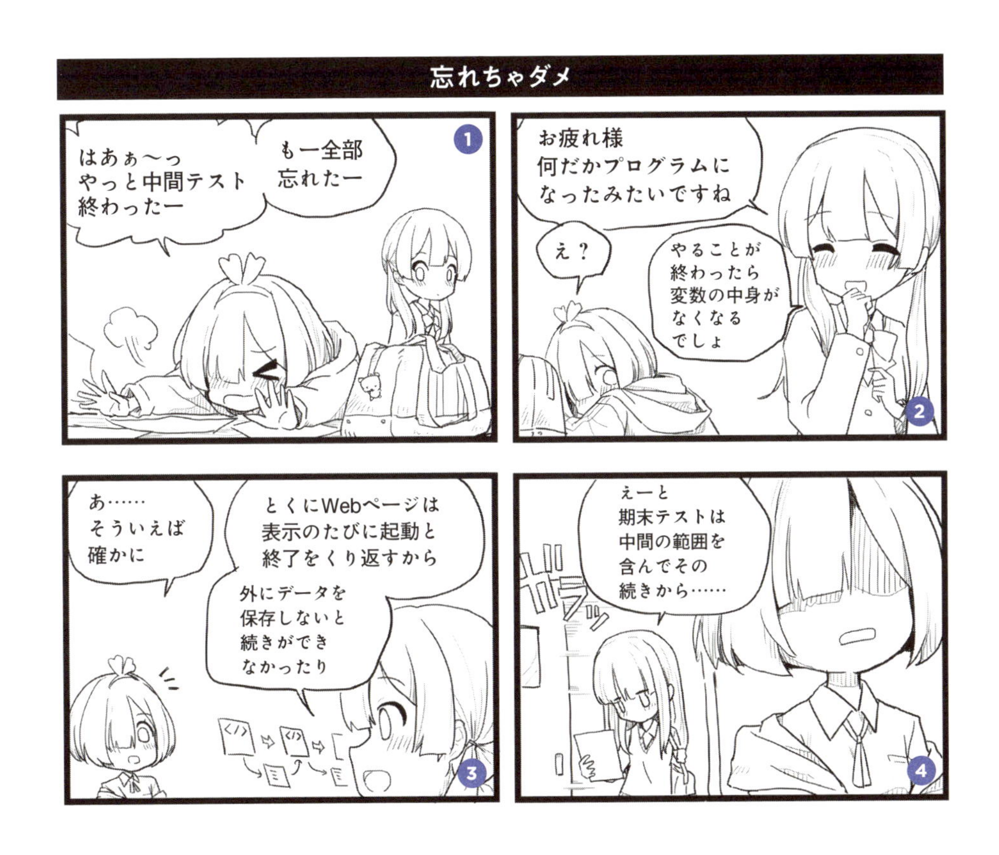

注20 他言語にはあまり見られない特徴の1つとしてPHPではファイルを操作するための書き方で、任意のサーバーにデータを送信、受信したりできます。

注21 Comma Separated Values（カンマセパレーテッドバリューズ）の略で、カンマ区切りのデータを管理するファイルのことです。業務ではよく使われます。

5-4-1 ファイルに書き込んでみよう

では、早速、PHPでファイルを操作してみましょう。hello_world.txtというファイルを作りHello World!と書き込んでみます。次をTestHandleFile.phpと命名します。

```
<?php

$handle = fopen(__DIR__ . "/hello_world.txt", 'w+'); ←①
fwrite($handle, "Hello World!\n"); ←②
fclose($handle); ←③
```

①では第1引数には作成・変更・追記したいファイルパス[注22]を指定、第2引数はファイルを閲覧だけの用途なのか、新規にファイルを作成するのかを指定するための引数です。第1引数に書かれている__DIR__[注23]は**マジック定数**[注24]と呼ばれ、PHPの実行時に値が確定する定数です。__DIR__は実行しているファイルパスのディレクトリ、つまりTestHandleFile.phpというファイルが設置されている場所が値となります。第2引数ではよく使われる、次の表5-1のような値を指定できます。

▼表5-1 引数で指定できる値

指定できる値	解説
r	読み込み専用でファイルを開く
r+	読み込み・書き込み両方を対象にファイルを開く
w	書き出し用だけでファイルを開く。ファイルポインタ[注25]を先頭に、ファイルのサイズをゼロにする。ファイルが存在しない場合は、新しく作成する
w+	wに加え、読み込みも可能にしてファイルを開く
a	書き出し用だけでファイルを開く。ファイルポインタを終端に置く
a+	aに加え、読み込みも可能にしてファイルを開く
x	wと似ているが、ファイルがすでに存在している場合はエラーになる
x+	xに加え、読み込みを可能にしてファイルを開く
c	wと似ているが、ファイルのサイズをゼロにしない、ファイルがすでにあってもxのようにfopenが失敗しない
c+	cに加え、読み込みも可能にしてファイルを開く

注22　ファイルパス（file path；パスともいう）とは、ファイルがどこの位置にあるのかを文字列で示すものです。
注23　__DIR__はディアーと読んだりします。DIRはDirectory（ディレクトリ）の略なので、ディレクトリ定数と読んだりする人もいます。
注24　C言語でいうところのマクロに近いものです。
注25　ファイルポインタとは、ファイルの値を読み込む現在位置のことを指します。ファイルは1バイト読み込む、書き込むごとに現在位置が変わります。読み込み位置と認識しておくと、覚えやすいでしょう。

fopen関数はfileのfとopenの組み合わせで**エフオープン**関数と読みます。fwriteやfcloseも同様で、それぞれ**エフライト**、**エフクローズ**と読みます。

$handleはよく、ファイルを扱う際に例で出てくる変数名で**ハンドル**と読みます。他の書籍や文献では$fpのような変数名を好んで使うものもあり、fpと書かれている場合は**ファイルポインタ(File Pointer)**という意味になります注26。C言語などのプログラミング言語でよく使われます。

②は、指定したファイルへ書き込むための処理です。第1引数にfopenの戻り値、第2引数には書き込む値を指定します。なお、fopenの戻り値はリソース型で、配列や文字列の型とは異なり中身を見ることはできないですが、ファイル操作についての情報が入っているものです。

③のfcloseはfopenで開かれたファイルを閉じるものです。閉じるとは具体的には、ファイルについて情報が入っているリソースを解放します。PHPでは、すぐに実行が完了するプログラムであれば、PHPが終了時に自動でリソースを開放してくれるので、floseを書かなくても支障はありません。

さて、次のPHPコマンドで実行してみましょう。

```
php TestHandleFile.php
```

▼図5-16　TestHandleFile.php

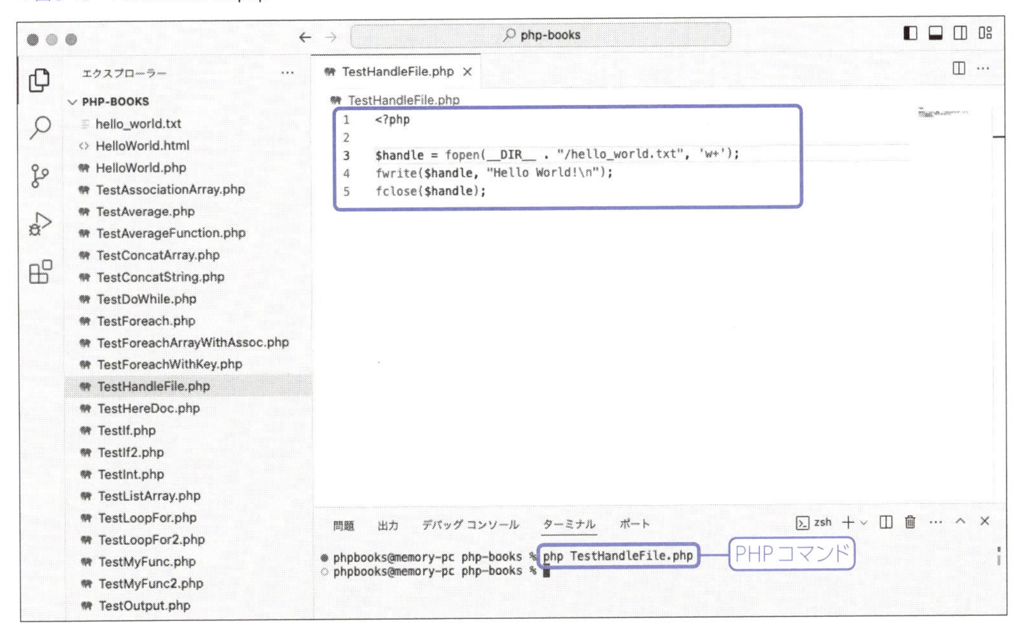

注26　この場合のファイルポインタは読み込み位置のことではなく、開いたファイルを操作するための実体がメモリ上のどこのアドレスに位置するのかを示すものです。初心者向け書籍では解説が非常に難しいので、現時点ではそういうのもあるんだなくらいの認識でよいでしょう。

実行するとVSCodeの左サイドバーに、hello_world.txtが作成され、ダブルクリックし開くとHello World!と書かれていることがわかります。

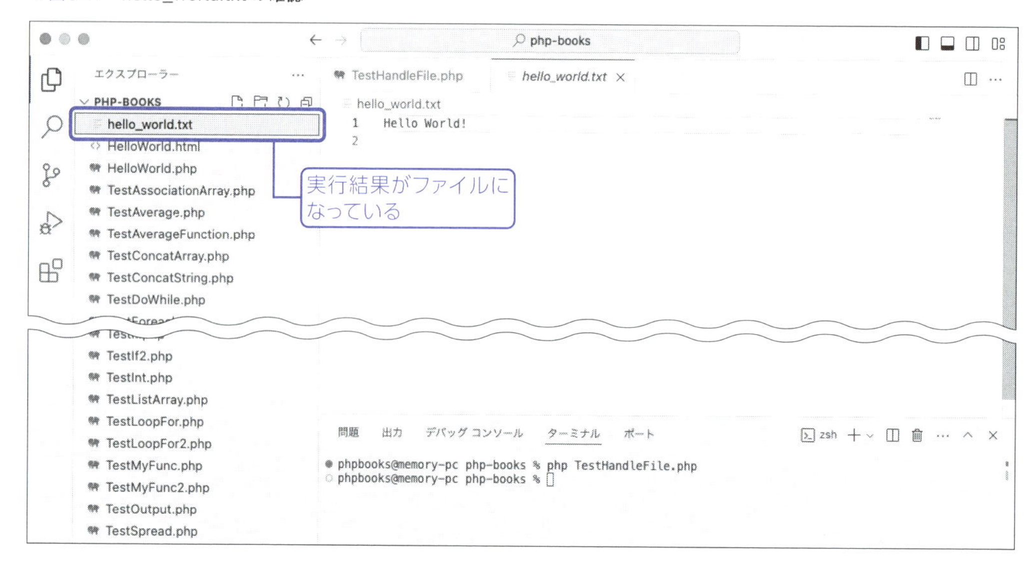

▼図5-17　hello_world.txtの確認

5-4-2　ファイルを読み込んでみよう

先ほど作成したHello World!と書かれているhello_world.txtを用いてファイルを読み込む方法を解説します。ファイルを読み込むにはfread（エフリード）を用います。ファイルを読み込むために、新しく次のコードが書かれたファイルを作成し、TestReadFile.phpと命名しておきましょう。

```
<?php

$handle = fopen(__DIR__ . "/hello_world.txt", 'r'); ←①

echo fread($handle, 8192); ←②
```

```
// ハンドルを閉じる
fclose($handle);
```

①では、第1引数には前節で作成したhello_world.txtを指定し、第2引数には読み込みの用途であるのでrを指定します。

②はfread関数でファイルの中身を読み込み、echoで出力させています。

fread関数は第1引数に、fopenの戻り値、第1引数に読み込むバイト数を指定します。

次のコマンドを実行して出力してみましょう。

```
php TestReadFile.php
```

▼図5-18　TestReadFile.phpの実行

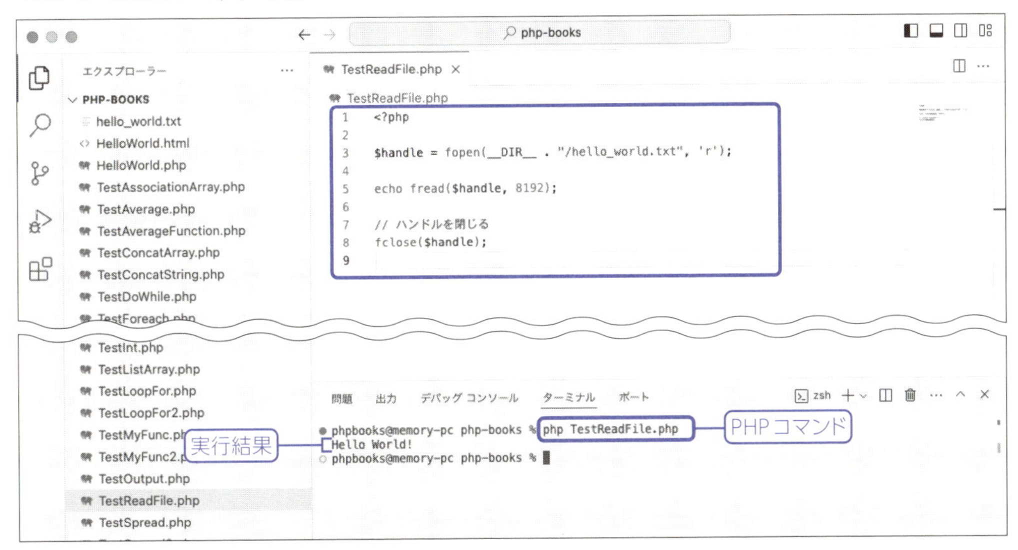

バイト数はおおむね英数字記号など1文字に対して1バイトとして取り扱われます。日本語はエンコーディングによって変わるものの、私達が普段使っているエンコーディングであれば、だいたい2文字から4文字分のバイト数、つまり2バイトから4バイトです（詳しくはコラム「なんで日本語が文字ではなくて文字列なの？」を参照）。

プログラミングの世界では、「何文字」ではなく「何バイト」であったり「何ビット」という単位を用います（173ページのコラム「ビット（bit）って何？」を参照）。

例では、8192バイト分を読み込むようにしています。また、freadはファイルの終端にたどり着いた場合は、そこまでのメモリ分しか使われません。つまり最大で8192バイト分であり、ファイルに書かれている内容によっては8192バイト使うというわけではありません。

さて、今回はHello World!というテキストが書かれていることがわかっています。

しかし、ファイルによって実際は何バイトを読み込めばいいのかはわかりません。そういったケースにおいては、ファイルをすべて読み込むという選択肢を取ることもあります。すべて読み込む場合は次のようにstream_get_contentsを使うことで実現できます。

```
<?php

$handle = fopen(__DIR__ . "/hello_world.txt", 'r');

echo stream_get_contents($handle);

// ハンドルを閉じる
fclose($handle);
```

また、ファイル名が明らかである場合は、stream_get_contentsの代わりにfile_get_contentsを用いることもできます。

```
file_get_contents(__DIR__ . "hello_world.txt");
```

freadは最大8192バイト分しかメモリ[注27]を使いませんが、stream_get_contentsやfile_get_contentsの場合は、開くファイルによっては数ギガバイト分のメモリを使う可能性もあります。

そのため、読み込むバイト数が明らかであったり、大きいファイルを読み込むにしても制限を設けられるようなケースではfread関数を用いることを心がけましょう。

なお、余談ですが、構造化されているファイル[注28]は、次に続けて読んでほしいバイト数などがファイルに記載されていることが多く、そういった用途ではfreadが非常に役にたちます。

さて、ファイルが読み込めるか試してみましょう。次のPHPコマンドを実行してみます。

```
php TestReadFile.php
```

注27 コンピュータが一時的にデータを格納しておく領域のこと。変数に値を代入している処理は結果的にはメモリに値が格納されることになります。

注28 フォーマットが決まっているファイル構造のこと。たとえば最初の4バイトに読み込んでほしいバイト数が書いてあり、そのあとにそのバイト数分の文字列が記載されているなど。

▼図5-19　TestReadFile.phpの実行

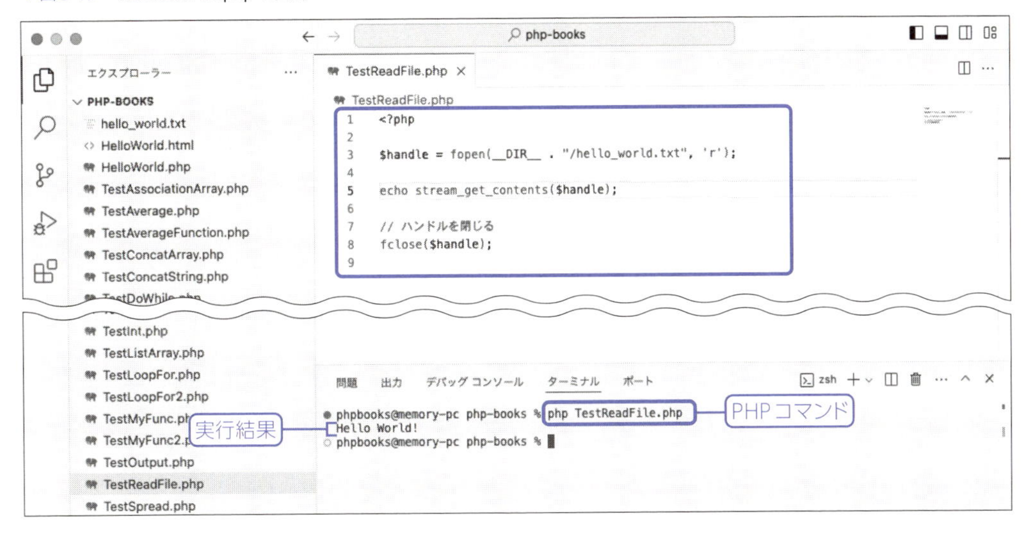

Hello World!と出力されることがわかりましたね。これでファイルを読み込むことができるようになりました。

Column ビット（bit）って何？

コンピュータは電子回路でできており、そのオンオフによって動作するものです。部屋の電気をつけるスイッチを想像してみるとわかりやすいかもしれません。

そして、そのオンオフを表現するのが、2進数と呼ばれているもので、0がオフ、1がオンという扱いとなります。なお、実際はビットをオンオフという言う方をするのではなくビットが立っている、立っていないという言い方をしたりします。

ビットという単位はこの0と1のことを指します。そして、"現代においては"8ビットが1バイトという単位になります。

では、なぜ8ビットが1バイトという単位なのでしょうか。"現代においては"と書いたのが大きく関連してきます。コンピュータの歴史上、もともとは8ビットが1バイトと対を成すものではありませんでした。9ビットが1バイトのコンピュータや6ビットが1バイトのコンピュータもありました。それが8ビットで1バイトに統一されていきました。理由は諸説ありますが、アルファベットの1文字を数えるのに便利、8ビットが2の乗数なので扱いやすいなどの理由から成り立っているようです[†1]。

8ビットは00000000，00000001，……，00011110，00011111，11111111までのすべての組み合わせが256通り（0～255）表すことができ、8ビットは1バイトと対をなしていることから、1バイトは0～255までの値を扱えるというわけです。

†1　https://www.itmedia.co.jp/news/articles/2202/03/news151.html

Column fcloseは本当に省略していいの？

少数のファイルを開く場合や規模の小さいアプリケーションではfcloseを省略してPHPに処理を委ねても問題ありません。まさに、PHPが得意とするWeb向けのアプリケーションは、短い処理の典型例です[†1]。

時折、PHPにおいてfcloseは省略したほうが良いという文献を見かけることがありますが、それは誤りです。ファイルを開くとファイルディスクリプタ（File Descriptor；ファイル記述子ともいう）と呼ばれる、開かれたファイルとPHPを結ぶパイプラインのようなものが生成されます。PHPに限らずコンピュータ上で動作しているプロセスあたりが開けるファイル数（ファイルディスクリプタの数）というのはOS（オペレーティングシステム）によって、制限がかかっている場合があります。さらに、PHPに委ねるということは、自分でコントロールができないアンコントローラブルな状態ということになります。PHPの詳しい仕様を知らない人から見たときには「これで本当に大丈夫なの？」と不思議がられることでしょう。

PHPは実行終了時にこのファイルディスクリプタを自動的に解放する仕組みなので、問題ないじゃないかという見方もできます。しかし、先ほど述べたように、それは少数のファイルを開く場合や規模の小さいWeb向けのアプリケーションに限ります。たとえば実行に時間がかかるPHPのプログラムがあったとき、fcloseを実行しないとPHPの実行が終了するまでの間、ファイルディスクリプタが生成されたままになってしまいます。

そのアプリケーションが仮に、ファイルディスクリプタを多く開く仕組みである場合、開けるファイルディスクリプタ数の制限によって他のアプリケーションがファイルを開けなくなるなど害を及ぼすこともありえます。さらに言えば、PHPではなく、他のアプリケーションによって生成されたファイルディスクリプタを参照する仕組みに脆弱性があった場合、PHPで作られたアプリケーションやPHPそのものに脆弱性（ぜいじゃくせい）がなかったとしても影響を受けることもあります。

これらを総じてファイルディスクリプタ漏洩（ろうえい）と言います[†2]。

ゆえに、明示的にfcloseすることは本来意味のあることであり、fclose を省略することがあたかも正解かのような推奨の仕方をするのは著者としては推奨できません。ファイルの処理が必要なくなったら、必ず即時にfcloseすることを推奨します。

†1　ブラウザ（厳密には接続してきたクライアント）に対してレスポンスを返すのは1秒未満の世界が常です。
†2　https://www.jpcert.or.jp/sc-rules/c-fio22-c.html

第6章

HTML/CSS/PHPでポートフォリオを作ってみよう

第6章

HTML/CSS/PHPで ポートフォリオを作ってみよう

6-1 Webページを作ってみよう

本書で学習したことを応用して、自分自身を紹介するWebページを作ってみましょう。このように、自分自身を紹介するWebページのことを**ポートフォリオ**とも呼びます。ポートフォリオを作ることで、自分が何者なのか、何に関心があるのか、他の方にアピールできるようになります。

ひと昔前と比べるとITエンジニアのカルチャーはクローズドではなく、OSS文化[注1]を筆頭にカンファレンスを含むイベントなどオープンに技術について語る場が増えてきました。自分自身のことを自己紹介するポートフォリオはさまざまなITエンジニアやプログラマーが自身で作成し公開しています。著者もポートフォリオを公開しています。

・著者のポートフォリオページ

https://i.mem.ooo

HTMLやCSS、PHPに慣れてくると上記のようなポートフォリオを作れるようになります。ただ、今回は初学者の方でも可能な範囲で、かつ今まで学習したことを用いて解説します。

図6-1のような見た目のポートフォリオを今回は題材として目指していきましょう。

注1　オープンソースソフトウェアを多くの人が更新していく文化のこと。OSS自体は無償で公開されており、一部寄付を募っているプロジェクトもあるものの、ほとんどはボランティアで行われています。

▼図6-1　作成するポートフォリオ

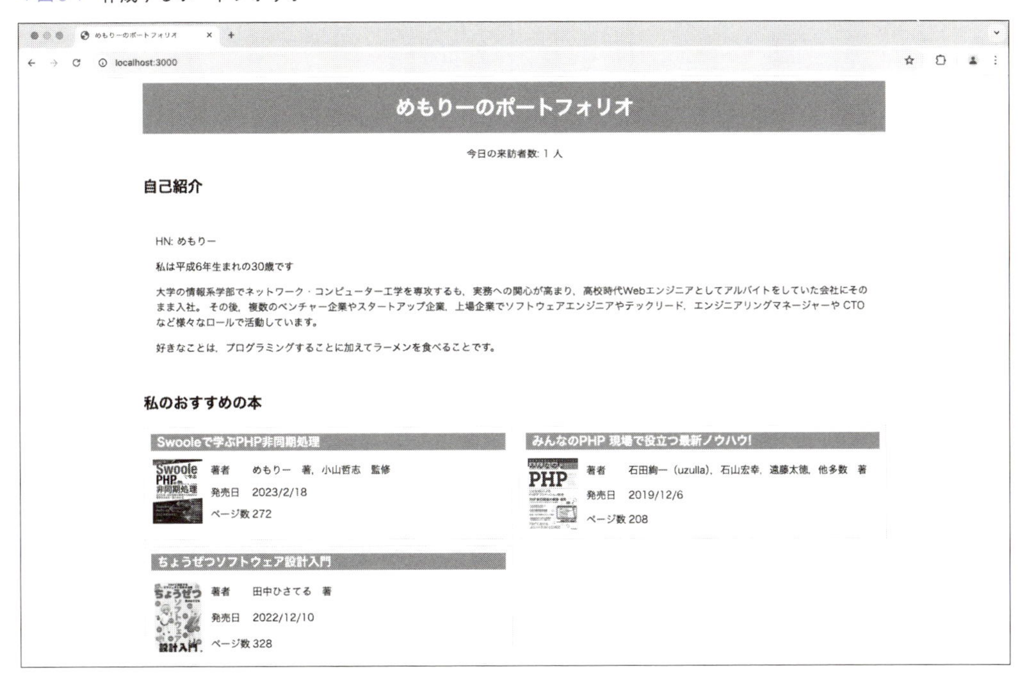

6-2 下準備をしよう

Webサイトを公開するには、本来はApache（アパッチ）やNginx（エンジンエックス）などといったWebアプリケーションサーバーを用意するのが一般的です。しかし、本書の目的は、初学者が少しでもプログラミングを楽しいと思えることに重きを置いています。そのため、今回はPHPに付属していて面倒が少ないビルトインウェブサーバー（Built-in Web Server）を用いることとします。

本来WebアプリケーションサーバーはPHPとは異なるソフトウェアで、Webアプリケーション専用のソフトウェアとして作られています。つまりPHP以外の他の言語でも用いることができます。Webアプリケーションサーバーの多くはそれ専用に特化して作られているため、機能も豊富です。しかし、PHPに付属しているビルトインサーバーは、PHPに特化したもので、PHP専用として作られていて余計な機能が削ぎ落とされた、簡易的なWebアプリケーションサーバーです。

本来Webアプリケーションサーバーは、ネットワークやセキュリティ、Webアプリケーションサーバーの仕組みそのものの前提知識が必要になってきます。しかし、今回のようなポートフォリオを確認する目的ではライトウェイトなビルトインサーバーで十分でしょう。では早速、PHPのビルトインサーバーを用いて、ポートフォリオを作成してみましょう。

まずはVSCode上でindex.phpというファイルを作成しましょう。index.phpには次のような中身を書いておきます。

```
<h1>Hello World!</h1>
```

次に、VSCodeで新しくターミナルを開き、ビルトインウェブサーバーを起動させるために、ターミナルに次のコマンドを入力します。

```
php -S 0.0.0.0:3000
```

うまく起動できると図6-2のように表示されます[注2]。

▼図6-2　ビルトインウェブサーバーの起動

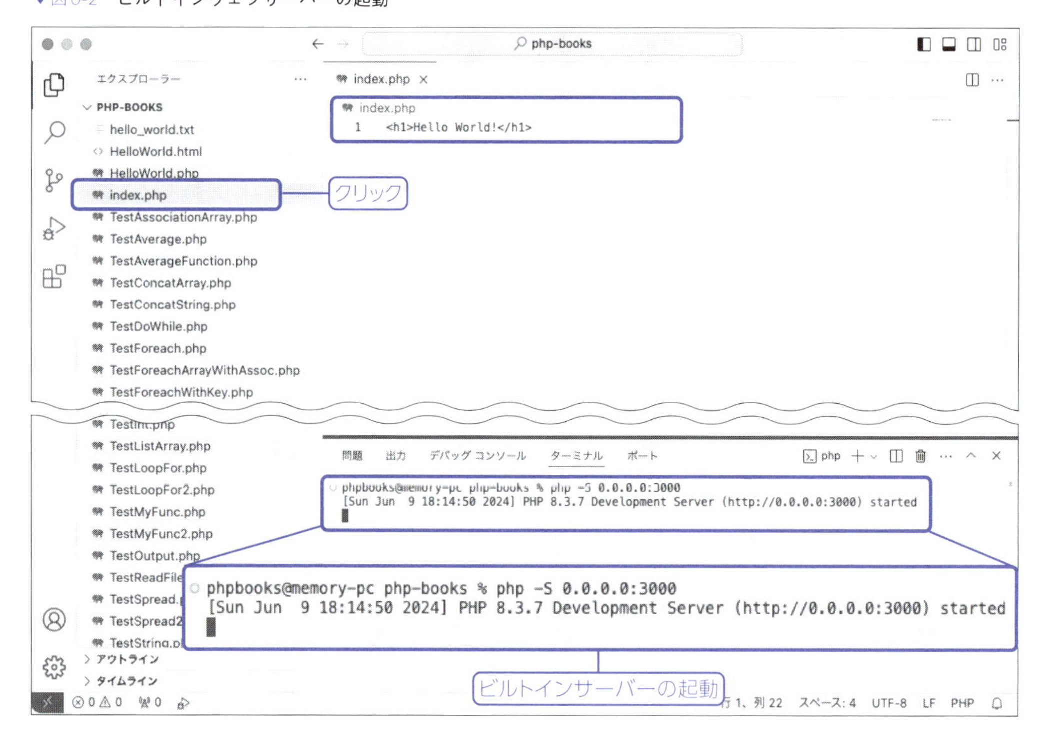

注2　うまく起動できない場合は、すでに3000番ポートなどが使用されている可能性があります。パソコンを再起動するか、3000番ポートを使っているソフトウェアを探して停止する必要があります。または、3000番ではなく任意のポート番号(たとえば50000など、どのソフトウェアでも使っていなさそうなもの)を指定して、以降の解説を読み替えるなども1つの手です。

-Sというオプション[注3]は、PHPのビルトインサーバーを使用するためのオプションです。引数として渡している`0.0.0.0:3000`は<IPアドレスまたはホスト名>:<ポート番号>を指定しています。`0.0.0.0`はすべてのIPアドレスという意味合いを持っており、どのような接続も受け付けるようにするための特別なIPアドレスです。

そのため、この引数が意味しているのは`0.0.0.0`の3000番というポートにアクセスしてきたときに、接続を受け付けるためのコマンドとなります。サーバーに接続する側は、localhost(IPアドレス127.0.0.1のエイリアス[注4])と指定します。ブラウザで「http://localhost」と接続すると、「127.0.0.1」に接続、つまり自分自身のコンピュータにHTTPというルールで接続しようとします。

通常ウェブサーバーは80番ポートというウェルノウンポート[注5]を使います。ウェルノウンポートはさまざまなソフトウェアで使用されている可能性があります。ポートは、すべてのアプリケーショ

注3　Serverの頭文字Sと覚えると良いです。

注4　別名という意味です。

注5　Well Known Ports。特によく使われるポートのことです。0～1023番目まであります。さまざまなアプリケーションで使われる可能性があるため、開発環境やプログラミングの学習ではこれ以外のポートが使われることが多いです。システムポート(System Ports)とも呼びます。なお、システムポートの場合は0～1023の間に限らずデータベースなどで用いられるポート番号3306、5432など幅広く指す場合があります。

ンの中で同じ番号を重複して用いることができません。

つまりAアプリケーション、Bアプリケーションがあり、80番ポートを用いることができるのはAまたはBのいずれかのアプリケーションだけです。片方で用いられていた場合は、もう片方で使用できません。ウェルノウンポートは、よく使われるポート番号であることから重複してしまう可能性があります。

そのため一般的に使われないであろうポートで、かつウェブアプリケーションの開発環境でよく使われる`3000`というポート番号を使用します。

ビルトインサーバーを起動するのと似たようにhttp://<IPアドレスまたはホスト名>:<ポート番号>とURLを記述できます。つまり「http://localhost:3000」という書き方ができます。もちろん「http://127.0.0.1:3000」で接続することもできますが、名前がついていたほうがわかりやすいので、本書では`localhost`をホスト名として解説します。

さてブラウザで「http://localhost:3000」とアクセスしてみましょう。図6-3のような表示になることがわかります。

▼図6-3 local hostへのアクセス

また、「`http://localhost:3000`」に接続すると図6-4のように接続されたことがターミナルに表示されます。これでウェブサーバーの下準備は整いました。

▼図6-4 http://localhost:3000へのアクセス表示

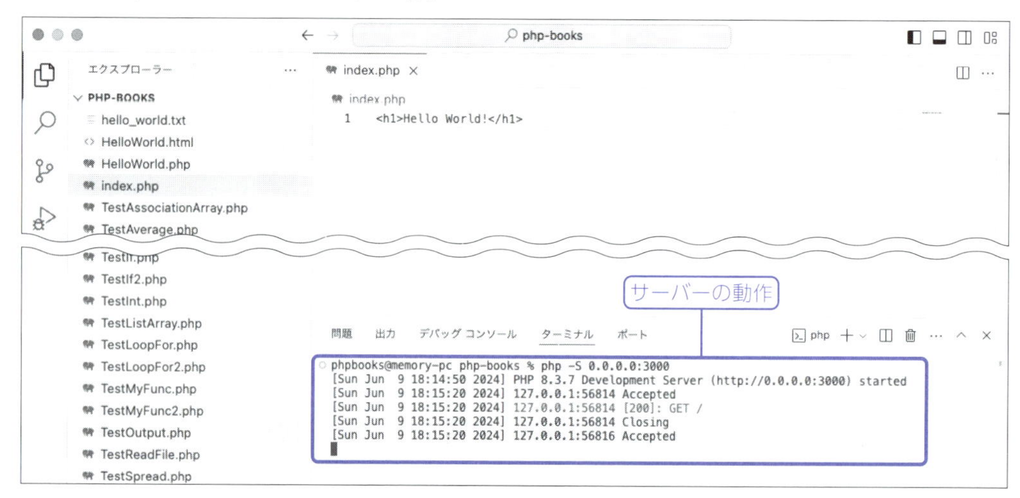

6-3 自己紹介文を書こう

自己紹介文を書くために、次のようなHTMLのベースを用意しましょう。また、下準備の節でも解説したように「http://localhost:3000」というURLにブラウザ上からアクセスして表示を確認できるようにします。次のように既存のindex.phpを書き換えましょう。

```
<?php
//A
//B   ここにコードが加わります
//C
?>
<html>
<head>
    <meta charset="utf-8">
    <title>XXXのポートフォリオ</title>
</head>
<body>
    <div class="body">
        <!-- 本文 -->
    </div>
</body>
</html>
```

ここから、自己紹介文を書いてみましょう。自己紹介文では次の項目を用いてみます。

- ハンドルネームやペンネーム、あだ名を書いてみましょう。思い浮かばない場合は本名でもかまいません
- 今までやってきたこと
- 好きなこと

<head>要素内を含めて、今後出現するXXXの部分はあなたのハンドルネームなどに置き換えてみましょう。では<!-- 本文 -->の真下に、次のように書いていきます。

```
<h1><a href="/">XXX のポートフォリオ</a></h1>
<h2>自己紹介</h2>
<div class="self-introduction">
    <p>HN: XXX</p>
    <p>自己紹介文一行目</p>
    <p>自己紹介文二行目</p>
</div>
```

本書では例として私のハンドルネーム、自己紹介文で解説していきます。

```
<h1><a href="/">めもりーのポートフォリオ</a></h1>
<h2>自己紹介</h2>
<div class="self-introduction">
    <p>HN: めもりー</p>
    <p>大学の情報系学部でネットワーク・コンピューター工学を専攻するも、実務への関心が高まり、高校時代Webエンジニアとしてアルバイトをしていた会社にそのまま入社。 その後、複数のベンチャー企業やスタートアップ企業、上場企業でソフトウェアエンジニアやテックリード、エンジニアリングマネージャーや CTO などさまざまなロールで活動しています。</p>
    <p>好きなことは、プログラミングすることに加えてラーメンを食べることです。</p>
</div>
```

次のようになります。title要素のXXXの部分も忘れずに変えましょう。

```
<?php
//A
//B    ここにコードが加わります
//C
?>
<html>
<head>
    <meta charset="utf-8">
    <title>めもりーのポートフォリオ</title>
</head>
<body>
    <div class="body">
        <!-- 本文 -->
        <h1><a href="/">めもりーのポートフォリオ</a></h1>
        <h2>自己紹介</h2>
        <div class="self-introduction">
            <p>HN: めもりー</p>
            <p>大学の情報系学部でネットワーク・コンピューター工学を専攻するも、実務への関心が高まり、高校時代Webエンジニアとしてアルバイトをしていた会社にそのまま入社。 その後、複数のベンチャー企業やスタートアップ企業、上場企業でソフトウェアエンジニアやテックリード、エンジニアリングマネージャーや CTO などさまざまなロールで活動しています。</p>
            <p>好きなことは、プログラミングすることに加えてラーメンを食べることです。</p>
        </div>
    </div>
</body>
</html>
```

「http://localhost:3000」につないでみると、図6-5のように表示されることがわかります。

▼図6-5　http://localhost:3000へのアクセス

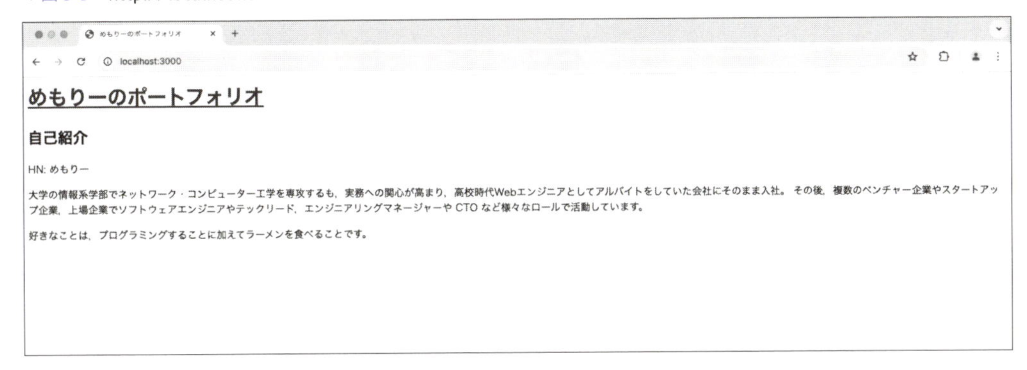

自己紹介が表示されることがわかりましたね。これ以降の節では、このHTMLをベースに解説していきます。

6-4 自分の年齢を自動で計算して表示してみよう

自分の年齢を計算するにはどうしたら良いでしょうか。年齢を自動で計算するのはまさにプログラミングをする上で、ロジックを考える1つの良い手段です。

年齢自体は現在の年月日から生年月日を引くことで求められます。PHPでは現在の年月日を出すにはdateという関数を用いることでできます。

```
<?php

// 現在の年月日
$currentDate = date('Y/m/d');

echo $currentDate;
```

date関数の第1引数には日付のフォーマットを指定します。PHPのマニュアルにはたくさんの種類が記載されていますが、本書ではよく用いるフォーマットだけ解説します。

詳しく知りたい場合は引用先のPHPマニュアルをご覧ください。

フォーマット	解説	例
Y	年。少なくとも4桁からなる数値。紀元前の場合は、- が付く	例：-0055, 0787, 1999, 2003, 10191
y	年。2桁の数字	例：99 または 03
m	月。数字。先頭にゼロをつける。	01 から 12
d	日。2桁の数字（先頭にゼロがつく場合も）	01 から 31

引用 https://www.php.net/manual/ja/datetime.format.php

年齢を計算するには現在の年月日と、生年月日を引けば良いと記載しました。純粋に考えると次のようなコードになりますが、このコードで年齢を求めることはできるのでしょうか。

```
<?php

// 現在の年月日
$currentDate = date('Y/m/d');

// 著者の誕生日を入れていますが、適宜ご自身の誕生日に変えてみてください。
$birthday = "1994/05/26";

echo "私は" . ($currentDate - $birthday) . "歳です";
```

結論から言うと上記のコードはエラーになります。PHPを含む数多くのプログラミング言語では日付と文字列の区別ができず、どちらも文字列として扱われます。

では、どうしたら良いのでしょうか。このような場合、引き算が可能な整数型に変更することを検討すると良いでしょう。日付を整数で表す方法の1つとして**UNIXタイムスタンプ**というものがあります。このUNIXタイムスタンプは1970年1月1日（UTC）（Universal Time Coordinated；協定世界時）を起点に秒で時刻を整数として示したものです。UNIXタイムスタンプに変換するには`strtotime`[注6]を使えばできます。また、date関数は第2引数にベースとなるUNIXタイムスタンプを指定することで、指定したタイムスタンプを年月日に直してくれます。これらを組み合わせることで、日付の足し算や引き算ができるようになります。せっかくですので年齢は関数で定義してみましょう。次を`TestCalculateAge.php`とします。

```
<?php

// 著者の誕生日を入れていますが、適宜ご自身の誕生日に変えてみてください。
```

注6　本来であれば、日付の計算においてstrtotimeは適切ではありません。なぜなら、UNIXタイムスタンプは1970年1月1日からのスタートであり、1970年より前に生まれた方に適用できないため、不適切です。正当にいけば、`DateTime`か`DateTimeImmutable`といった日付を専門に取り扱うクラスを使用するべきです。ただし、クラスという難しい解説よりもプログラムが動くことで理解を深めてもらいたい本書では便宜上strtotimeを用い、UNIXタイムスタンプで解説しています。

```
$birthday = "1994/05/26";

// 年齢を計算するための関数を定義します。
function calculateAge($inputBirthday) {
    // 現在の年月日を Unix タイムスタンプに変換する
    $currentDateUnixTimestamp = strtotime(date('Y/m/d'));

    // 誕生日を Unix タイムスタンプに変換する
    $birthdayUnixTimestamp = strtotime($inputBirthday);

    // 年齢を計算する
    $age = date("Y", $currentDateUnixTimestamp - $birthdayUnixTimestamp) - 1970; ←――― ①

    return $age;
}

echo "私は" . calculateAge($birthday) . "歳です";
```

さきほどUNIXタイムスタンプは1970年1月1日起点と解説しました。そのためdate("Y", $currentDateUnixTimestamp - $birthdayUnixTimestamp)の結果は、本来1994年生まれで今年が2024年だとすると29となることを期待したいところです。しかし、起点が1970年ということもあり1999のように1970年が加わった値になってしまうため、1970を引く必要があります。また、dateの第2引数にはUNIXタイムスタンプを指定でき、指定した場合は、そのUNIXタイムスタンプからの年月日の値を取得できます。閏年を考慮するともっと複雑になってしまうため、閏年については別途コラムを参照してください。

さて、上記のコードを次のコマンドで実行してみます。PHPのサーバーが起動している状態ですので、もう一度VSCodeで図1-19（16ページ）のように新しいターミナルを選択し、コマンドを入力しましょう。

```
php TestCalculateAge.php
```

▼図6-6　TestCalculateAge.phpの実行

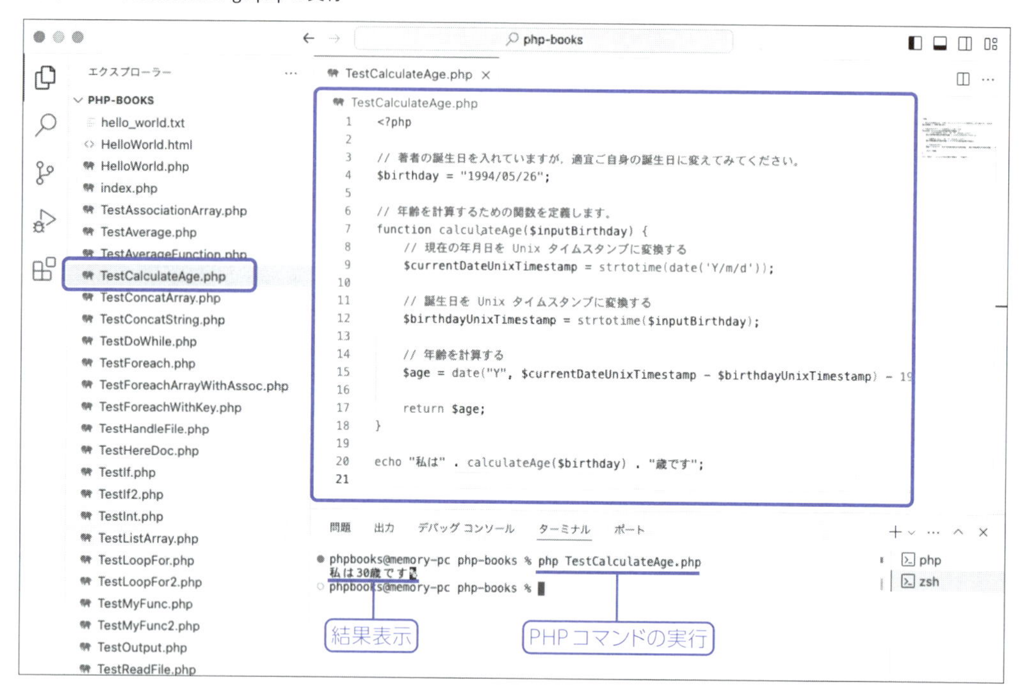

これで正しく年齢が表示されることがわかりました。

ここで令和・平成・昭和の何年生まれなのか表示できるようにしましょう。令和、平成、昭和の条件は次の表のようになります。

元号	条件
令和	2019年5月1日以上
平成	1989年1月8日以上、2019年4月30日以下
昭和	1926年12月25日以上、1989年1月7日以下

また、令和、平成、昭和を求めるには、始まった年(元年)を起点とし、その差分を求めたのち、元号は0年からではなく1年から開始するため、その値に+1すれば求まります。その元号の開始年月日さえ覚えておけば実は容易に計算ができます[注7]。

ゆえに、次の表のように計算できます。

注7　年の下2桁を用いて計算する方法もありますが、要件を一部満たせません。2019年生まれを計算する場合、平成31年と令和元年の区別が下2桁の計算では行えないためです。

元号	例	計算式
令和	2019年生まれ	2019 - 2019 + 1 = 1(令和1年または令和元年)
平成	1994年生まれ	1994 - 1989 + 1 = 6(平成6年)
昭和	1974年生まれ	1974 - 1926 + 1 = 49(昭和49年)

和暦で表示する場合、令和1年と表示するのか令和元年と表示するのか、迷ってしまいますね。今回はif文の学習がてら1年の場合は元年で表示してみましょう。加えて、関数化して扱ってみましょう。次のようにコードを書いてみます。TestCalculateWareki.phpという名前をつけておきましょう。

```
<?php

// 著者の誕生日を入れていますが、適宜ご自身の誕生日に変えてみてください。
$birthday = '1994/05/26';

// 和暦を計算するための関数を定義します。
function calculateWareki($birthday) {
    // UNIX タイムスタンプに変更しておきます。
    $unixTimestamp = strtotime($birthday);

    // 厳密に令和・平成・昭和を計算するため、UNIX タイムスタンプを用いて計算する
    // 2019/5/1 以上は平成
    if ($unixTimestamp >= strtotime('2019/5/1')) {
        // 元号が令和
        $gengou = '令和';

        // 平成の開始年は 2019
        $startedYear = 2019;
    }
    // 1989/1/8 以上は平成
    elseif ($unixTimestamp >= strtotime('1989/1/8')) {
        // 元号が平成
        $gengou = '平成';

        // 平成の開始年は 1989
        $startedYear = 1989;
    }
    else {
        // 元号が昭和
        $gengou = "昭和";

        // 昭和の開始年は 1926
        $startedYear = 1926;
    }

    // 先ほどの表の計算式を用いる
```

```
    // 例: 1994 - $startedYear + 1
    $number = date('Y', $unixTimestamp) - $startedYear + 1;

    // 元号 1 年の場合は "元" 年と表示するため、ここで変換をしています。
    if ($number === 1) {
        $number = "元";
    }

    // 元号と歴、最後に年をつけて値を返します。
    return $gengou . $number . "年";
}

echo "私は" . calculateWareki($birthday) . "生まれです。";
```

少し複雑なプログラムになってきました。ここで難しいと感じている場合は場合は第4章と第5章を読み返して復習しましょう。さて、上記のコードを次のように実行してみます。

```
php TestCalculateWareki.php
```

▼図6-7　TestCalculateWareki.phpの実行

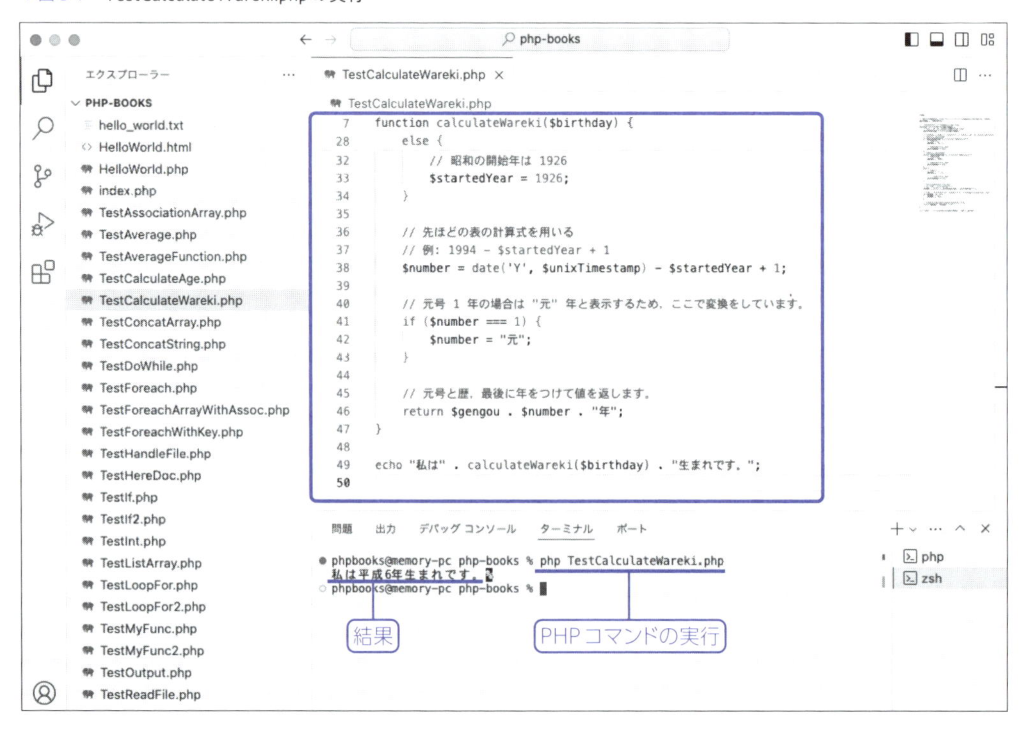

では、これらを用いて、ポートフォリオに埋め込んでいきましょう。<p>HN: XXX</p>の真下に次を追加してみましょう。

```
<p>私は<?= calculateWareki($birthday) ?>生まれの<?= calculateAge($birthday) ?>歳です</p>
```

次に、// Aの真下に、先ほど記載したPHPのコードを記載していきます。記載する際に$birthdayの重複記述がなされないように、またechoの行を消して書きましょう。コードをまとめると次のようになります。

```
<?php
// A
// 著者の誕生日を入れていますが、適宜ご自身の誕生日に変えてみてください。
$birthday = '1994/05/26';

// 和暦を計算するための関数を定義します。
function calculateWareki($birthday) {
    // UNIX タイムスタンプに変更しておきます。
    $unixTimestamp = strtotime($birthday);

    // 厳密に令和・平成・昭和を計算するため、UNIX タイムスタンプを用いて計算する
    // 2019/5/1 以上は平成
    if ($unixTimestamp >= strtotime('2019/5/1')) {
        // 元号が令和
        $gengou = '令和';

        // 平成の開始年は 2019
        $startedYear = 2019;
    }
    // 1989/1/8 以上は平成
    elseif ($unixTimestamp >= strtotime('1989/1/8')) {
        // 元号が平成
        $gengou = '平成';

        // 平成の開始年は 1989
        $startedYear = 1989;
    }
    else {
        // 元号が昭和
        $gengou = "昭和";

        // 昭和の開始年は 1926
        $startedYear = 1926;
    }
```

```
    // 先ほどの表の計算式を用いる
    // 例: 1994 - $startedYear + 1
    $number = date('Y', $unixTimestamp) - $startedYear + 1;

    // 元号 1 年の場合は "元" 年と表示するため、ここで変換をしています。
    if ($number === 1) {
        $number = "元";
    }

    // 元号と歴、最後に年を付けて値を返します。
    return $gengou . $number . "年";
}

// 年齢を計算するための関数を定義します。
function calculateAge($birthday) {
    // 現在の年月日を UNIX タイムスタンプに変換する
    $currentDateUnixTimestamp = strtotime(date('Y/m/d'));

    // 誕生日を UNIX タイムスタンプに変換する
    $birthdayUnixTimestamp = strtotime($birthday);

    // 年齢を計算する
    $age = date("Y", $currentDateUnixTimestamp - $birthdayUnixTimestamp) - 1970; ←── ①

    return $age;
}

// B
// C
?>
<html>
<head>
    <meta charset="utf-8">
    <title>めもりーのポートフォリオ</title>
</head>
<body>
    <div class="body">
        <!-- 本文 -->
        <h1><a href="/">めもりーのポートフォリオ</a></h1>
        <h2>自己紹介</h2>
        <div class="self-introduction">
            <p>HN: めもりー</p>
            <p>私は<?= calculateWareki($birthday) ?>生まれの<?= calculateAge($birthday) ?>歳です
</p>
            <p>大学の情報系学部でネットワーク・コンピューター工学を専攻するも、実務への関心が高
まり、高校時代Webエンジニアとしてアルバイトをしていた会社にそのまま入社。 その後、複数のベンチャ
ー企業やスタートアップ企業、上場企業でソフトウェアエンジニアやテックリード、エンジニアリングマネ
ージャーや CTO などさまざまなロールで活動しています。</p>
```

```
            <p>好きなことは、プログラミングすることに加えてラーメンを食べることです。</p>
        </div>
    </div>
</body>
</html>
```

ではこれで実際に「http://localhost:3000」アクセスしてみましょう。

▼図6-8　「http://localhost:3000」アクセスしてテストしてみる

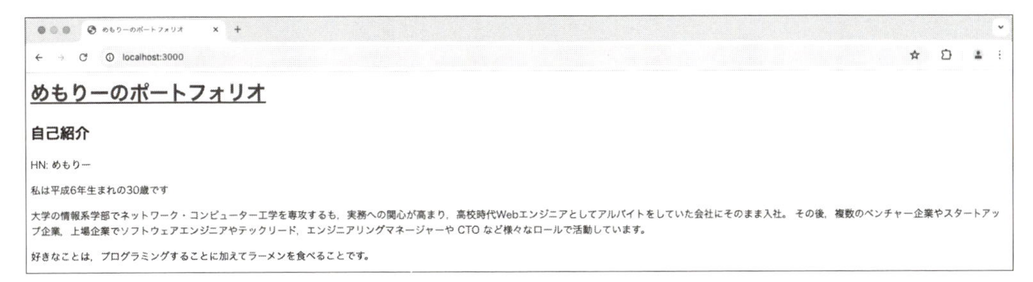

年齢と和暦が表示されたことを確認できましたね。では次はアクセスカウンターを作ってみましょう。

Column 閏年も含めた誕生日の計算

閏年(うるう)を計算するにはロジックが少々複雑になります。ちなみに、閏年を満たす条件をご存じでしょうか。閏年は次の2つの条件を満たすものです。

- 西暦年号が4で割り切れる年
- 西暦年号が100で割り切れず400で割り切れる年

現状のロジックの場合、生年月日が閏年でかつ3月1日、現在の年月日が閏年ではなく3月1日である場合、2月29日分が加味されていないため、年齢が加算されません。閏年の人の場合は、複雑にはなってしまいますが、この不具合を修正する必要があるでしょう。

上記を加味し、前節のコードを次のように書き換えます。

```
<?php

// 著者の誕生日を入れていますが、適宜ご自身の誕生日に変えてみてください。
$birthday = "2000/03/01"; ←――――――――――― (A)

// 年齢を計算するための関数を定義します。
function calculateAge($inputBirthday) {
    // 現在の年月日を取得
    $currentDate = date('Y/m/d');

    // 現在の年月日を UNIX タイムスタンプに変換する
    $currentDateUnixTimestamp = strtotime($currentDate);

    // 誕生日を UNIX タイムスタンプに変換する
    $birthdayUnixTimestamp = strtotime($inputBirthday);

    // 基本の年齢計算
    $age = date("Y", $currentDateUnixTimestamp - $birthdayUnixTimestamp) - 1970;

    // ↓以下を追記
    // 現在の年、月、日を取得
    $currentYear = date('Y', $currentDateUnixTimestamp);
    $currentMonth = date('m', $currentDateUnixTimestamp);
    $currentDay = date('d', $currentDateUnixTimestamp);

    // 誕生日の年、月、日を取得
    $birthYear = date('Y', $birthdayUnixTimestamp);
    $birthMonth = date('m', $birthdayUnixTimestamp);
    $birthDay = date('d', $birthdayUnixTimestamp);
```

```
    // 閏年の処理の追加 ←―――――――――――――――――――――――――(B)
    if (
        // 生年月日が閏年かつ 3/1 の場合
        isLeapYear($birthYear) && $birthMonth == 3 && $birthDay == 1 &&

        // 現在の年月日が閏年ではなく、かつ 3/1 の場合
        !isLeapYear($currentYear) && $currentMonth == 3 && $currentDay == 1
    ) {
        // 閏年の関係上 3/1 の場合、1 日分不足するため加算対象とならない。そのためそれを
加味して年齢を加算する
        $age++;
    }
    // ↑追記ここまで

    return $age;
}

// 閏年を判定する関数 ←――――――――――――――――――――――――――(C)
function isLeapYear($year) {
    return ($year % 4 == 0 && $year % 100 != 0) || ($year % 400 == 0);
}

echo "私は" . calculateAge($birthday) . "歳です";
```

(**A**) では例で2000/3/1を誕生日として入力しています。(**B**) は先ほどの閏年の問題点を修正するための条件文、(**C**) は閏年を判定するためのコードを記述しています。このようにすることで閏年を正しく計算できます。ただ、このままだと閏年ではない年まで待たないといけません。今すぐ試したい場合は、現在の年月日を別の年月日に置き換えて試してみます。次のように、

```
$currentDate = date('Y/m/d');
```

と書かれているdateの第2引数に閏年ではない日付をstrtotimeで指定します。

```
$currentDate = date('Y/m/d', strtotime('2019/03/01'));
```

このコードを`TestBirthdayWithLeap.php`として保存し、次のように実行すると、

```
php TestBirthdayWithLeap.php
```

```
私は19歳です
```

上記のように正しい年齢が表示されましたね。では閏年に対応したプログラムを消して実行してみるとどうでしょうか。

```
php TestBirthdayWithLeap.php
```

```
私は18歳です
```

1歳足りない状態で表示されてしまいました。これで正しく閏年に計算が行われていることがわかったのではないでしょうか。

6-5 アクセスカウンターを作ってみよう

アクセスカウンターとは何でしょうか。アクセスカウンターとは**ウェブサイトに訪れたユーザーの数を記録して表示する**1つのウェブサイト上のコンテンツです。2000年代のインターネット黎明期ではさまざまなウェブサイトでこのコンテンツが使われていましたが、現代になってからはあまり見かけなくなってしまいました。イメージとしてはSNSのライブ機能で現在の視聴者数を表示している様子に近いです。

では、なぜアクセスカウンターを今の時代に作る必要があるのでしょうか。実はアクセスカウンターは、プログラミングを学ぶ上で都合の良い基礎が詰まっているのです。特に、ユーザー複数人からの同時接続への対応方法、ファイルの操作(読み込み、書き込み)、四則演算などです。アクセスカウンターを作ることで、前章で学んだことを復習しつつ自分のポートフォリオを着飾れるなんて一石二鳥だと思いませんか。ということで、早速アクセスカウンターを作っていきましょう。アクセスカウンターの仕様を今一度確認しておきます。

①ブラウザから接続されたらファイルを開こうとする

②ファイルが開けたらファイルに書き込まれている数字に+1した値を書き込む

②-1 ファイルが開けなかったら新規作成し、1の値を書き込む

③ファイルを閉じる

④書き込まれた値を表示する

おおむねこのような流れでアクセスカウンターを作ることができます。では、早速次のようなコードを書いてみましょう。次のコードをTestAccessCounter.phpと命名しておきます。

```php
<?php

// このようにファイルがあるか、ないか不明な場合はcまたはc+で開くとエラーが出力されないので便利です
$handle = fopen(__DIR__ . '/access_counter.log', 'c+');
$counter = fread($handle, 8192);

// ファイルに値がなければ 1 の値にする
if ($counter === '') {
    // 既存の値がない場合は 1 の値をセットします。
    $counter = 1;
} else {
    // ファイルを空にしない場合、値が追記されるのでファイル内のデータを空にします。
    // fread でファイルのポインタが移動しているため、rewind 関数で、最初の位置に戻しています。
    rewind($handle);

    // ファイルの中身を空にするには ftruncate 関数を用いることでできます。
    ftruncate($handle, 0);

    // 既存の値に +1 します。
    $counter = $counter + 1;
}

// 書き込めるのは文字列のみなので、変数を次のようにして文字列に変換します。
fwrite($handle, "{$counter}");

// ファイルのハンドルをクローズします。
fclose($handle);

echo "アクセスカウンター: {$counter}";
```

以下のPHPコマンドで実行してみましょう。

```
php TestAccessCounter.php
```

▼図6-9　TestAccessCounter.phpの実行

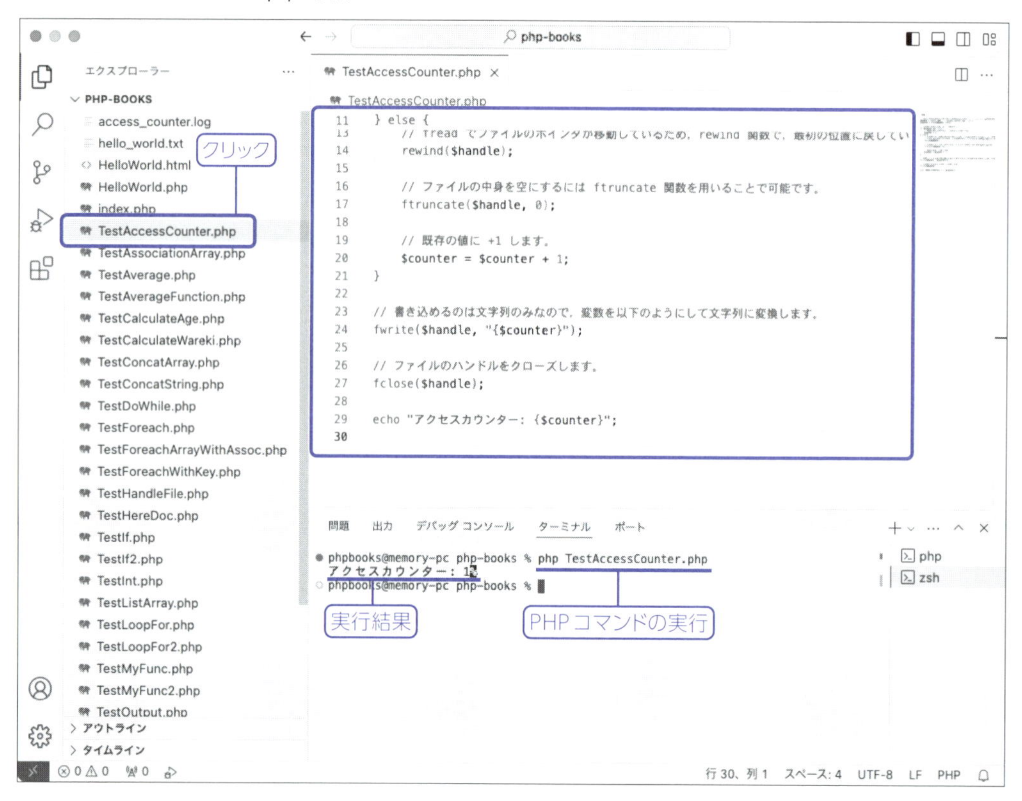

アクセスカウンター： 1と出てくるのがわかりましたね。もう一度先ほどのコマンド実行してみましょう。

▼図6-10 TestAccessCounter.phpで再度コマンドを実行

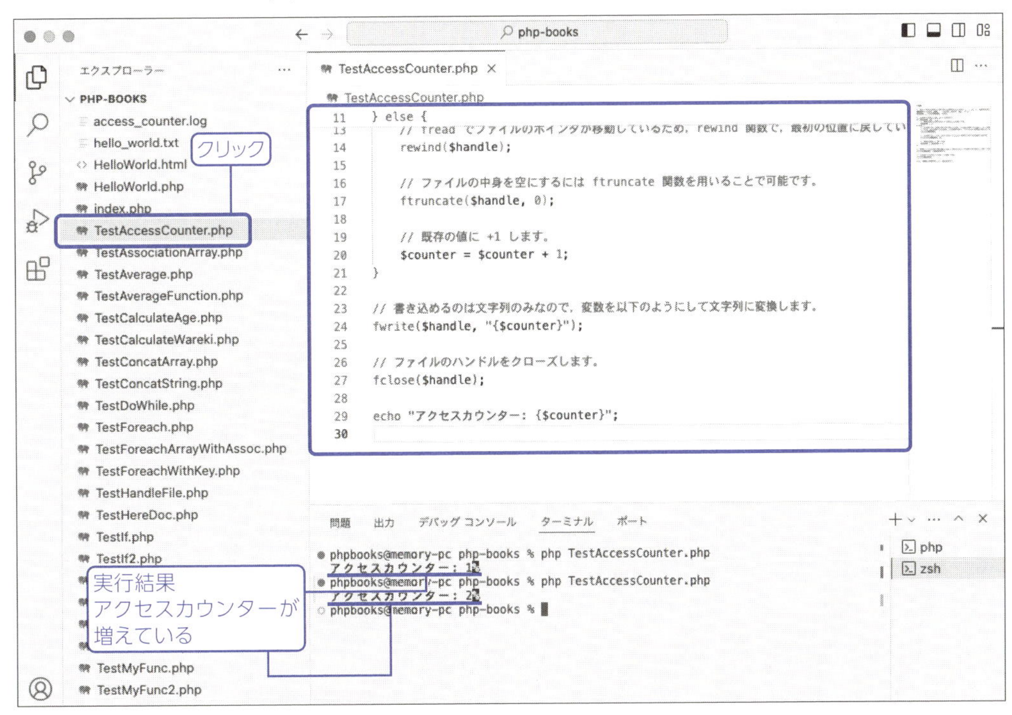

次はアクセスカウンター： 2という表示になっていることが確認できましたね。このようにカウント数が増えていくものがアクセスカウンターです。

さて、これを次のように関数化し、index.phpに結合しましょう。

```
function increaseAndGetAccessCounter() {
    // このようにファイルがあるか、ないか不明な場合は`c` または `c+` で開くとエラーも出ずに便利です。
    $handle = fopen(__DIR__ . '/access_counter.log', 'c+');

    // アクセスカウンターのデータを読み込みます。
    $counter = fread($handle, 8192);

    // ファイルに値がなければ 1 の値にする
    if ($counter === '') {
        // 既存の値がない場合は 1 の値をセットします。
        $counter = 1;
    } else {
        // ファイルを空にしない場合、値が追記されるのでファイル内のデータを空にします。
        // fread でファイルのポインタが移動しているため、rewind関数で、最初の位置に戻しています。
        rewind($handle);
```

```
        // ファイルの中身を空にするには ftruncate 関数を用いることでできます。
        ftruncate($handle, 0);

        // 既存の値に +1 します。
        $counter = $counter + 1;
    }

    // 書き込めるのは文字列のみなので、変数を以下のようにして文字列に変換します。
    fwrite($handle, "{$counter}");

    // ファイルのハンドルをクローズします。
    fclose($handle);

    return $counter;
}
```

上記をindex.phpの// Bの真下に追加します。また、アクセスカウンターを関数として定義したincreaseAndGetAccessCounter()を<h1><a href="/">XXXのポートフォリオ</a></h1>の真下に<p class="access-counter">今日の来訪者数：<?= increaseAndGetAccessCounter() ?>人</p>のように追加してみます。

```
<?php
// A
// 著者の誕生日を入れていますが、適宜ご自身の誕生日に変えてみてください。
$birthday = '1994/05/26';

……（省略）……

// 和暦を計算するための関数を定義します。
function calculateWareki($birthday) {

……（省略）……

}

// ↓ここから追加
// B
function increaseAndGetAccessCounter() {
    // このようにファイルがあるか、ないか不明な場合は `c` または `c+` で開くとエラーも出ずに便利
です。
    $handle = fopen(__DIR__ . '/access_counter.log', 'c+');
```

```
    // アクセスカウンターのデータを読み込みます。
    $counter = fread($handle, 8192);

    // ファイルに値がなければ 1 の値にする
    if ($counter === '') {
        // 既存の値がない場合は 1 の値をセットします。
        $counter = 1;
    } else {
        // ファイルを空にしない場合、値が追記されるのでファイル内のデータを空にします。
        // fread でファイルのポインタが移動しているため、rewind関数で、最初の位置に戻しています。
        rewind($handle);

        // ファイルの中身を空にするには ftruncate 関数を用いることでできます。
        ftruncate($handle, 0);

        // 既存の値に +1 します。
        $counter = $counter + 1;
    }

    // 書き込めるのは文字列のみなので、変数を以下のようにして文字列に変換します。
    fwrite($handle, "{$counter}");

    // ファイルのハンドルをクローズします。
    fclose($handle);

    return $counter;
}

// C
?>
……（省略）……
    <!-- 本文 -->
    <h1><a href="/">めもりーのポートフォリオ</a></h1>
    <p class="access-counter">今日の来訪者数: <?= increaseAndGetAccessCounter() ?> 人</p>
……（省略）……
```

上記のコードを書いた後、access_counter.logを削除後、あらためてブラウザで「http://localhost:3000」に接続してみましょう。

▼図6-11　アクセスカウンターの実装が含まれたコードを確認

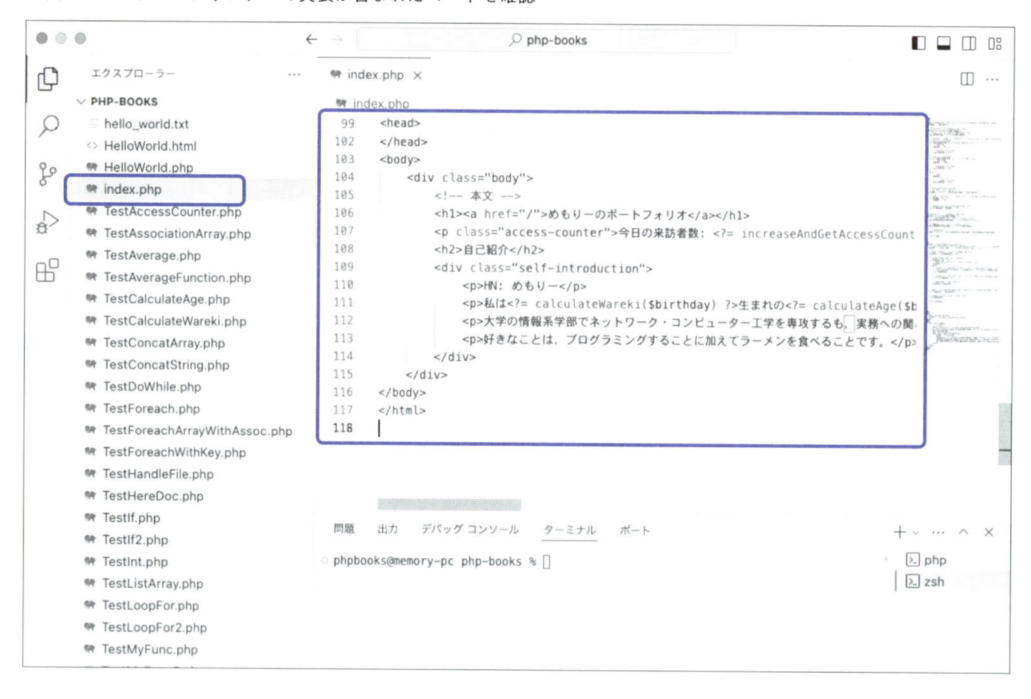

▼図6-12　「http://localhost:3000」にアクセス（カウンターの数字に注目）

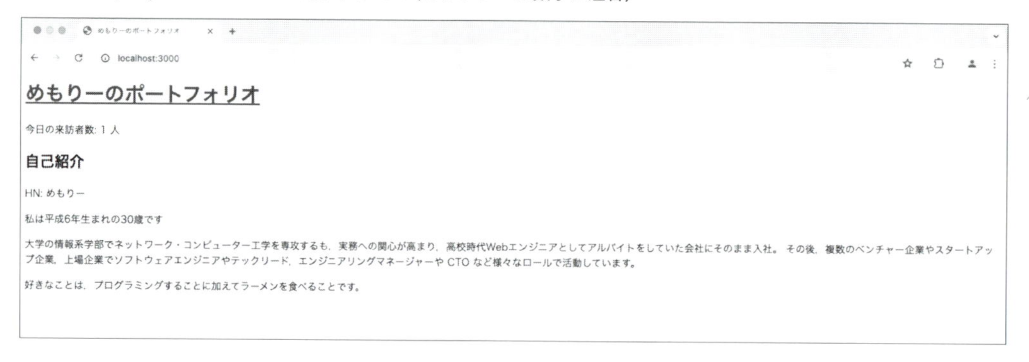

今日の来訪者：1（場合によっては異なる数字）と表示されていることがわかります。⌘ + R を押下しページを更新してみましょう。（Windowsの方は F5 キーもしくは Control + R）。

次は今日の来訪者：2と表示されましたね。PHPのビルトインサーバーはシングルスレッドプロセスであることから、特に問題は起きませんが、実務で扱うサーバーでは、マルチスレッド（もしくはマルチプロセス）に実行することがほとんどです。

その場合、access_counter.logに同時に読み込みや書き込みが行われることが想定できます。これを簡易的に再現してみましょう。先ほど作成したTestAccessCounter.phpを用いて次のコマンドをターミナル上で実行します。

```
for i in {1..20} ; do php TestAccessCounter.php &; done
```

上記は、20回php TestAccessCounter.phpというコマンドを同時に実行するためのコマンドです。

access_counter.logを削除後、上記のコマンドを実行するとTestAccessCounter.phpは20回実行されたわけですから、20が書き込まれていることを期待します。しかし、実際に見てみると、18となっており、2足りないことがわかります（実行時のマシンの状態によるため、18という数字にならない場合もあります。何度か繰り返してみてください）。

▼図6-13　TestAccessCounter.phpの実行

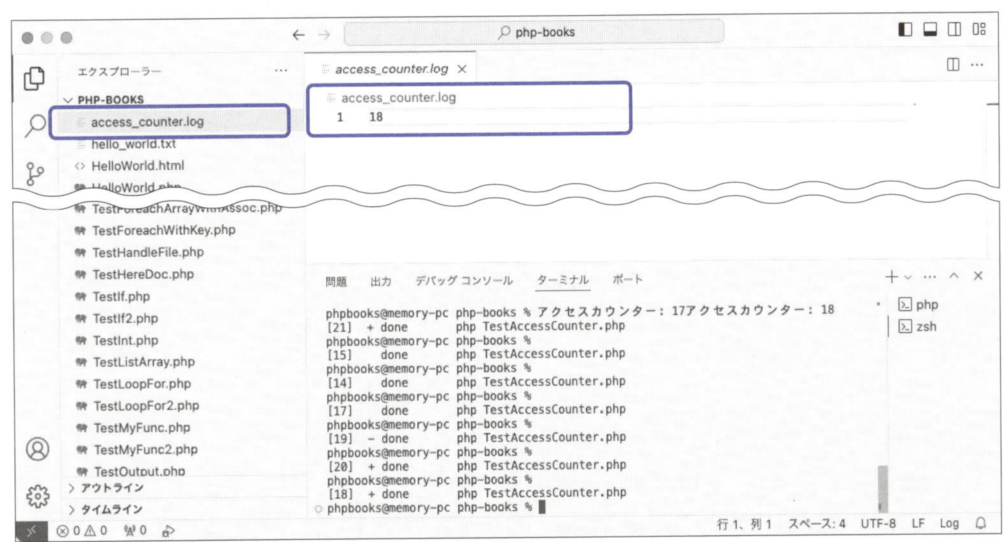

ターミナルの出力結果に、さまざまな情報が出力されていますが、php TestAccessCounter.phpのコマンドを同時に実行している結果が出力されているものです。先ほどの例は、アクセスカウンターのアクセス数を記録するファイルが同時に開かれることを想定されていません。そのため、ほぼ同時に読み込まれたり書き込まれたりすると、アクセスカウンターのアクセス数が期待した結果にならない、つまりファイルが壊れている[注8]状態になってしまいます。

注8　値や表示が期待した値にならないときなどに、プログラマーやエンジニアは**壊れる**と言います。

そのため、先ほど解説したように同時接続に耐え得るアクセスカウンターに実装しなおす必要があります。

では、どのように実装しなおしたら良いでしょうか。ファイルがすでに開かれていたら、別の実行ではファイルを開けないようにすればよいです。これを**排他制御**と言います。

PHPで簡易的に排他制御を行うには、`flock`という関数を用いることで実現できます。`increaseAndGetAccessCounter()`を次のように書き換えてみましょう。

```
function increaseAndGetAccessCounter() {
    // このようにファイルがあるか、ないか不明な場合は `c` または `c+` で開くとエラーも出ずに便利です。
    $handle = fopen(__DIR__ . '/access_counter.log', 'c+');

    // 排他制御を行います。排他制御に失敗した場合は以降の処理を実行しないようにします。
    if (!flock($handle, LOCK_EX)) {
        fclose($handle);
        return null;
    }
```

```
    // アクセスカウンターのデータを読み込みます。
    $counter = fread($handle, 8192);

    // ファイルに値がなければ 1 の値にする
    if ($counter === '') {
        // 既存の値がない場合は 1 の値をセットします。
        $counter = 1;
    } else {
        // ファイルを空にしない場合、値が追記されるのでファイル内のデータを空にします。
        // fread でファイルのポインタが移動しているため、rewind 関数で、最初の位置に戻しています。
        rewind($handle);

        // ファイルの中身を空にするには ftruncate 関数を用いることでできます。
        ftruncate($handle, 0);

        // 既存の値に +1 します。
        $counter = $counter + 1;
    }

    // 書き込めるのは文字列のみなので、変数を次のようにして文字列に変換します。
    fwrite($handle, "{$counter}");

    // 排他制御を終了します。
    flock($handle, LOCK_UN);

    // ファイルのハンドルをクローズします。
    fclose($handle);

    return $counter;
}
```

またTestAccessCounter.phpも次に書き換えます。

```
<?php

// このようにファイルがあるか、ないか不明な場合は`c`または`c+`で開くとエラーも出ずに便利です。
$handle = fopen(__DIR__ . '/access_counter.log', 'c+');

// 排他制御を行います。排他制御に失敗した場合は以降の処理を実行しないようにします。
if (!flock($handle, LOCK_EX)) {
    fclose($handle);
    return null;
}
```

```
// アクセスカウンターのデータを読み込みます。
$counter = fread($handle, 8192);

// ファイルに値がなければ 1 の値にする
if ($counter === '') {
    // 既存の値がない場合は 1 の値をセットします。
    $counter = 1;
} else {
    // ファイルを空にしない場合、値が追記されるのでファイル内のデータを空にします。
    // fread でファイルのポインタが移動しているため、rewind 関数で、最初の位置に戻しています。
    rewind($handle);

    // ファイルの中身を空にするには ftruncate 関数を用いることでできます。
    ftruncate($handle, 0);

    // 既存の値に +1 します。注9
    $counter = $counter + 1;
}

// 書き込めるのは文字列のみなので、変数を以下のようにして文字列に変換します。
fwrite($handle, "{$counter}");

// 排他制御を終了します。
flock($handle, LOCK_UN);

// ファイルのハンドルをクローズします。
fclose($handle);
```

flockは排他ロックと呼ばれる排他制御が成功するとtrueを返す関数です。すでにファイルがロックをされている場合は、ロックが解消されるまで待機します。排他ロックがシステム上行えなかった場合などは失敗し、falseを返します。

さて、このflockで書き直した状態で、access_counter.logを削除し、もう一度先ほどのコマンドを実行してみましょう。

```
for i in {1..20} ; do php TestAccessCounter.php &; done
```

注9　PHPの整数型は (2^{63}) -1 (9223372036854775807) だけしか扱えません。そのため、この値を超える場合は、bcmathなどを用いる必要があります。ただ、この値を超えることを本書では想定しないので解説については割愛します。

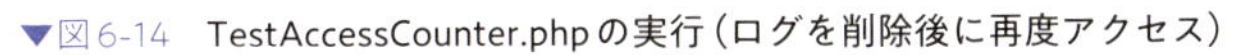
▼図6-14　TestAccessCounter.phpの実行（ログを削除後に再度アクセス）

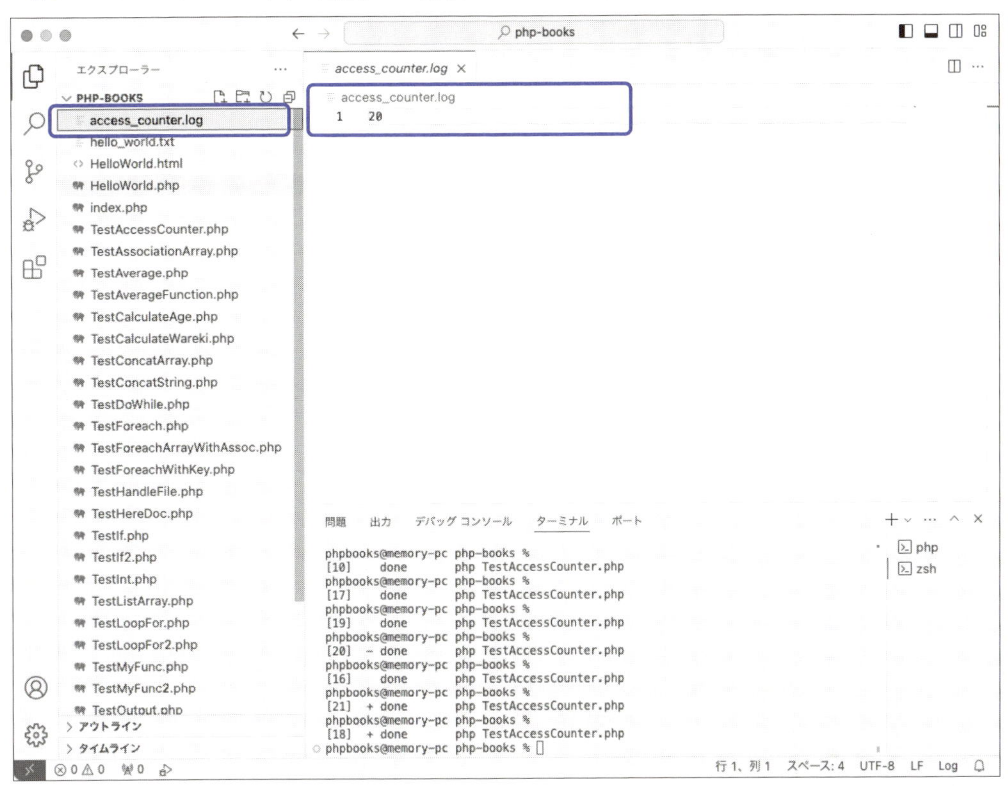

今回はアクセスカウンターのアクセス数を記録しているファイルに正しく20と書き込まれており、壊れていないことがわかります。何度か試しても同様の結果になることがわかります。排他制御は難しい概念ではあるので、本書では深く触れません[注10]が、このようにプログラミングにおいては、排他制御といった概念も出てきます。

注10　めもりー（著）、小山哲志（監修）、Swooleで学ぶPHP非同期処理、株式会社技術評論社、2023年。著者の書籍です。こちらで排他制御について詳しく解説してます。

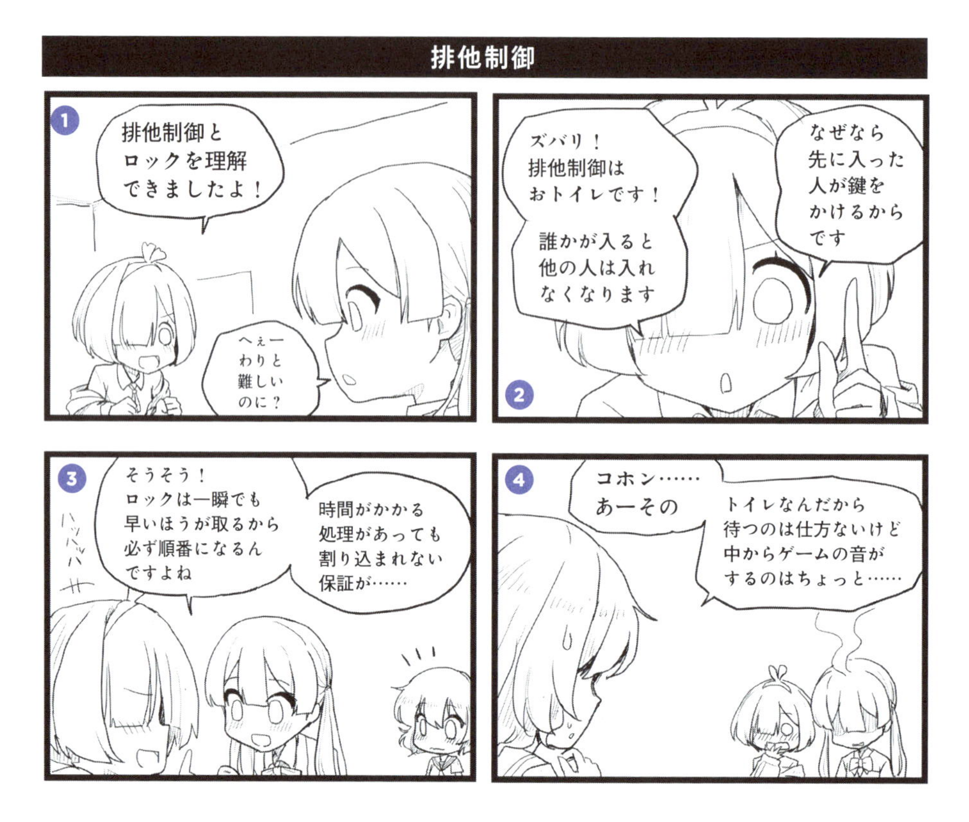

実は、著者の観測範囲ではありますが、排他制御を起因としたバグはけっこうな頻度で発生します。これはプロでもよく失念することがあります。特にファイルの管理だけではなく、データベースを用いるようなシステムでも、複雑なシステムであればあるほど、こうしたバグを引き起こしやすくなります。

覚えておくにこしたことはありませんが、今時点では難しい概念なので「こういったものもあるんだなぁ」と認識しておくだけでも良いでしょう。

6-6 おすすめの本を並べて表示する

次にあなたのおすすめの本を並べて表示するコンテンツを設置してみましょう。これは、前章でも扱っているように配列と繰り返し文を復習するための良い材料になります。

今回私がおすすめする本は拙著とイラスト担当の田中ひさてる氏の本とします。おすすめの本が他にあれば、それを指定するのもよし、思い浮かばない場合は次の例を用いましょう。

・Swooleで学ぶPHP非同期処理

```
https://gihyo.jp/book/2023/978-4-297-13358-0
```

・みんなのPHP 現場で役立つ最新ノウハウ!

```
https://gihyo.jp/book/2019/978-4-297-11055-0
```

・ちょうぜつソフトウェア設計入門

```
https://gihyo.jp/book/2022/978-4-297-13234-7
```

これらを画像と著書名、著者名、発売日、ページ数ともに出力してみましょう。技術評論社の本の場合は、次のように取得できます。

●著書名・著者名・発売日・ページ数

次のページから枠線が引いてある箇所をコピーしましょう。

▼図6-15　書誌情報のウェブページを表示させる

●著書の画像

画像を右クリックし、**画像アドレスをコピー**でコピーしましょう。

▼図6-16 書誌情報からアドレスコピー

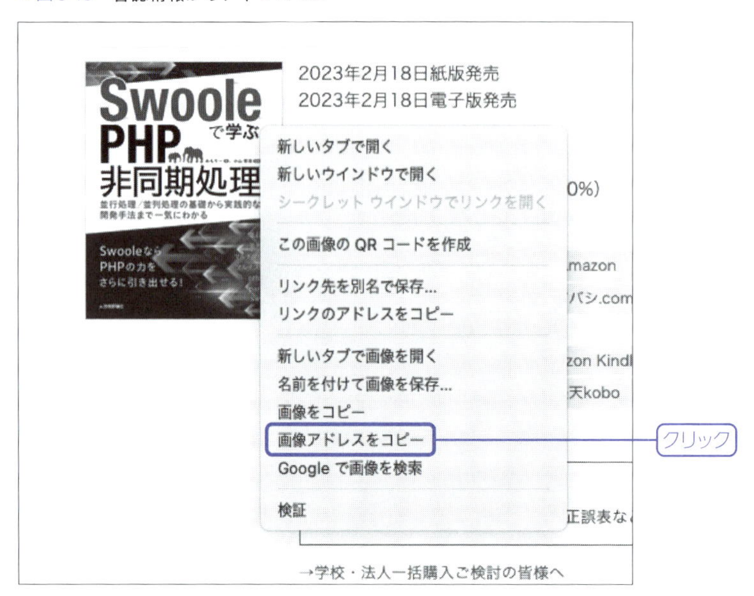

他2冊も同様の方法で値をコピーしてきましょう。コピーし次のような配列を作成し// Cの真下に追加しましょう。

```
// C
// 著者のおすすめの本を入れていますが、適宜ご自身のおすすめの本に変えてみてください。
$recommendedBooks = [
    [
        'url' => 'https://gihyo.jp/book/2023/978-4-297-13358-0',
        'cover' => 'https://gihyo.jp/assets/images/cover/2023/thumb/TH160_9784297133580.jpg',
        'title' => 'Swooleで学ぶPHP非同期処理',
        'authors' => 'めもりー 著、小山哲志 監修',
        'published_at' => '2023/2/18',
        'pages' => 272,
    ],
    [
        'url' => 'https://gihyo.jp/book/2019/978-4-297-11055-0',
        'cover' => 'https://gihyo.jp/assets/images/cover/2019/thumb/TH160_9784297110550.jpg',
        'title' => 'みんなのPHP 現場で役立つ最新ノウハウ!',
        'authors' => '石田絢一(uzulla)、石山宏幸、遠藤太徳、他多数 著',
```

```
        'published_at' => '2019/12/6',
        'pages' => 208,
    ],
    [
        'url' => 'https://gihyo.jp/book/2022/978-4-297-13234-7',
        'cover' => 'https://gihyo.jp/assets/images/cover/2022/thumb/TH160_9784297132347.jpg',
        'title' => 'ちょうぜつソフトウェア設計入門',
        'authors' => '田中ひさてる 著',
        'published_at' => '2022/12/10',
        'pages' => 328,
    ],
];
```

そして、これを元に<p>好きなことは、プログラミングすることに加えてラーメンを食べることです。</p></div>の真下におすすめの本を表示させましょう。

```
<body>
    <!-- 本文 -->
        ……（省略）……
        <p>好きなことは、プログラミングすることに加えてラーメンを食べることです。</p>
    </div>
    <h2>私のおすすめの本</h2>
    <div class="books">
    <?php
        foreach ($recommendedBooks as $recommendedBook) {
            // 本のURL
            $url = $recommendedBook['url'];

            // 本の表紙
            $cover = $recommendedBook['cover'];

            // 本のタイトル
            $title = $recommendedBook['title'];

            // 本の著者
            $authors = $recommendedBook['authors'];

            // 発売日
            $publishedAt = $recommendedBook['published_at'];

            // 本のページ数
            $pages = $recommendedBook['pages'];
            ?>
            <div class="book-info">
                <h3><a href="<?= $url ?>"><?= htmlspecialchars($title) ?></a></h3>
```

```
            <table>
        <tr>
            <!-- rowspan を 4 と指定することで 4 行分（この行と後に続く tr 要素の計 4 つ分）
を表紙の表示に用いています -->
            <td rowspan="4"><img src="<?= $cover ?>"></td>
        </tr>
        <tr>
            <td>著者</td>
            <td><?= htmlspecialchars($authors) ?></td>
        </tr>
        <tr>
            <td>発売日</td>
            <td><?= $publishedAt ?></td>
        </tr>
        <tr>
            <td>ページ数</td>
            <td><?= $pages ?></td>
        </tr>
    </table>
  </div>
  <?php
    }
  ?>
</body>
</html>
```

htmlspecialcharsは、HTMLの中に特殊な記号がある場合、その記号を文字列として正しく出力させます。たとえばHTMLでは<と>で囲まれている文字列はHTMLタグとして意味をなします。しかし、htmlspecialcharsを用いることで、普通の文字列として認識させることができるようになります。これを**エスケープ処理**と呼んだりします。

本のタイトルに特殊な文字が含まれていたとしても、それをそのまま文字列として出力できるようになるわけです。このようなケースで出力する際は、ほぼ同時に使うべき関数だと認識しておくと良いでしょう。ただし、表紙や発売日、ページ数ではhtmlspecialcharsを使っていないことにお気づきでしょうか。これは値の形式が必ず明確であることから、あえてそのようにしています。表紙にはURLが必ず入り、発売日には日付、ページ数は整数値だけが必ず入るためです[注11]。

注11　このように分別して、htmlspecialcharsの適用範囲を制限するのではなく、一貫してhtmlspecialcharsを用いることを推奨する場合もあります。実務のアプリケーションでは、多くのプログラマーが触ることから、ルールを整備するのが困難な場合もありますが、一貫して適用することで、ヒューマンエラーを減らすことができます。ただし、本著は、学習目的の本であるため、目的によってhtmlspecialcharsを使い分けるようにしています。

では、この変更を加えた後に「http://localhost:3000」にアクセスしてみましょう。

▼図6-17　コード変更後に再アクセス

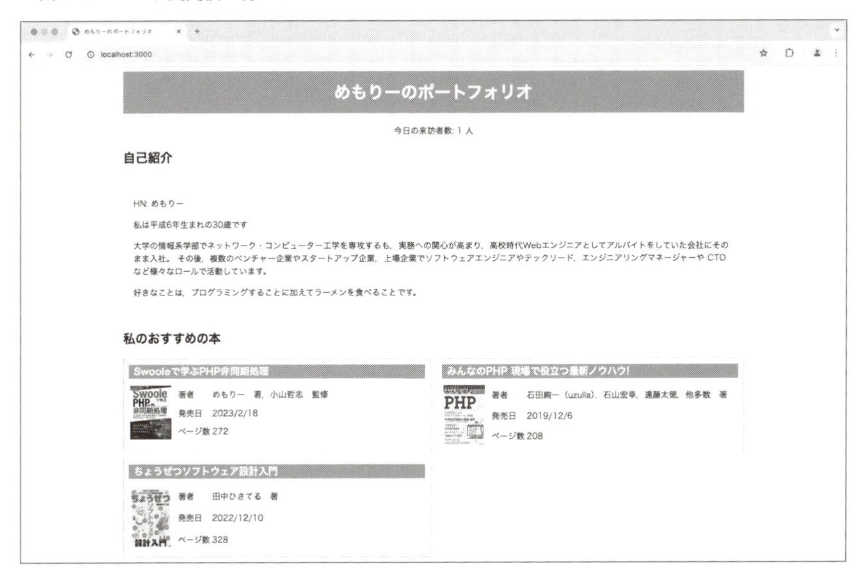

おすすめの本の一覧が表示されましたね。

6-7 ポートフォリオを装飾してみよう

完成形の画像に近づけるためにポートフォリオを装飾してみましょう。<title>XXXのポートフォリオ</title>の真下に次のCSSを書きます。

```
<style>
  /* 全体のレイアウトを行うためのスタイリング */ 注12
  .body {
    /* 全体を 1200px にする */
    width: 1200px;

    /* 中央寄せにするためのスタイリング */
    margin: 0 auto;
  }

  /* ポートフォリオのタイトルのスタイリング */
  h1 {
    /* ポートフォリオのタイトルのセンタリング */
    text-align: center;

    /* 背景色をピンクに注13*/
    background-color: hotpink;

    /* 上下に内余白 */
    padding-top: 1rem;
    padding-bottom: 1rem;

  }

  h1 a {
    /* タイトルのカラーのスタイリング */
    color: white;

    /* 下線をなくす */
```

注12　/* ～ */は、HTMLに<!-- -->と書くのと同じ、CSSのコメント記法です。ちなみに、PHPでもCSSと同じ囲み記法のコメントが使えます。

注13　ぜひ、あなたのお好みの色に変えてみてください。Adobeの公式サービスからカラーコードなどを参照できます（https://color.adobe.com/ja/）。

```
  text-decoration: none;
}


/* 自己紹介文のスタイリング */
.self-introduction {
    /* 内余白を 20px にするスタイリング */
    padding: 20px;
}

/* アクセスカウンターのスタイリング */
.access-counter {
    /* アクセスカウンターをセンタリング */
    text-align: center;
}

/* おすすめの本の一覧のスタイリング*/
.books {
  /* フレックス化。おすすめの本を横並びにできるようなスタイリング */
  display: flex;

  /* 横並びしたものを改行させるためのスタイリング */
  flex-wrap: wrap;

  /* 紹介している本の間の余白を指定 */
  gap: 10px;
}

/* おすすめの本ごとのスタイリング */
.book-info {
  /* 2 列にするために最大幅と .books セレクタで指定した gap 分の余白半分にしています */
  /* calc(...) は CSS で幅などを計算するのにとても役に立つ CSS 用の関数です */
  width: calc((100% - 10px)/2);

  /* 幅の算出時に枠線と内余白を引いた値 */
  box-sizing: border-box;

  /* 枠線をグレー色で直線を指定 */
  border: 1px solid lightgray;

  /* 内余白を 10px に指定 */
  padding: 10px;
}

/* 本のタイトルのスタイリング */
.book-info h3 {
  /* 外余白を一旦すべて 0 に初期化 */
```

```
    margin: 0;

    /* 外余白の下側を 10px に指定 */
    margin-bottom: 10px;
  }

  /* 本のタイトルのリンクをスタイリング */
  .book-info h3 a {
    /* display: block とすることで、インラインではなく一つのブロック要素（div 要素と同じ）形式と
します */
    display: block;

    /* 背景色をピンクに。好みの値に変えてみてください。 */
    background-color: hotpink;

    /* 文字色を白に変更 */
    color: white;

    /* リンクの下線を非表示 */
    text-decoration: none;

    /* 左側の内余白を 10px に指定します */
    padding-left: 10px;
  }

  /* テーブル要素内の表紙の情報を持つ td 部分のスタイリング */
  /* タグ名のあとに [属性名="値"] と指定することで特定の要素のみを対象とできます */
  .book-info td[rowspan="4"] {
    /* 右側の内余白を 10px に指定 */
    padding-right: 10px;
  }

  /* 表紙の画像をスタイリング */
  .book-info td[rowspan="4"] img {
    /* 表紙の画像の幅を 80px に指定 */
    width: 80px;
  }
</style>
```

これらのCSSスタイリングを適応するとポートフォリオが章のはじめに示したような表示になるかと思われます。「http://localhost:3000」に接続して確認してみましょう。

▼図6-18 「http://localhost:3000」に再アクセス

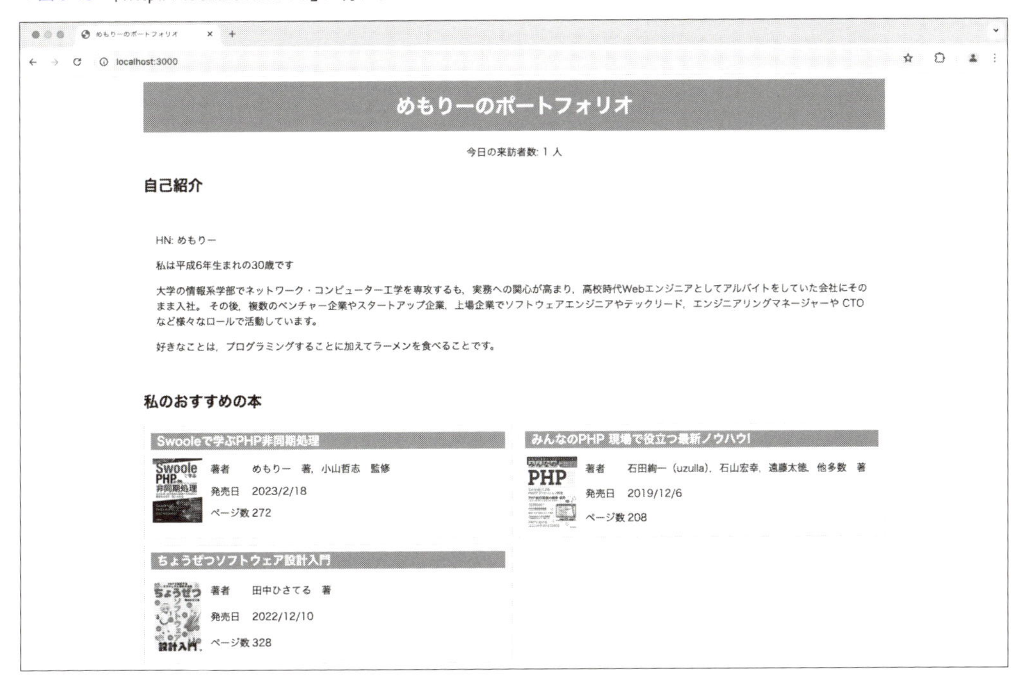

スタイリングの理解を進めることで、より深みのある仕上がりになります。さまざまな書籍を読んでポートフォリオのデザインを深めていきましょう。

●プログラムの完成

次が index.php 完成形のプログラムです。

```
<?php
// A
// 著者の誕生日を入れていますが、適宜ご自身の誕生日に変えてみてください。
$birthday = '1994/05/26';

// 和暦を計算するための関数を定義します。
function calculateWareki($birthday) {
    // UNIX タイムスタンプに変更しておきます。
    $unixTimestamp = strtotime($birthday);

    // 厳密に令和・平成・昭和を計算するため、UNIX タイムスタンプを用いて計算する
    // 2019/5/1 以上は平成
    if ($unixTimestamp >= strtotime('2019/5/1')) {
```

```
        // 元号が令和
        $gengou = '令和';

        // 平成の開始年は 2019
        $startedYear = 2019;
    }
    // 1989/1/8 以上は平成
    elseif ($unixTimestamp >= strtotime('1989/1/8')) {
        // 元号が平成
        $gengou = '平成';

        // 平成の開始年は 1989
        $startedYear = 1989;
    }
    else {
        // 元号が昭和
        $gengou = "昭和";

        // 昭和の開始年は 1926
        $startedYear = 1926;
    }

    // 先ほどの表の計算式を用いる
    // 例: 1994 - $startedYear + 1
    $number = date('Y', $unixTimestamp) - $startedYear + 1;

    // 元号 1 年の場合は "元" 年と表示するため、ここで変換をしています。
    if ($number === 1) {
        $number = "元";
    }

    // 元号と歴、最後に年を付けて値を返します。
    return $gengou . $number . "年";
}

// 年齢を計算するための関数を定義します。
function calculateAge($birthday) {
    // 現在の年月日を UNIX タイムスタンプに変換する
    $currentDateUnixTimestamp = strtotime(date('Y/m/d'));

    // 誕生日を UNIX タイムスタンプに変換する
    $birthdayUnixTimestamp = strtotime($birthday);

    // 年齢を計算する
    $age = date("Y", $currentDateUnixTimestamp - $birthdayUnixTimestamp) - 1970;
```

```
    return $age;
}

// B
function increaseAndGetAccessCounter() {
    // このようにファイルがあるか、ないか不明な場合はc`またはc+`で開くとエラーも出ずに便利です。
    $handle = fopen(__DIR__ . '/access_counter.log', 'c+');

    // 排他制御を行います。排他制御に失敗した場合は以降の処理を実行しないようにします。
    if (!flock($handle, LOCK_EX)) {
        fclose($handle);
        return null;
    }

    // アクセスカウンターのデータを読み込みます。
    $counter = fread($handle, 8192);

    // ファイルに値がなければ 1 の値にする
    if ($counter === '') {
        // 既存の値がない場合は 1 の値をセットします。
        $counter = 1;
    } else {
        // ファイルを空にしない場合、値が追記されるのでファイル内のデータを空にします。
        // fread でファイルのポインタが移動しているため、rewind 関数で、最初の位置に戻しています。
        rewind($handle);

        // ファイルの中身を空にするには ftruncate 関数を用いることで可能です。
        ftruncate($handle, 0);

        // 既存の値に +1 します。
        $counter = $counter + 1;
    }

    // 書き込めるのは文字列のみなので、変数を以下のようにして文字列に変換します。
    fwrite($handle, "{$counter}");

    // 排他制御を終了します。
    flock($handle, LOCK_UN);

    // ファイルのハンドルをクローズします。
    fclose($handle);

    return $counter;
}
```

```
// C
// 著者のおすすめの本を入れていますが、適宜ご自身のおすすめの本に変えてみてください。
$recommendedBooks = [
    [
        'url' => 'https://gihyo.jp/book/2023/978-4-297-13358-0',
        'cover' => 'https://gihyo.jp/assets/images/cover/2023/thumb/TH160_9784297133580.jpg',
        'title' => 'Swooleで学ぶPHP非同期処理',
        'authors' => 'めもりー　著、小山哲志　監修',
        'published_at' => '2023/2/18',
        'pages' => 272,
    ],
    [
        'url' => 'https://gihyo.jp/book/2019/978-4-297-11055-0',
        'cover' => 'https://gihyo.jp/assets/images/cover/2019/thumb/TH160_9784297110550.jpg',
        'title' => 'みんなのPHP 現場で役立つ最新ノウハウ!',
        'authors' => '石田絢一(uzulla)、石山宏幸、遠藤太徳、他多数　著',
        'published_at' => '2019/12/6',
        'pages' => 208,
    ],
    [
        'url' => 'https://gihyo.jp/book/2022/978-4-297-13234-7',
        'cover' => 'https://gihyo.jp/assets/images/cover/2022/thumb/TH160_9784297132347.jpg',
        'title' => 'ちょうぜつソフトウェア設計入門',
        'authors' => '田中ひさてる　著',
        'published_at' => '2022/12/10',
        'pages' => 328,
    ],
];
?>
<html>
<head>
    <meta charset="utf-8">
    <title>めもりーのポートフォリオ</title>
    <style>
        /* 全体のレイアウトを行うためのスタイリング */
        .body {
            /* 全体を 1200px にする */
            width: 1200px;

            /* 中央寄せにするためのスタイリング */
            margin: 0 auto;
        }

        /* ポートフォリオのタイトルのスタイリング */
        h1 {
```

```
    /* ポートフォリオのタイトルのセンタリング */
    text-align: center;

    /* 背景色をピンクに */
    background-color: hotpink;

    /* 上下に内余白 */
    padding-top: 1rem;
    padding-bottom: 1rem;

}

h1 a {
    /* タイトルのカラーのスタイリング */
    color: white;

    /* 下線をなくす */
    text-decoration: none;
}


/* 自己紹介文のスタイリング */
.self-introduction {
    /* 内余白を 20px にするスタイリング */
    padding: 20px;
}

/* アクセスカウンターのスタイリング */
.access-counter {
    /* アクセスカウンターをセンタリング */
    text-align: center;
}

/* おすすめの本の一覧のスタイリング*/
.books {
    /* フレックス化。おすすめの本を横並びにできるようなスタイリング */
    display: flex;

    /* 横並びしたものを改行させるためのスタイリング */
    flex-wrap: wrap;

    /* 紹介している本の間の余白を指定 */
    gap: 10px;
}
```

```
/* おすすめの本ごとのスタイリング */
.book-info {
    /* 2 列にするために最大幅と .books セレクタで指定した gap 分の余白半分にしています */
    /* calc(...) は CSS で幅などを計算するのにとても役に立つ CSS 用の関数です */
    width: calc((100% - 10px)/2);

    /* 幅の算出時に枠線と内余白を引いた値 */
    box-sizing: border-box;

    /* 枠線をグレー色で直線を指定 */
    border: 1px solid lightgray;

    /* 内余白を 10px に指定 */
    padding: 10px;
}

/* 本のタイトルのスタイリング */
.book-info h3 {
    /* 外余白を一旦すべて 0 に初期化 */
    margin: 0;

    /* 外余白の下側を 10px に指定 */
    margin-bottom: 10px;
}

/* 本のタイトルのリンクをスタイリング */
.book-info h3 a {
    /* display: block とすることで、インラインではなく一つのブロック要素（div 要素と同じ
）形式とします */
    display: block;

    /* 背景色をピンクに。好みの値に変えてみてください。 */
    background-color: hotpink;

    /* 文字色を白に変更 */
    color: white;

    /* リンクの下線を非表示 */
    text-decoration: none;

    /* 左側の内余白を 10px に指定します */
    padding-left: 10px;
}

/* テーブル要素内の表紙の情報を持つ td 部分のスタイリング */
```

```
        /* タグ名のあとに [属性名="値"] と指定することで特定の要素のみを対象とできます */
        .book-info td[rowspan="4"] {
            /* 右側の内余白を 10px に指定 */
            padding-right: 10px;
        }

        /* 表紙の画像をスタイリング */
        .book-info td[rowspan="4"] img {
            /* 表紙の画像の幅を 80px に指定 */
            width: 80px;
        }
    </style>
</head>
<body>
    <div class="body">
        <!-- 本文 -->
        <h1><a href="/">めもりーのポートフォリオ</a></h1>
        <p class="access-counter">今日の来訪者数: <?= increaseAndGetAccessCounter() ?> 人</p>
        <h2>自己紹介</h2>
        <div class="self-introduction">
            <p>HN: めもりー</p>
            <p>私は<?= calculateWareki($birthday) ?>生まれの<?= calculateAge($birthday) ?>歳です
</p>
            <p>大学の情報系学部でネットワーク・コンピューター工学を専攻するも、実務への関心が高
まり、高校時代Webエンジニアとしてアルバイトをしていた会社にそのまま入社。 その後、複数のベンチャ
ー企業やスタートアップ企業、上場企業でソフトウェアエンジニアやテックリード、エンジニアリングマネ
ージャーや CTO などさまざまなロールで活動しています。</p>
            <p>好きなことは、プログラミングすることに加えてラーメンを食べることです。</p>
        </div>
        <h2>私のおすすめの本</h2>
        <div class="books">
        <?php
            foreach ($recommendedBooks as $recommendedBook) {
                // 本のURL
                $url = $recommendedBook['url'];

                // 本の表紙
                $cover = $recommendedBook['cover'];

                // 本のタイトル
                $title = $recommendedBook['title'];

                // 本の著者
                $authors = $recommendedBook['authors'];
```

```
            // 発売日
            $publishedAt = $recommendedBook['published_at'];

            // 本のページ数
            $pages = $recommendedBook['pages'];
        ?>
        <div class="book-info">
            <h3><a href="<?= $url ?>"><?= htmlspecialchars($title) ?></a></h3>
            <table>
                <tr>
                    <td rowspan="4"><img src="<?= $cover ?>"></td>
                </tr>
                <tr>
                    <td>著者</td>
                    <td><?= htmlspecialchars($authors) ?></td>
                </tr>
                <tr>
                    <td>発売日</td>
                    <td><?= $publishedAt ?></td>
                </tr>
                <tr>
                    <td>ページ数</td>
                    <td><?= $pages ?></td>
                </tr>
            </table>
        </div>
        <?php
            }
        ?>
    </div>
</body>
</html>
```

Column ファイル分割

関数が長いがゆえindex.phpが縦に長くなってしまっていますね。ポートフォリオを充実させていこうとすると、今以上に長くなってしまい、読みづらくなってしまいます。関数は関数名を見て、どういう処理なのか想像できれば、実際の処理について知る必要は特にないことが大きなメリットの1つです。そこで、関数は関数でひとまとめに別のファイルにまとめましょう。そうすることで、ポートフォリオを充実させていっても、index.phpの行が縦に長くなりにくくなります。このような手法を**ファイル分割**と呼んだりします。

早速functionが付いている関数を別ファイルであるfunctions.phpを作成し、次のように分割してみましょう。

・functions.php

```
<?php
// 和暦を計算するための関数を定義します。
function calculateWareki($birthday) {
    // UNIX タイムスタンプに変更しておきます。
    $unixTimestamp = strtotime($birthday);

    // 厳密に令和・平成・昭和を計算するため、UNIX タイムスタンプを用いて計算する
    // 2019/5/1 以上は平成
    if ($unixTimestamp >= strtotime('2019/5/1')) {
        // 元号が令和
        $gengou = '令和';

        // 平成の開始年は 2019
        $startedYear = 2019;
    }
    // 1989/1/8 以上は平成
    elseif ($unixTimestamp >= strtotime('1989/1/8')) {
        // 元号が平成
        $gengou = '平成';

        // 平成の開始年は 1989
        $startedYear = 1989;
    }
    else {
        // 元号が昭和
        $gengou = "昭和";

        // 昭和の開始年は 1926
        $startedYear = 1926;
    }

    // 先ほどの表の計算式を用いる
    // 例: 1994 - $startedYear + 1
    $number = date('Y', $unixTimestamp) - $startedYear + 1;

    // 元号 1 年の場合は "元" 年と表示するため、ここで変換をしています。
    if ($number === 1) {
        $number = "元";
    }

    // 元号と歴、最後に年を付けて値を返します。
    return $gengou . $number . "年";
}
```

```
// 年齢を計算するための関数を定義します。
function calculateAge($birthday) {
    // 現在の年月日を UNIX タイムスタンプに変換する
    $currentDateUnixTimestamp = strtotime(date('Y/m/d'));

    // 誕生日を UNIX タイムスタンプに変換する
    $birthdayUnixTimestamp = strtotime($birthday);

    // 年齢を計算する
    $age = date("Y", $currentDateUnixTimestamp - $birthdayUnixTimestamp) - 1970; // ... ①

    return $age;
}

// B
function increaseAndGetAccessCounter() {
    // このようにファイルがあるか、ないか不明な場合はc`またはc+`で開くとエラーも出ずに便
利です。
    $handle = fopen(__DIR__ . '/access_counter.log', 'c+');

    // 排他制御を行います。排他制御に失敗した場合は以降の処理を実行しないようにします。
    if (!flock($handle, LOCK_EX)) {
        fclose($handle);
        return null;
    }

    // アクセスカウンターのデータを読み込みます。
    $counter = fread($handle, 8192);

    // ファイルに値がなければ 1 の値にする
    if ($counter === '') {
        // 既存の値がない場合は 1 の値をセットします。
        $counter = 1;
    } else {
        // ファイル内のデータを空にします。
        rewind($handle);
        ftruncate($handle, 0);

        // 既存の値に +1 します。
        $counter = $counter + 1;
    }

    // 書き込めるのは文字列のみなので、変数を以下のようにして文字列に変換します。
    fwrite($handle, "{$counter}");
```

```
    // 排他制御を終了します。
    flock($handle, LOCK_UN);

    // ファイルのハンドルをクローズします。
    fclose($handle);

    return $counter;
}
```

functions.phpに関数を移すと、index.phpは次のようになります。最初の`require_once`で始まる行に注目してください。

・**index.php**

```
<?php
require_once __DIR__ . '/functions.php';

// A
// 著者の誕生日を入れていますが、適宜ご自身の誕生日に変えてみてください。
$birthday = '1994/05/26';

// C
// 著者のおすすめの本を入れていますが、適宜ご自身のおすすめの本に変えてみてください。
$recommendedBooks = [
    [
        'url' => 'https://gihyo.jp/book/2023/978-4-297-13358-0',
        'cover' => 'https://gihyo.jp/assets/images/cover/2023/thumb/TH160_9784297133580.jpg',
        'title' => 'Swooleで学ぶPHP非同期処理',
        'authors' => 'めもりー　著、小山哲志　監修',
        'published_at' => '2023/2/18',
        'pages' => 272,
    ],
    [
        'url' => 'https://gihyo.jp/book/2019/978-4-297-11055-0',
        'cover' => 'https://gihyo.jp/assets/images/cover/2019/thumb/TH160_9784297110550.jpg',
        'title' => 'みんなのPHP 現場で役立つ最新ノウハウ!',
        'authors' => '石田絢一(uzulla)、石山宏幸、遠藤太徳、他多数　著',
        'published_at' => '2019/12/6',
        'pages' => 208,
    ],
    [
        'url' => 'https://gihyo.jp/book/2022/978-4-297-13234-7',
        'cover' => 'https://gihyo.jp/assets/images/cover/2022/thumb/TH160_9784297132347.jpg',
        'title' => 'ちょうぜつソフトウェア設計入門',
        'authors' => '田中ひさてる　著',
```

```
        'published_at' => '2022/12/10',
        'pages' => 328,
    ],
];

?>
<html>
<head>
    <meta charset="utf-8">
    <title>XXXのポートフォリオ</title>
    <style>注14
        /* 全体のレイアウトを行うためのスタイリング */
        .body {
            /* 全体を 1200px にする */
            width: 1200px;

            /* 中央寄せにするためのスタイリング */
            margin: 0 auto;
        }

        /* ポートフォリオのタイトルのスタイリング */
        h1 {
            /* ポートフォリオのタイトルのセンタリング */
            text-align: center;

            /* 背景色をピンクに] */
            background-color: hotpink;

            /* 上下に内余白 */
            padding-top: 1rem;
            padding-bottom: 1rem;


        }

        h1 a {
            /* タイトルのカラーのスタイリング */
            color: white;

            /* 下線をなくす */
            text-decoration: none;
        }
```

注14　ここではPHPのファイル分割を紹介していますが、実はHTMLとCSSにも、このhead内のstyleを別ファイルに分割する機能があります。

```
/* 自己紹介文のスタイリング */
.self-introduction {
    /* 内余白を 20px にするスタイリング */
    padding: 20px;
}

/* アクセスカウンターのスタイリング */
.access-counter {
    /* アクセスカウンターをセンタリング */
    text-align: center;
}

/* おすすめの本の一覧のスタイリング*/
.books {
    /* フレックス化。おすすめの本を横並びにできるようなスタイリング */
    display: flex;

    /* 横並びしたものを改行させるためのスタイリング */
    flex-wrap: wrap;

    /* 紹介している本の間の余白を指定 */
    gap: 10px;
}

/* おすすめの本ごとのスタイリング */
.book-info {
    /* 2 列にするために最大幅と .books セレクタで指定した gap 分の余白半分にして
います */
    /* calc(...) は CSS で幅などを計算するのにとても役に立つ CSS 用の関数です */
    width: calc((100% - 10px)/2);

    /* 幅の算出時に枠線と内余白を引いた値 */
    box-sizing: border-box;

    /* 枠線をグレー色で直線を指定 */
    border: 1px solid lightgray;

    /* 内余白を 10px に指定 */
    padding: 10px;
}

/* 本のタイトルのスタイリング */
.book-info h3 {
    /* 外余白を一旦すべて 0 に初期化 */
```

```
        margin: 0;

        /* 外余白の下側を 10px に指定 */
        margin-bottom: 10px;
    }

    /* 本のタイトルのリンクをスタイリング */
    .book-info h3 a {
        /* display: block とすることで、インラインではなく一つのブロック要素 ( div 要素と
同じ ) 形式とします */
        display: block;

        /* 背景色をピンクに。好みの値に変えてみてください。 */
        background-color: hotpink;

        /* 文字色を白に変更 */
        color: white;

        /* リンクの下線を非表示 */
        text-decoration: none;

        /* 左側の内余白を 10px に指定します */
        padding-left: 10px;
    }

    /* テーブル要素内の表紙の情報を持つ td 部分のスタイリング */
    /* タグ名のあとに [属性名="値"] と指定することで特定の要素のみを対象とすることができ
ます */
    .book-info td[rowspan="4"] {
        /* 右側の内余白を 10px に指定 */
        padding-right: 10px;
    }

    /* 表紙の画像をスタイリング */
    .book-info td[rowspan="4"] img {
        /* 表紙の画像の幅を 80px に指定 */
        width: 80px;
    }
  </style>
</head>
<body>
<!-- 本文 -->
<div class="body">
  <h1><a href="/">めもりーのポートフォリオ</a></h1>
  <p class="access-counter">今日の来訪者数: <?= increaseAndGetAccessCounter() ?> 人</p>
```

```
    <h2>自己紹介</h2>
    <div class="self-introduction">
        <p>HN: めもりー</p>
        <p>私は<?= calculateWareki($birthday) ?>生まれの<?= calculateAge($birthday) ?>歳です
</p>
        <p>大学の情報系学部でネットワーク・コンピューター工学を専攻するも、実務への関心が高ま
り、高校時代Webエンジニアとしてアルバイトをしていた会社にそのまま入社。 その後、複数のベンチ
ャー企業やスタートアップ企業、上場企業でソフトウェアエンジニアやテックリード、エンジニアリング
マネージャーや CTO などさまざまなロールで活動しています。</p>
        <p>好きなことは、プログラミングすることに加えてラーメンを食べることです。</p>
    </div>
    <h2>私のおすすめの本</h2>
    <div class="books">
    <?php
      foreach ($recommendedBooks as $recommendedBook) {
        // 本のURL
        $url = $recommendedBook['url'];

        // 本の表紙
        $cover = $recommendedBook['cover'];

        // 本のタイトル
        $title = $recommendedBook['title'];

        // 本の著者
        $authors = $recommendedBook['authors'];

        // 発売日
        $publishedAt = $recommendedBook['published_at'];

        // 本のページ数
        $pages = $recommendedBook['pages'];
        ?>
        <div class="book-info">
            <h3><a href="<?= $url ?>"><?= htmlspecialchars($title) ?></a></h3>
            <table>
                <tr>
                    <td rowspan="4"><img src="<?= $cover ?>"></td>
                </tr>
                <tr>
                    <td>著者</td>
                    <td><?= htmlspecialchars($authors) ?></td>
                </tr>
                <tr>
                    <td>発売日</td>
```

```
                    <td><?= $publishedAt ?></td>
                </tr>
                <tr>
                    <td>ページ数</td>
                    <td><?= $pages ?></td>
                </tr>
            </table>
        </div>
        <?php
            }
        ?>
    </div>
</body>
</html>
```

この状態で「http://localhost:3000」に接続してみましょう。結果に変わりがなければ成功です。

第7章

[応用] アルゴリズムを考えてみよう

第7章

[応用] アルゴリズムを考えてみよう

7-1 アルゴリズムとはなにか?

アルゴリズム(Algorithm)とは与えられた課題を解決する手法のことを指します。プログラミングをする過程では、お客様や会社からの要求をコードに落とし込む(反映していく)必要があります。その際に複雑なアルゴリズムを組むことを求められることが多くあります。

たとえば**学生全員の各科目のテストの点数を集めて自動的に偏差値を算出するプログラム**がほしいとなったとき、「各科目ごとに偏差値を算出」することが1つのアルゴリズムとも言えます[注1]。実業務や何か1つのアプリケーションを作っていく過程では、このような要求をいくつも実装していく必要があります。

本書執筆時点では、競技プログラミングと呼ばれるものもあり、**最短でかつ正確にアルゴリズムを解けるかプログラミングを用いて競う**競技の1つが自身のアルゴリズム力を示すこともできます。

日本国内ではAtCoder[注2]、海外ではTopcoder[注3]などが有名です。また、競技ではありませんが、採用に特化したLeetCode[注4]などもアルゴリズム力を示す手段にもなります。さて、アルゴリズムについて理解できたところで、例題を出してみます。

リズム!?

注1　「学生全員の各科目のテストの点数を集め」て「自動的に偏差値を算出する」一連の流れをロジック(logic)と呼ぶことがあります。また広義にアルゴリズムそのものを流れと捉え、ロジック(logic)と呼ぶプログラマーもいます。厳密に使い分ける必要もそこまでないでしょう。

注2　https;//atcoder.jp/?lang=ja

注3　https://www.topcoder.com/

注4　https://leetcode.com/

7-1-1 配列の中の最小値と最大値を取得

問題

2つ以上の任意の整数(整数の範囲はPHPの整数値を上限及び下限とする)を格納した配列Nが与えられる。Nから最小値および最大値を求め、最小値、最大値の順にカンマで区切り、出力せよ。なお、最小値および最大値が同一な場合においても、同様に出力すること。

・出力例:

N	出力結果
[1, 2, 3]	1,3
[5,-2]	-2,5
[9,0,2,1]	0,9
[3, 3]	3,3

さて、この問題をどう解くか想像してみてください。本書で解説した手法だけで、このアルゴリズムを解くことができます。

では早速、解いていきましょう。本問題文には、いくつか制約があることがわかります。

- 配列に入っている要素は整数だけ
- 要素は必ず2つ以上ある
- 同一な場合でも出力する

解く側としては整数以外の値については気にしなくて良いのは助かりますね。また、要素は2つ以上あることから、最小値、最大値のいずれか片方しか求められないということもなさそうです。つまり考えることを減らしてくれる制約であることがわかりますね。

次に、問題文の要求を見ていきます。

- Nから最小値を求める
- Nから最大値を求める
- 求めた結果をカンマ区切りで出力する

上記のようになっています。

さて、第5章で学習したことを思い出してみてください。配列の要素を上から順に取得していくにはループ文を使う必要があったはずです。

まずは、与えられる配列を[9,0,2,1]と仮定して試してみましょう。VSCode上で次のようなPHPのコードを用意しMinMax.phpと命名しておきます。

```
<?php
$N = [9,0,2,1];

for ($i = 0; $i < count($N); $i++) {
    // ここで最小値・最大値を求める
}
```

最小値を求めるには、条件式で解説した不等号を用いて行うことができます。たとえば、別の値と比較して、小さい値かどうかを求めたい場合は、次のように書くのでしたね。

```
$var1 = 2;
$var2 = 3;
```

```
if ($var1 < $var2) {
    echo "var1 は var2 より小さい";
}
```

逆に、大きい値かどうかを求めたい場合は次のように書きます。

```
$var1 = 5;
$var2 = 3;

if ($var1 > $var2) {
    echo "var1 は var2 より大きい";
}
```

この例題はよくよく見てみると単純です。この2つのアルゴリズムをfor文の中に組み込み、以前の値を保持する変数$minと$maxを定義し、ループ文で繰り返しながら比較してあげればいいのです。

例題の正解は次になります。

```
<?php
$N = [9,0,2,1]; <―――――――――――――― ①

// 最小値を格納しておくための変数。あらかじめ、$N の先頭の値を入れておく。
$min = $N[0]; <―――――――――――――― ②

// 最大値を格納しておくための変数。あらかじめ、$N の先頭の値を入れておく。
$max = $N[0];

for ($i = 0; $i < count($N); $i++) {
    // 最小値を求める
    if ($N[$i] < $min) {
        $min = $N[$i];
    }

    // 最大値を求める
    if ($max < $N[$i]) {
        $max = $N[$i];
    }
}

echo $min . "," . $max; <―――――――――――――― ③
```

上記を次のコマンドで実行してみましょう。

```
php MinMax.php
```

他の値でも問題がないか確認するために$Nへの代入を変更してみましょう。そして実行すると1, 3となることがわかり、他の値でも正常に動作することがわかりましたね。

しかし、他の値をテストするたびに「$Nの値を書き換えるなんて、なんて煩わしいんだ。アルゴリズムを間違えていたら、もう1回最初からテストしなおしになるなんて不便だ」と考える方もいるかもしれません。そういうときこそ**テスト**の出番です。入力された値が正しいかどうかを検証するためのコードを書きましょう。高度なテスト手法もあるのですが、本書では簡単にやってみます。

先ほどのコードはテストしやすい形(テスタブル)ではありません。テストしやすい形にするために②から③までをminMax関数にしてみます。

```
function minMax($N) {
    // 最小値を格納しておくための変数。あらかじめ、$N の先頭の値を入れておく。
    $min = $N[0];

    // 最大値を格納しておくための変数。あらかじめ、$Nの先頭の値を入れておく。
    $max = $N[0];

    for ($i = 0; $i < count($N); $i++) { 注5
        // 最小値を求める
        if ($N[$i] < $min) {
            $min = $N[$i];
        }

        // 最大値を求める
        if ($max < $N[$i]) {
            $max = $N[$i];
        }
    }

    return $min . "," . $max;
}
```

③を`echo $min . "," . $max;`から`return $min . "," . $max;`に変更したのは、テストしやすくするためです。第4章で解説したとおり、出力のままだと、その関数で求められた値をそのまま使えません。

PHPにはassert[注6]と呼ばれる指定した条件を検証をするための構造が用意されています。次のように書いていくことで、実際に求める結果になるか検証できます。

```
<?php
```

注5 開始を$i = 1にしても同じ結果を得られます。なぜかを考えてみましょう。

注6 https://www.php.net/manual/ja/function.assert.php

```
function minMax($N) {
……（省略）……
}

assert(minMax([1, 2, 3]) === "1,3");
assert(minMax([5, -2]) === "-2,5");
assert(minMax([9, 0, 2, 1]) === "0,9");
assert(minMax([3, 3]) === "3,3"); ←──── ①
```

このままphp MinMax.phpを実行すると何も出力されませんが正常です。では、①の3,3を3,2に変更して先ほどのコマンドを実行してみます。そうすると、次のようなエラーが表示されます。

```
PHP Fatal error:  Uncaught AssertionError: assert(minMax([3, 3]) === '3,2')
in //path/to/MinMax.php:行番号
```

このように、正しくない結果があればエラーを出力してくれます。これを駆使して、結果が正しいかどうかの保証を自動化できます。アルゴリズムを解く楽しさが少しでも伝わっていれば幸いです。では、次はより実践的なアルゴリズムの問題を解いていきましょう。

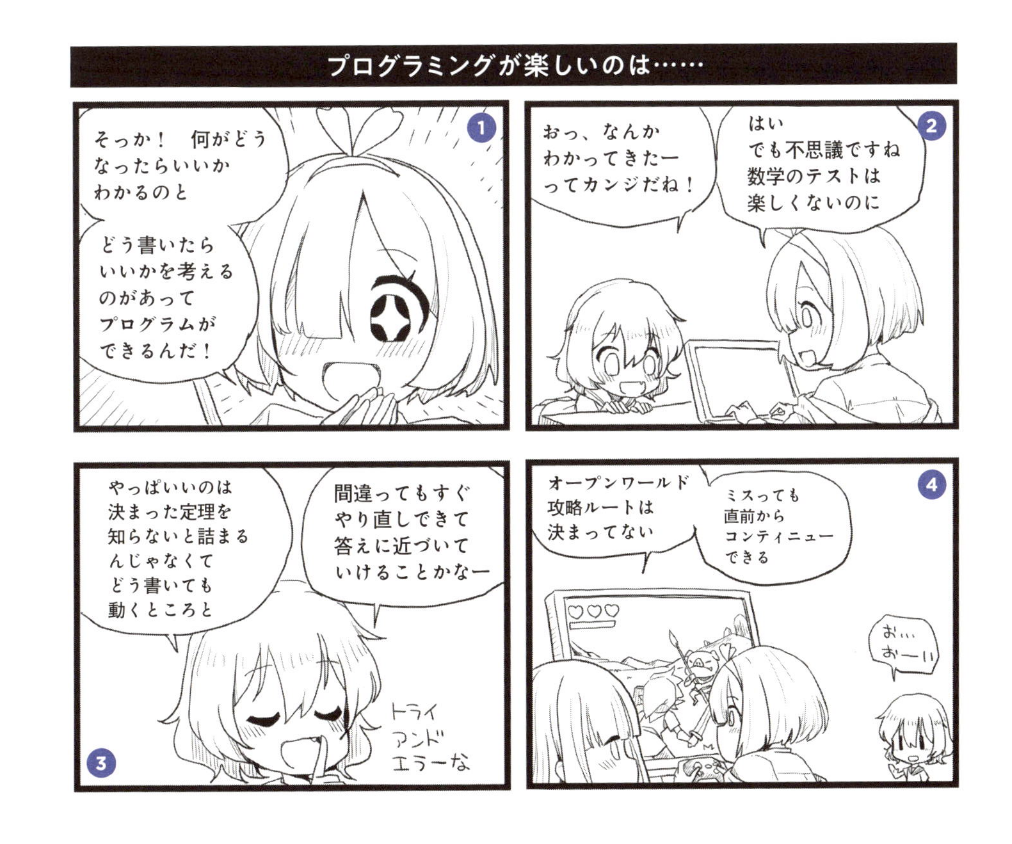

Column よりシンプルに

プログラミングは、複雑になれば複雑になるほど読み手に負荷がかかるだけではなく、実行速度にも問題が現れてきます。さまざまなデメリットから、プログラムはできる限りシンプルに書くことが求められます。

さて、先ほど紹介した、最小値・最大値を求めて出力するアルゴリズムの実装はよりシンプルにコードを書くことができます。

どのように書けば良いでしょうか。PHPには数多くのビルトイン関数が用意されています。その中で、配列の中から最小値を求めるmin関数†1と最大値を求めるmax関数†2を用いることで、よりシンプルにできます。

先ほどのMinMax.phpは次のように書き直すことができます。

```
<?php
function minMax($N) {
    $min = min($N);
    $max = max($N);
    return $min . "," . $max;
}

assert(minMax([1, 2, 3]) === "1,3");
assert(minMax([5, -2]) === "-2,5");
assert(minMax([9, 0, 2, 1]) === "0,9");
assert(minMax([3, 3]) === "3,3");
```

php MinMax.phpと実行してみると、結果が表示されていないので**アルゴリズムは正常**であることがわかります。おそらく読者のあなたは「そんな関数知らないよ」と思ったはずです。特にPHPには多くのビルトイン関数が用意されており、その中から適切な関数を選ぶのはなかなか難しいものがあります。PHPに慣れるためには、使って覚えるしかありません。そして、よりシンプルに書くためには、PHPにはどんな関数があるのか、要件を満たす関数があるのか常に調べるクセを付ける必要があるといえます。

---

†1 https://www.php.net/manual/ja/function.min.php
†2 https://www.php.net/manual/ja/function.max.php

7-2 アルゴリズムを解いてみよう

本書では、2つアルゴリズムの問題を用意してみました。本書で習ったことを踏まえ、解いてみましょう。

7-2-1 [Q1] TwoSumを解いてみよう

問題

自然数Nと、2つ以上の任意の自然数が格納された配列Mが与えられる。合計値がNになるものをMから2つ求め、その整数を小さい順にカンマ区切りで出力せよ。ただし、合計値がNになるものがなかったとき、N/Aと表示すること。なお、自然数は1以上の整数とする。また、他に合計値がNになるものがMにある場合は、改行で区切り表示すること。

・出力例：

N	M	出力結果
3	[1, 2, 3, 4]	1,2
1	[1, 8, 2, 3]	N/A
5	[2, 1, 3, 4]	2,3 1,4
9	[3, 9, 1, 3, 5, 6]	3,6

ヒント

- 樹形図で考えるとわかりやすいかもしれません。樹形図で求めていくには、for文を重ねて使うことで実現できます。
- 第4章で学習したif文、else if文、else文、for文を使うことができます。

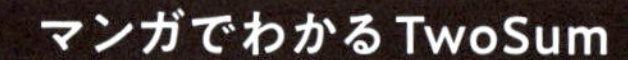

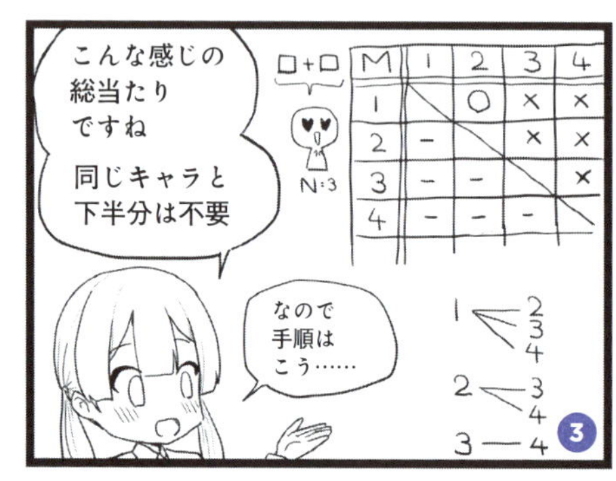

解答

次のコードが模範解答です。

```
<?php
// N が 5 の場合を仮定
$N = 5;

// M が [2, 1, 3, 4] の場合を仮定
$M = [2, 1, 3, 4];

// 出力が1件以上ある場合、後の N/A を出力させないためにフラグ用の変数を用意します。
$hit = false;

// 以下の樹形図のようにループさせていくことで合計値 N を求めていきます。図の追加別紙参照
//
// $i      $k
//---     ----
//         1
//       /
```

```
// 2   -- 3
//    \
//      4
//
// 1   -- 3
//    \
//      4
//
// 3   -- 4
//
// 4
//

for ($i = 0; $i < count($M); $i++) {
    // $i = 0 のときは $M[$i] は 2 で、それ以降の [1, 3, 4] を探索。
    // $i = 1 のときは $M[$i] は 1 で、それ以降の [3, 4] を探索。
    for ($k = $i; $k < count($M); $k++) {
        // ループ実行の合計値を求めます。
        $sum = $M[$i] + $M[$k];

        // 合計値が N と同等かを比較します。
        if ($N === $sum) {
            // 同等である場合、配列から求められたことになるので hit を true にします。
            $hit = true;

            // 小さい順から表示するという条件に従って、
            // min、max 関数を使って小さい順から表示させています
            echo min([$M[$i], $M[$k]]) . "," . max([$M[$i], $M[$k]]) . "\n";
        }
    }
}

// 1件も見つからなかった場合は、条件に従い N/A を出力させます。
if (!$hit) {
    echo "N/A\n";
}
```

▼図7-1　ループさせて合計値を求める

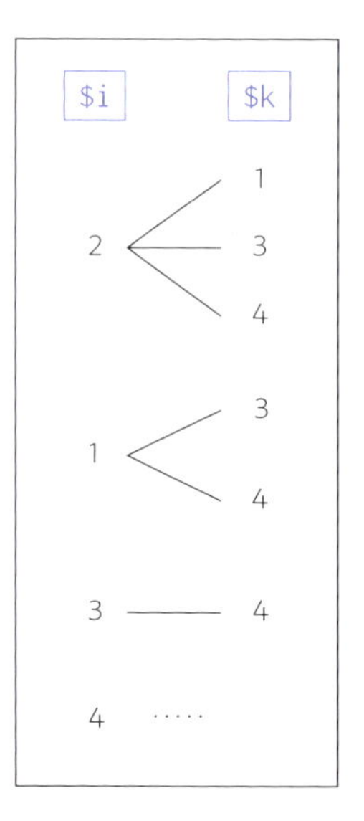

7-2-2　[Q2] FizzBuzzを解いてみよう

問題

3の倍数のときはFizz、5の倍数のときはBuzz、15の倍数のときはFizzBuzzを1から99までの整数を出力せよ。条件が満たされない場合は、整数をそのまま出力すること。

例：

- 1の場合は「1」を出力
- 6の場合は「Fizz」を出力
- 10の場合は「Buzz」を出力
- 45の場合は「FizzBuzz」を出力

ヒント

- 判別できるので、割り切れるかどうかがわかります。
- 第4章と第5章で学習したif文、else if文、else文、for文を使います。
- 3と5は15の約数となるため、実行順序を考える必要があります。

マンガでわかるFizzBuzz

解答

次のコードが模範解答です。

```
// 1 から 99 まで繰り返す
for ($i = 1; $i <= 99; $i++) {
    // 15 で割り切れる場合
    if ($i % 15 === 0) {
        echo "FizzBuzz\n";
    }
    // 5 で割り切れる場合
    elseif ($i % 5 === 0) {
        echo "Buzz\n";
    }
    // 3 で割り切れる場合
    elseif ($i % 3 === 0) {
        echo "Fizz\n";
    }
    // 条件が満たされていない場合
    else {
        echo $i . "\n";
    }
}
```

出力結果の解答は次のとおりです

```
1
2
Fizz
4
Buzz
Fizz
7
8
Fizz
Buzz
11

……（省略）……

88
89
FizzBuzz
91
```

```
92
Fizz
94
Buzz
Fizz
97
98
Fizz
```

7-2-3 難易度の高いFizzBuzz

FizzBuzzはプログラマーやITエンジニアとして入社する際のコーディング試験などで頻出するアルゴリズムです。もちろん、プロ向けなので、初心者には難しい制約付きで出されることがよくあります。たとえば以下のように出題されます。

問題

3の倍数のときはFizz、5の倍数のときはBuzz、15の倍数のときはFizzBuzzを**「ループ文」および「%演算子」を使用せず**に1から99までの整数を出力せよ。条件が満たされない場合は、整数をそのまま出力すること。

さて、まずは自身で解いてみましょう。難しいなと感じたらヒントへ。

ヒント

- 再帰関数を用いることでループ文を使わなくてもできます。
- %を使わずとも割り切れるかどうかを調べられれば良いはずです。

割り切れるかどうかを調べるにはどうしたらよいか考えてみましょう。

解答

```
<?php

// $number1 は割られる数
// $number2 は割る数
function isDividable($number1, $number2) {
    // 割られる数が割る数よりも小さい場合は、そもそも割り切れないことは自明なので false を返す
    if ($number1 < $number2) {
        return false;
    }
    // 同じ値の場合は、割り切れることは自明なので true を返す
    if ($number1 === $number2) {
        return true;
    }

    // 引いていくことで最終的に同じ数になれば、割り切れることがわかる。
    // ループ文を使用することは条件により制約があるため、再帰関数を用いて引いていく
    return isDividable($number1 - $number2, $number2);
}

function fizzbuzz($i) {
    // 1 まで再帰関数で繰り返し実行する
    if ($i > 1) {
        fizzbuzz($i - 1);
    }

    // 15 で割り切れる場合
    if (isDividable($i, 15)) {
        echo "FizzBuzz\n";
    }
    // 5 で割り切れる場合
    elseif (isDividable($i, 5)) {
        echo "Buzz\n";
    }
    // 3 で割り切れる場合
    elseif (isDividable($i, 3)) {
        echo "Fizz\n";
    }
    else {
        echo $i . "\n";
    }
}

// fizzbuzz 関数の実行
fizzbuzz(99);
```

プロの気概

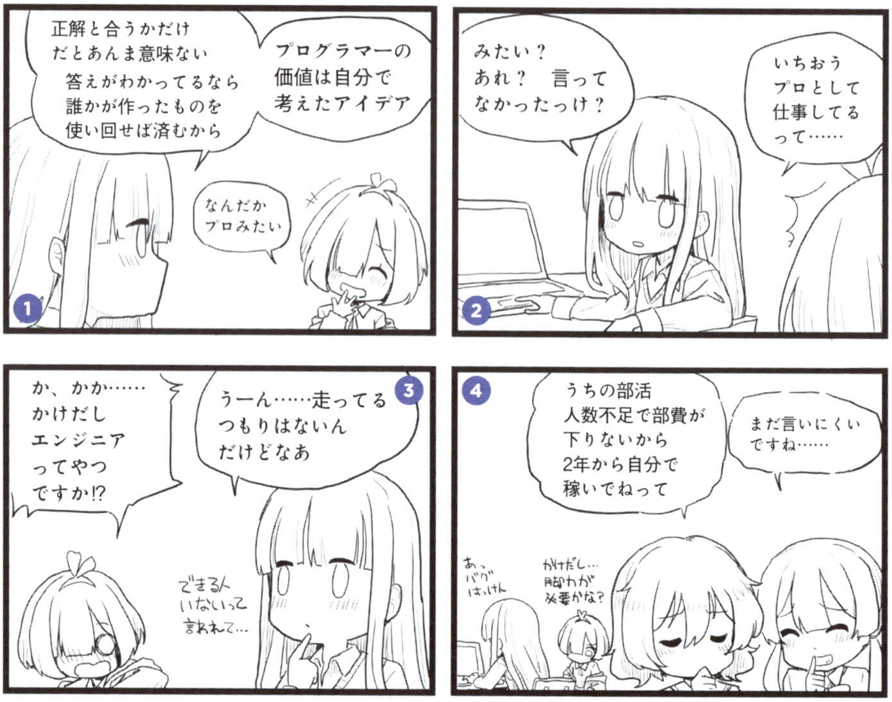

1
正解と合うかだけ
だとあんま意味ない
答えがわかってるなら
誰かが作ったものを
使い回せば済むから
プログラマーの
価値は自分で
考えたアイデア
なんだか
プロみたい
2
みたい？
あれ？ 言って
なかったっけ？
いちおう
プロとして
仕事してる
って……
3
か、かか……
かけだし
エンジニア
ってやつ
ですか!?
うーん……走ってる
つもりはないん
だけどなあ
できる人
いないって
言われて…
4
うちの部活
人数不足で部費が
下りないから
2年から自分で
稼いでねって
まだ言いにくい
ですね……
あっ
バグ
はっけん
かけだし…
脚力が
必要かな？

索引

記号

欧文

A

B

C

D

E

R、S

T

U、V

W、X

和文

ア行

カ行

サ行

タ行

ナ、ハ行

マ行

ヤ～ワ行

参考文献

CSS カスケーディングスタイルシート：https://developer.mozilla.org/ja/docs/Web/CSS
CSS プロパティ一覧：https://developer.mozilla.org/ja/docs/Web/CSS
フレックスボックス：https://developer.mozilla.org/ja/docs/Learn/CSS/CSS_layout/Flexbox
calc：https://developer.mozilla.org/ja/docs/Web/CSS/calc
color：https://developer.mozilla.org/ja/docs/Web/CSS/color
font-weight：https://developer.mozilla.org/ja/docs/Web/CSS/font-weight
font-style：https://developer.mozilla.org/ja/docs/Web/CSS/font-style
text-align：https://developer.mozilla.org/ja/docs/Web/CSS/text-align
background-color：https://developer.mozilla.org/ja/docs/Web/CSS/background-color
border：https://developer.mozilla.org/ja/docs/Web/CSS/border
margin：https://developer.mozilla.org/ja/docs/Web/CSS/margin
padding：https://developer.mozilla.org/ja/docs/Web/CSS/padding
color：https://developer.mozilla.org/ja/docs/Web/CSS/color
PHP
PHP の歴史：https://www.php.net/manual/ja/history.php.php
基本的な事：https://www.php.net/manual/ja/language.variables.basics.php
演算子の優先順位：https://www.php.net/manual/ja/language.operators.precedence.php
型システム：https://www.php.net/manual/ja/language.types.type-system.php
ユーザー定義関数：https://www.php.net/manual/ja/functions.user-defined.php
DateTime クラス：https://www.php.net/manual/ja/datetime.format.php
date：https://www.php.net/manual/ja/function.date.php
null：https://www.php.net/manual/ja/language.types.null.php
戻り値：https://www.php.net/manual/ja/functions.returning-values.php
マジック定数：https://www.php.net/manual/ja/language.constants.magic.php
三項演算子：https://www.php.net/manual/ja/language.operators.comparison.php#language.operators.comparison.ternary
htmlspecialchars：https://www.php.net/manual/ja/function.htmlspecialchars.php
配列：
・array：https://www.php.net/manual/ja/language.types.array.php
・PHP 5.4.0 Release Announcement：https://www.php.net/releases/5_4_0.php
条件文：
・if：https://www.php.net/manual/ja/control-structures.if.php
・elseif/else if：https://www.php.net/manual/ja/control-structures.elseif.php
・else：https://www.php.net/manual/ja/control-structures.else.php
ループ文：
・for：https://www.php.net/manual/ja/control-structures.for.php
・foreach：https://www.php.net/manual/ja/control-structures.foreach.php
・while：https://www.php.net/manual/ja/control-structures.while.php
・do-while：https://www.php.net/manual/ja/control-structures.do.while.php
ファイルシステム関数：https://www.php.net/manual/ja/ref.filesystem.php
・fopen：https://www.php.net/manual/ja/function.fopen.php
・fwrite:[https://www.php.net/manual/ja/function.fwrite.php
・fread：https://www.php.net/manual/ja/function.fread.php
・fclose：https://www.php.net/manual/ja/function.fclose.php
・flock：https://www.php.net/manual/ja/function.flock.php
file_get_contents：https://www.php.net/manual/ja/function.file-get-contents.php
stream_get_contents：https://www.php.net/manual/ja/function.stream-get-contents.php
整数：
・PHP の整数：https://www.php.net/manual/ja/language.types.integer.php

・C の整数：https://learn.microsoft.com/ja-jp/cpp/cpp/data-type-ranges?view=msvc-170
・Java の整数：https://docs.oracle.com/javase/specs/jvms/se23/html/jvms-2.html#jvms-2.3.1
文字列：https://www.php.net/manual/ja/language.types.string.php
リソース：https://www.php.net/manual/ja/language.types.resource.php
論理演算子：https://www.php.net/manual/ja/language.operators.logical.php
真理値表：https://xtech.nikkei.com/atcl/learning/lecture/19/00006/00001/?P=2
論理演算：https://xtech.nikkei.com/it/members/ITPro/ITBASIC/20020731/1/

HTML
ハイパーテキストマークアップ言語：https://developer.mozilla.org/ja/docs/Web/HTML
<table>：https://developer.mozilla.org/ja/docs/Web/HTML/Element/table
<tr>：https://developer.mozilla.org/ja/docs/Web/HTML/Element/tr
<td>：https://developer.mozilla.org/ja/docs/Web/HTML/Element/td
<tbody>：https://developer.mozilla.org/ja/docs/Web/HTML/Element/tbody
<thead>：https://developer.mozilla.org/ja/docs/Web/HTML/Element/thead
<th>：https://developer.mozilla.org/ja/docs/Web/HTML/Element/th
<ul>：https://developer.mozilla.org/ja/docs/Web/HTML/Element/ul
<ol>：https://developer.mozilla.org/ja/docs/Web/HTML/Element/ol
<li>：https://developer.mozilla.org/ja/docs/Web/HTML/Element/li
<a>：https://developer.mozilla.org/ja/docs/Web/HTML/Element/a
<div>：https://developer.mozilla.org/ja/docs/Web/HTML/Element/div
<img>：https://developer.mozilla.org/ja/docs/Web/HTML/Element/img
<p>：https://developer.mozilla.org/ja/docs/Web/HTML/Element/p
<meta>：https://developer.mozilla.org/ja/docs/Web/HTML/Element/meta
<html>：https://developer.mozilla.org/ja/docs/Web/HTML/Element/html
<body>：https://developer.mozilla.org/ja/docs/Web/HTML/Element/body
<h1>-<h6>：https://developer.mozilla.org/ja/docs/Web/HTML/Element/Heading_Elements
コメントアウト：https://developer.mozilla.org/ja/docs/Web/API/Comment
2.2 The DocType | HTML5 Differences from HTML4：https://www.w3.org/TR/html5-diff/#doctype

1byte が 8bit に決まったワケ：https://www.itmedia.co.jp/news/articles/2202/03/news151.html
アラートループ事件：https://www.itmedia.co.jp/news/articles/1905/30/news082.html
ファイル記述子漏洩：https://www.jpcert.or.jp/sc-rules/c-fio22-c.html
オープンソースソフトウェア（OSS）の推進：https://www.ipa.go.jp/digital/kaihatsu/oss.html
アクセスカウンタ：https://e-words.jp/w/アクセスカウンタ.html
とほほの文字コード入門：https://www.tohoho-web.com/ex/charset.html
What is Markdown?：https://www.markdownguide.org/getting-started/#what-is-markdown
ド・モルガンの法則：https://kotobank.jp/word/どもるがんの法則-6737
Example Domains：https://www.iana.org/help/example-domains
ループバックアドレス：https://atmarkit.itmedia.co.jp/ait/articles/0610/14/news021.html
0.0.0.0：https://datatracker.ietf.org/doc/html/rfc4639
ハローワーク暦年の換算方法：https://www.hellowork.mhlw.go.jp/doc/oubosyorui_pamphlet_05_202406.pdf
ウェルノウンポート：https://e-words.jp/w/ウェルノウンポート.html
ビットとは：https://e-words.jp/w/ビット.html
仮引数：https://e-words.jp/w/仮引数.html
実引数：https://e-words.jp/w/実引数.html
無限ループ：https://e-words.jp/w/無限ループ.html
並行モデルとイベントループ：https://developer.mozilla.org/ja/docs/Web/JavaScript/Event_loop
エルビス演算子：https://e-words.jp/w/エルビス演算子.html
Bash For Loop in One Line：https://www.cyberciti.biz/faq/linux-unix-bash-for-loop-one-line-command/
LeetCode
FizzBuzz：https://leetcode.com/problems/fizz-buzz/description/
TwoSum：https://leetcode.com/problems/two-sum/description/

キャラクター参考文献
田中ひさてる、ちょうぜつソフトウェア設計入門、株式会社技術評論社、2022 年

月日は流れ……

あれからだいぶ
上達して
部員も増やして
部費確保したりと
プログラム

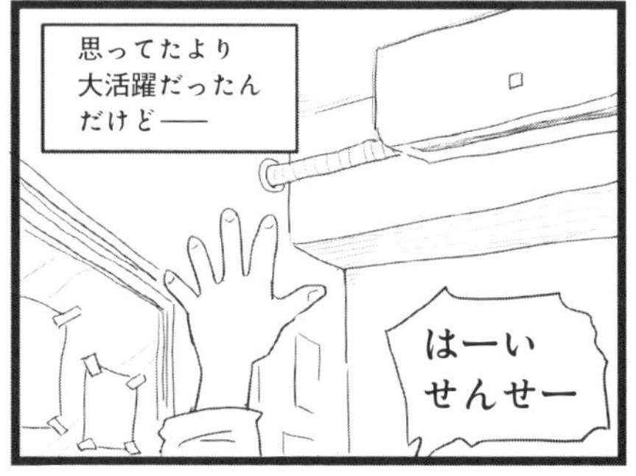
思ってたより
大活躍だったん
だけど——
はーい
せんせー

かわる
すうじを
エックス
にして
こっちこっち！
はやくー

プログラミングを
教わったのが
よっぽど
嬉しかったのか
先に教える
仕事をやり
始めちゃって
あら
ステキ
ハイハイ
次はだれ
かなーっ？

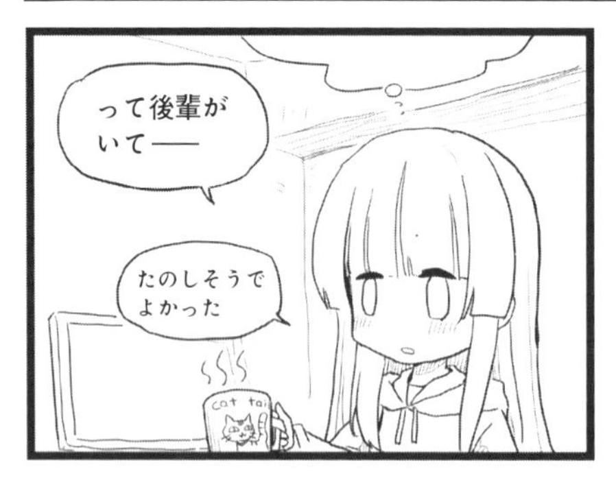
って後輩が
いて——
たのしそうで
よかった

なんだか
仲良くでき
そうな気が
します
楽しくやるのが
何よりよね！

育てれば
良くなり
そうなのに
その子は仕事に
誘わなかったの？

それが……

おわりに

いかがでしたでしょうか。原画を拝見したときに、いんとちゃんが最後に立派に成長してて涙腺がうるうるしました。あれ……おかしいな……プログラミングの初学者向けの本だよね……？

私がプログラミングを始めたときは両親や学校の周りに誰もプログラミングができる人がいませんでした。私自身が書いたコードをプリントして学校に持っていくくらいには家でも学校でもずっとプログラミングに思いを馳せていました。高校ではC言語の授業で最後のテストだったのでコメントアウトで先生に感謝を述べたら、感謝を述べたコメントアウト丸ごと印刷された答案が帰ってきて恥ずかしかった覚えがあります。満点だったのは幸いでした。これでテストの点数が低かったら恥ずかしすぎて学校に通えなくなってたと思います。

もしも「めもりーちゃんの世界」のような友達がまわりにいたら見えてた世界が少し違ったのかもしれませんね。今はプログラミングを奨励するような時代の流れになっていて、十数年前よりも理解者も増えてとても良い時代だなと思います。

さて、余談はおいておいて……。PHPを極めていくといろんなことができるようになります。たとえばPHPでCPUをエミュレートしてみたり、PHPでNFCリーダーを実装したり。

そして、PHP以外の言語も習得していくと、C言語で書かれたRubyの実行環境であるRubyVM（VM；Virtual Machine）やJavaVMをPHPで再実装できたりなんかもできます。

PHPだけに限らずさまざまな言語を習得することで、各言語の得手不得手を比べてみたり、プログラミングへの関心につながってくれたらうれしいです。

著者プロフィール

めもりー

1994年生まれ。小学生のときにプログラミングを始め没頭する。大学では情報系学部のネットワーク・コンピューター工学を専攻。学業よりも実務への関心が高まり、高校時代Webエンジニアとしてアルバイトをしていたベンチャー企業に入社。その後、複数のスタートアップ企業や上場企業を渡り歩き、ソフトウェアエンジニアであったり、CTOとして活動。『Swooleで学ぶPHP非同期処理』(当社刊)、『レガシーコードとどう付き合うか』(シーアンドアール研究所)などの著書がある。会社の飲み会でぐでーっとしてたら猫みたいだと言われる。もはや自分を大きな猫だと思っている節がある。

田中ひさてる(監修)

株式会社ことば研究所でWebサービス事業の維持と開発を行う。著書には『ちょうぜつソフトウェア設計入門』(当社刊)のほか、ムック、雑誌寄稿など。本書では監修を行うほか、イラスト・漫画をすべて担当。近頃の興味は「数学と芸術をたしなむ昔の哲学者みたいになりたい」らしい。

Staff

- 本文設計・組版　BUCH+
- 装丁　TYPEFACE
- カバーイラスト・本文挿絵　田中ひさてる
- 担当　池本公平
- Webページ　https://gihyo.jp/book/2024/978-4-297-14587-3

※本書記載の情報の修正・訂正については当該Webページおよび著者のWebページ、もしくはGitHubリポジトリで行います。

めもりーちゃんの PHPでプログラミング入門

2024年12月17日　初版　第1刷発行

著　者	めもりー
監　修	田中ひさてる
発行者	片岡巌
発行所	株式会社技術評論社 東京都新宿区市谷左内町21-13 電話　03-3513-6150　販売促進部 電話　03-3513-6170　第5編集部
印刷/製本	昭和情報プロセス株式会社

定価はカバーに表示してあります。

ISBN978-4-297-14587-3 C3055

Printed in Japan

■ **お問い合わせについて**

- ご質問は、本書に記載されている内容に関するものに限定させていただきます。本書の内容と関係のない質問には一切お答えできませんので、あらかじめご了承ください。
- 電話でのご質問は一切受け付けておりません。FAXまたは書面にて下記までお送りください。また、ご質問の際には、書名と該当ページ、返信先を明記してくださいますようお願いいたします。
- お送りいただいた質問には、できる限り迅速に回答できるよう努力しておりますが、お答えするまでに時間がかかる場合がございます。また、回答の期日を指定いただいた場合でも、ご希望にお応えできるとは限りませんので、あらかじめご了承ください。

■ **問い合わせ先**

〒162-0846
東京都新宿区市谷左内町21-13
株式会社技術評論社　第5編集部
「めもりーちゃんのPHPでプログラミング入門」係
FAX　03-3513-6179